孙振兴海洋贝类文选

孙振兴　著

海洋出版社

2015年·北京

内容简介

本书收录了有关海洋经济贝类的研究论文、报告、综述等30余篇，涉及贝类的繁殖与发育、多倍体与杂交育种、染色体、组织培养、群体遗传、环境毒理以及贝类种质资源保护与评价等方面。

本书是将分散发表在国内各种学术期刊上的文章汇集成册，便于读者从不同视角系统了解上述领域中贝类学研究的概况、理论与方法、研究结果及其产生的背景等。

本书可供从事海洋贝类、水产养殖教学的高等院校师生以及科研、管理机构的相关人员阅读参考。

图书在版编目（CIP）数据

孙振兴海洋贝类文选/孙振兴著．—北京：海洋出版社，2015.12
ISBN 978-7-5027-9328-9

Ⅰ.①孙…　Ⅱ.①孙…　Ⅲ.①海洋生物-贝类-文集　Ⅳ.①Q959.215-53

中国版本图书馆CIP数据核字（2015）第298265号

责任编辑：白　燕　王　溪
责任印制：赵麟苏
海洋出版社　出版发行
http://www.oceanpress.com.cn
北京市海淀区大慧寺路8号　邮编：100081
北京朝阳印刷厂有限责任公司印刷　新华书店北京发行所经销
2015年12月第1版　2015年12月第1次印刷
开本：787 mm×1092 mm　1/16　印张：16
字数：370千字　定价：70.00元
发行部：62132549　邮购部：68038093　总编室：62114335

目　次

第一部分　繁殖与发育

第二部分　多倍体与杂交

第三部分　染色体

第四部分　组织培养

第五部分　群体遗传

第六部分　环境毒理

第七部分　种质资源

第一部分

繁殖与发育

皱纹盘鲍卵的形态与超显微结构①

孙振兴，王如才，姜 明，刘晓云，高 澜，范瑞青

（青岛海洋大学，青岛 266003）

摘要：用扫描电镜和透射电镜观察了皱纹盘鲍成熟未受精卵和受精卵的形态及超显微结构。皱纹盘鲍的成熟卵无卵极标志，卵质中含有线粒体、内质网和高尔基复合体等细胞器，未发现中心粒。皮层中有皮质小泡，受精后发生皮层反应。在鲍的受精卵中，线粒体、高尔基复合体和内质网的数量明显减少。在鲍的成熟卵和受精卵中，均观察到光滑内质网合成脂滴以及脂滴形成卵黄粒的现象。

关键词：皱纹盘鲍；成熟卵；受精卵；超微结构

皱纹盘鲍（*Haliotis discus hannai*）主要分布于我国黄渤海以及日本北部、朝鲜半岛沿海，是名贵的海产珍品，有着重要的经济价值，近年来已在我国北方普遍开展了鲍的人工育苗和养殖[1,2]。

动物雌雄两性生殖细胞的形态结构与受精过程密切相关，是受精生物学的重要内容之一。迄今为止，对鲍科软体动物精子的研究虽有一些报道[3,4]，但对鲍卵的研究报道，仅限于在光镜水平上对形态的简单描述[5,6]，而有关鲍卵的超显微结构，尚未见报道。卵与精子均系遗传载体，是个体发育的基础，从某种意义上讲，卵的发育或更重要。为此，笔者研究了皱纹盘鲍成熟卵和受精卵的形态及其超显微结构，以期为丰富贝类受精生物学基础理论提供一些资料。

1 材料与方法

1.1 取材

将性腺成熟的雌、雄亲鲍分别放入经紫外线照射过的海水中诱导产卵、排精[1]，取出少量未受精卵固定，然后混合授精（3♀ ×3♂），受精卵在20℃海水中发育，授精后立即取材一次，以后每隔 1 ~5 min 取部分受精卵固定，取材至授精后

① 本文原载《中国水产科学》，1997 年 3 月，第 4 卷第 1 期，68 – 74 页。
资助项目：国家“攀登”计划 B 项目子专题（PD – B6 – 3 – 1）。

80 min 结束。

1.2 样品制备、观察

供透射电镜（TEM）观察的样品经 2.5% 戊二醛预固定，1% 锇酸后固定；乙醇梯度脱水后，Epon812 环氧树脂浸透包埋；LKB 超薄切片机切片，切片经醋酸铀和柠檬酸铅双重染色。最后在日立 H－7000 型透射电镜下观察。

供扫描电镜（SEM）观察的样品经 2.5% 戊二醛固定；乙醇梯度脱水后入 100% 醋酸异戊酯中置换；日立 HCP－2 型临界点干燥仪干燥，IB－3 型离子溅射仪喷金，最后在剑桥 S－250MK3 型扫描电镜下观察。

2 结果

2.1 成熟未受精卵的形态与超显微结构

皱纹盘鲍排出体外的成熟卵呈圆球形，在光镜下观察卵膜外是很厚的胶膜（jelly coat），透射电镜下可见胶膜内有许多电子密度很低的纤维状细丝，分布稀疏，胶膜的内侧与卵膜形成明显的分界（图 1a－1）。溶去胶膜后的卵，直径约 160～180 μm，在扫描电镜下观察，整个卵的表面光滑而稍有起伏，动物极与植物极无明显标志（图 1a－2）。

卵膜（egg membrane）：位于胶膜内侧，也称卵黄膜（vitelline membrane），可分为三层，各层的电子密度和厚度不同，由内向外，厚度分别为 0.2～0.3 μm，0.6～1.0 μm 和 0.1～0.15 μm。内、外两层是由一些极细微的纤维状丝构成，电子密度较低。中间部分，电子密度较高，其中有许多斑点样的泡状小孔（图 1a－4）。

质膜（plasma membrane）：即细胞膜（cell membrane），位于卵膜之下，卵膜与质膜之间的空隙称为卵周隙（perivitelline space），成熟未受精卵的卵周隙狭窄，仅为 0.6～1.2 μm（图 1a－1）。鲍排出体外的成熟卵，其质膜是一层极薄的单层膜。在质膜上有许多长约 0.2～0.8 μm 的细小触手状突起，向卵周隙内突出，即为微绒毛（microvilli）。微绒毛的膜外形成一层黏膜外衣，微绒毛膜的内面与细胞质相连（图 1a－4）。

卵核（egg nucleus）：皱纹盘鲍的成熟卵是处于第一次成熟分裂中期的初级卵母细胞，在光镜（LM）下观察鲍的卵巢切片，成熟的初级卵母细胞呈圆形、椭圆形等多种形态，中央有一大而透亮的卵圆形胚泡（germinal vesicle），即为卵核（图 1a－3），卵核约占整个初级卵母细胞的 2/3，其长径为 90～100 μm，短径为 65～75 μm。在透射电镜下可见核内均匀分布着染色质，核的边缘呈不规则的伪足状或乳头状的突起，伸入到细胞质内（图 1a－5）。另外，还可观察到在核膜上有间距不等的间隙，间隙处的核膜两端内外相连形成核孔（nuclear pore）。卵核与卵质间通过核

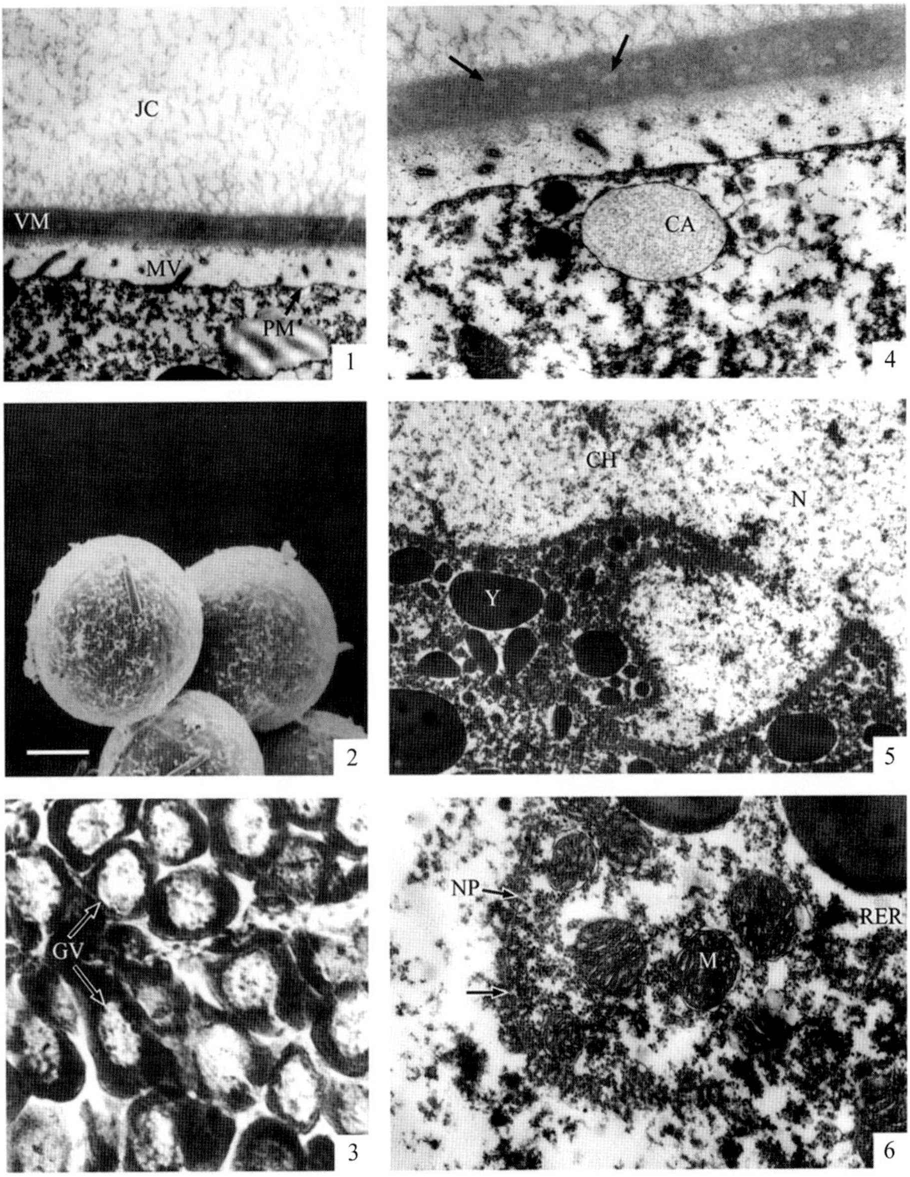

图 1a　皱纹盘鲍卵的形态结构

1. 鲍成熟未受精卵的膜结构，示胶膜、卵黄膜、质膜以及微绒毛，×6 500（TEM）；2. 溶去胶膜后的鲍卵，×170（SEM），标尺 =60 μm；3. 成熟的初级卵母细胞，箭头示胚泡，×100（LM）；4. 皮质小泡的一种形态，箭头示卵膜上的泡状小孔，×13 000（TEM）；5. 卵核边缘呈伪足状突起伸入到胞质中，×4 000（TEM）；6. 核膜附近的线粒体，箭头示核孔，×22 500（TEM）

JC（jelly coat）：胶膜；VM（vitelline membrane）：卵黄膜；PM（plasma membrane）：质膜；MV（microvilli）：微绒毛；CA（cortical alveoli）：皮质小泡；GV（germinal vesicle）：胚泡；N（nucleus）：卵核；CH（chromatin）：染色质；Y（yolk granules）：卵黄颗粒；M（mitochondria）：线粒体；NP（nuclear pore）：核孔；RER（rough endoplasmic reticulum）：粗面内质网

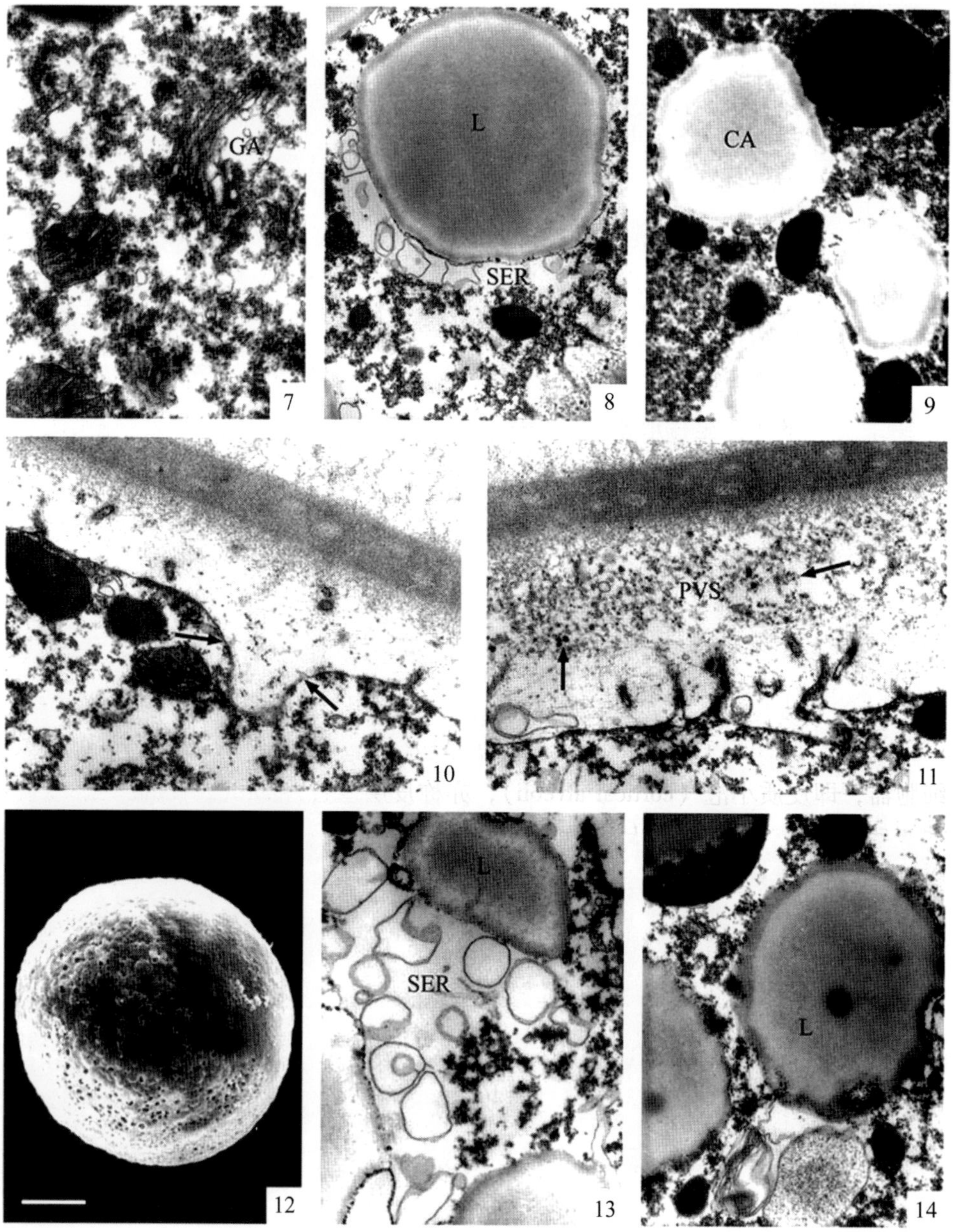

图 1b　皱纹盘鲍卵的形态结构

7. 高尔基复合体，×27 000（TEM）；8. 分布在脂滴附近的光滑内质网，×10 500（TEM）；9. 皮质小泡的一种形态，×13 600（TEM）；10. 箭头处示皮质小泡膜与质膜相融合，×14 000（TEM）；11. 受精卵的卵周隙加宽，箭头示皮质小泡破裂后逸出的微小颗粒，×14 000（TEM）；12. 受精后 2 min，由于皮质小泡破裂整个卵子表面呈蜂窝状，×250（SEM），标尺 =40 μm；13. 光滑内质网泡内变为浅灰色，并相互融合形成脂滴，×17 000（TEM）；14. 脂滴中央沉积着电子密度较高的物质，×19 000（TEM）

CA（cortical alveoli）：皮质小泡；L（lipid droplet）：脂滴；GA（Golgi apparatus）：高尔基复合体；SER（smooth endoplasmic reticulum）：光滑内质网；PVS（perivitelline space）：卵周隙

孔，进行物质交换（图 1a－6）。

卵质（egg plasma）与细胞器：鲍的成熟卵为均黄卵，卵黄颗粒（yolk granules）均匀分布在整个卵质中。卵黄颗粒的大小不等，小的直径仅 0.5 μm，大的可达 10 μm 多，其分布区域也略有不同，较小的卵黄颗粒分布在卵的中央部，较大的则分布在卵的外周部。

鲍的卵质中有丰富的线粒体，呈长短轴近乎相等的卵圆形，外膜明显，内膜内褶形成短管状的嵴，线粒体内部充满电子密度较小的基质，基质中含有致密的嗜锇颗粒（图 1a－6）。

在卵核的附近，还可观察到由多个扁囊构成的高尔基复合体（Golgi apparatus），扁囊数目为 4～8 个，呈弓形排列，每一个扁囊是由两层平行的膜构成。在高尔基复合体扁囊的一面，可见数个体积较大的分泌泡；在扁囊的另一面，有许多囊泡紧贴着扁囊的膜（图 1b－7）。卵质中还有许多内质网，光滑内质网（smooth endoplasmic reticulum，SER）形状不规则或呈同心圆状，经常分布在脂滴（lipid droplet）附近（图 1b－8），这是因为光滑内质网与脂肪的合成有密切关系。粗面内质网（rough endoplasmic reticulum，RER）见于卵核附近，其外表面附有大量核糖体颗粒（图 1a－6）。在鲍的成熟卵中，未发现中心粒（centriole）。

在质膜之下，卵质的表层即所谓皮层（cortex）中，还分布着一种单层膜包被的细胞器，即皮质小泡（cortical alveoli），亦称皮层颗粒（cortical granule）。皮质小泡有两种形态：一种小泡的大小在 1.0～4.0 μm 之间，形状不规则，泡内含有中等电子密度的絮状或微细颗粒物质（图 1a－4）；另一种小泡的大小在 1.5～5.0 μm 之间，形状不规则，泡内为电子明区物质，呈空泡状（图 1b－9）。较大的皮质小泡一般靠近质膜，较小的皮质小泡位于距质膜较远的深部。

2.2 受精卵的超显微结构

鲍的受精时间是在初级卵母细胞处于第一次成熟分裂中期，受精后完成两次成熟分裂。有关皱纹盘鲍的受精过程，将在另文专题报道，本文报道受精后卵的变化。

精子入卵之后，卵子发生皮层反应，皮层小泡膜与质膜相融合（图 1b－10），在融合处皮层小泡发生胞吐而破裂，其内含的微小颗粒逸出到质膜和卵膜之间的卵周隙中，与卵膜一起参与受精膜的形成，使受精膜举起。卵周隙的宽度扩大至未受精时的数倍（图 1b－11）。此时，将受精后 2 min 的受精卵去除卵膜置于扫描电镜下观察，可看到卵子表面的皮质小泡破裂后留下的空洞而呈蜂窝状（图 1b－12）。据初步观察，受精后 5 min 卵的表面基本修复平整，不再留有空洞。

在鲍受精卵的卵质中，仍有大量大小不一、电子密度深浅不同的卵黄颗粒、脂滴，还有许多核糖体颗粒。线粒体、高尔基复合体和内质网的数量明显减少，但线粒体、高尔基复合体等细胞器的结构，与受精前相比并无明显变化。

在鲍的成熟卵和受精卵中，均可观察到一些光滑内质网泡内逐渐变为浅灰色，并相互融合（图 1b－13），最后形成无定形膜包囊的脂滴。同时还可见到部分脂滴中央逐渐沉积电子密度较高的物质（图 1b－14），这种脂滴进一步发育就成为脂质卵黄粒（lipoprotein yolk）。

3 讨论

从上述结果看，皱纹盘鲍的成熟卵和受精卵的超微结构，与其他动物基本一致[7,8]，但在卵子发育的不同阶段，细胞器的数量有所变化。软体动物的卵母细胞在发生过程中，由于线粒体、内质网和高尔基复合体等多种细胞器都参与卵黄的形成，因此在观察卵子发生时，可见到以多种形式存在的各种细胞器[9,10]。当卵母细胞发育到可受精的成熟卵阶段，由于卵子内储存了大量的卵黄颗粒，所以卵质中的细胞器，特别是内质网和高尔基复合体的数量大大减少[10]。笔者在观察中发现，鲍成熟卵中的内质网和高尔基复合体数量很少，而在受精卵中则更少。这种现象可能与卵黄的合成有关，以适应卵子自身和早期胚胎进一步发育的能量需要。与大多数双壳贝类的受精卵在受精后 24 h 左右即可发育为能主动摄取外源食料的 D 形幼虫相比，鲍的受精卵在受精 72 h 后才发育为能摄取外源食料的匍匐幼虫，而在此之前，则完全靠自身的卵黄颗粒营养[1]，因此对鲍而言，卵子中卵黄的合成更具有重要意义。

一般认为光滑内质网与脂类或脂蛋白合成有关[11]，本文观察到的光滑内质网形成脂滴，可以充分证明这一点，脂滴形成卵黄在双壳类卵子发育中已有报道[10]，笔者认为，这种光滑内质网形成脂滴以及脂滴形成卵黄的现象不是孤立的，二者之间有一定的联系，可能是光滑内质网通过脂滴这一中间形式，最终转变为卵黄粒，这也是鲍的卵子合成卵黄的途径之一。

此外，粗面内质网、高尔基复合体、线粒体都参与卵黄的合成，这也可能是导致卵子中上述细胞器数量减少的原因。虽然在文昌鱼成熟卵和受精卵的卵质中有丰富的线粒体、高尔基复合体及内质网等细胞器[7]，但本文的观察结果也许表明无脊椎动物与脊椎动物在卵子发育上有一定的差异。

关于皮质小泡，一般认为在软体动物中，皮质小泡可见于双壳类，而不见于腹足类[12]。试验中发现，鲍的成熟卵中确实存在着皮质小泡。虽然鲍是一种原始腹足类，但无论从卵子发生还是繁殖方式，都与双壳类更为相似，而与高等腹足类有很大差异，因此卵质中的细胞器可能更接近双壳类。皮质小泡是在卵子发生过程中由高尔基复合体形成的[12]，本文观察到鲍的皮质小泡有两种形态，第二种形态的皮质小泡（图 1b－9）可能是高尔基复合体参与形成早期的一种过渡形态，说明两种形态的皮质小泡有着内在联系。

无脊椎动物受精过程中受精膜的形成，海胆是皮质小泡以胞吐方式释放透明素物质[13]；中华绒螯蟹是皮质小泡破裂后释放出来的颗粒小体与卵膜内层结合形成受精膜[14]。本文观察皱纹盘鲍卵的受精膜形成过程，与上述研究结果大致相同。

参考文献

[1] 王如才，王昭萍，张建中．海水贝类养殖学［M］．青岛：青岛海洋大学出版社，1993：331－359.

[2] 孙振兴．室内养殖皱纹盘鲍若干问题探讨［J］．海洋科学，1994，（5）：6－9.

[3] Lewis C A，Talbot C F，Vacquier V D. A protein from abalone sperm dissolves the egg vitelline layer by a nonenzymatic mechanism［J］．Developmental Biology，1982，92（1）：227－239.

[4] Shiroya Y，SaKai Y T. Ultrastructural changes of the "Truncated cone" during the acrosome reaction in Japanese abalone spermatozoa［J］．Development，Growth and Differentiation，1984，26（1）：25－32.

[5] 猪野峻．邦産アワビ属の増殖に関する生物学的研究［J］．東海区水産研究所研究報告，1952，（5）：1－102.

[6] 陈木，卢豪魁，陈世杰，等．皱纹盘鲍人工育苗的初步研究［J］．动物学报，1977，23（1）：35－46.

[7] 陈大元，宋祥芬，赵学坤，等．文昌鱼受精机理研究——受精卵的超显微结构［J］．动物学报，1991，37（4）：422－426.

[8] 堵南山，赖伟，南春容，等．中华绒螯蟹成熟卵形态和超微结构的研究［J］．动物学报，1995，41（3）：229－234.

[9] 林加涵，汪德耀．僧帽牡蛎卵母细胞卵黄发生的超微结构研究［J］．厦门大学学报（自然科学版），1983，22（3）：355－363.

[10] 沈亦平，张锡元．合浦珠母贝卵子发育的超微结构研究［J］．武汉大学学报（自然科学版），1993，（5）：101－108.

[11] 汪德耀．普通细胞生物学［M］．上海：上海科学技术出版社，1988：133－208.

[12] 丁汉波，仝允栩，黄浙．发育生物学［M］．北京：高等教育出版社，1987：66－149.

[13] Endo Y. Changes in the cortical layer of sea urchin eggs at fertilization as studied with the electron microscope：I. *Clypeaster japonicas*［J］．Experimental Cell Research，1961，25（2）：383－397.

[14] 堵南山，赖伟，安婴，等．中华绒螯蟹受精的细胞学研究［J］．中国科学（B 辑），1992，（3）：260－265.

Morphology and ultrastructure of egg of *Haliotis discus hannai*

Sun Zhenxing, Wang Rucai, Jiang Ming, Liu Xiaoyun, Gao Lan, Fan Ruiqing

(*Ocean University of Qingdao*, *Qingdao* 266003)

Abstract: The morphology and ultrastructure of the mature unfertilized eggs and fertilized eggs of the abalone (*Haliotis discus hannai*) were studied with scanning electron microscope (SEM) and transmission electron microscope (TEM). The sign of egg pole in the unfertilized abalone eggs are absent. The egg plasm of unfertilized abalone eggs possesses mitochondria (M), endoplasmic reticulum (ER) and Golgi apparatus (GA) etc. Centriole not been found. Cortexes possess cortical alveoli. Cortical reactions have taken place after fertilization. In the fertilized abalone eggs, quantities of the M, GA and ER evidently reduced. In the fertilized abalone eggs, quantities of the M, GA and ER evidently reduced. In the mature unfertilized eggs and fertilized eggs of the abalone, it is observed that the smooth ER synthesizes the lipid droplet and the lipid droplet forms lipoprotein yolk.

Key words: *Haliotis discus hannai*; mature egg; fertilized egg; ultrastructure

皱纹盘鲍受精过程的电镜观察[①]

孙振兴[1]，王如才[1]，姜 明[1]，刘晓云[1]，谢嘉琳[2]

（1. 青岛海洋大学，青岛 266003；2. 中国科学院海洋研究所，青岛 266071）

摘要： 用透射电镜观察了皱纹盘鲍（*Haliotis discus hannai* Ino）的受精过程。鲍卵子的胶膜使精子活化，并诱发了顶体反应，卵黄膜使顶体反应达到高潮。精子入卵后，卵发生皮层反应形成受精膜，并开始减数分裂。此外，还观察到鲍的多精入卵现象。

关键词： 皱纹盘鲍；受精；顶体反应；透射电镜

用电子显微镜观察水生动物的受精形态，在鱼类已有丰富的资料（Brummett et al,1979；Iwamatsu et al，1981；王瑞霞等，1982，1984；许雁等，1988；黄永松，1990），但在无脊椎动物仅限于海胆（Lopo et al，1980，1981）和蟹类（堵南山等，1992）。皱纹盘鲍（*Haliotis discus hannai* Ino）属原始腹足类、鲍科，主要分布于我国黄渤海以及日本北部、朝鲜半岛沿海，是我国北方重要的经济贝类之一。有关皱纹盘鲍的繁殖习性、胚胎及胚后发育、人工培育苗种等方面，已有较详尽的研究报道（猪野峻，1952；陈木等，1977；王如才等，1980；聂宗庆，1989），但有关受精过程的亚显微观察，迄今尚未见报道。本文用透射电镜对皱纹盘鲍的受精过程进行了观察，现将结果报道如下。

1 材料与方法

1.1 试验材料

将皱纹盘鲍性腺成熟的雌、雄亲鲍分别排放的卵子、精子混合授精。授精时立即取材一次，授精后从 1 s ~ 60 min 每隔一定时间，分批取材固定。

1.2 样品制备、观察

供透射电镜观察的样品，用 2.5% 戊二醛和 1% 锇酸双固定，乙醇系列脱水，

---

① 本文原载《动物学研究》，1997 年 8 月，第 18 卷第 3 期，253 – 257 页。

资助项目：国家“攀登”计划 B 项目子专题（PD – B6 – 3 – 1）。

Epon 812 包埋，“LKB”型超薄切片机切片，醋酸铀－柠檬酸铅染色，日立“H－7000”型透射电镜观察。

2 结果和讨论

2.1 精子顶体反应时的形态变化

顶体反应前鲍的精子头部形态如图所示（图 1－1a），精子前端有一帽状顶体，即顶体帽（acrosome cap），后面为精核（sperm nucleus），核的前端有一杯状的凹陷，即为顶体下窝（acrosome fossa）。此时整个精子头部长约 1.5 μm，最大处直径为 0.9～1.0 μm。精子中段由数个线粒体构成（图 1－2）。精子尾部鞭毛的横切面呈圆形，直径为 0.22～0.25 μm，外周有质膜包围，其微管的横切面是典型的“9＋2”结构（图 1－1b ）。鲍的成熟未受精卵表面是一层极薄的质膜（plasma membrane），围绕其外的是卵黄膜（vitelline membrane），卵黄膜的外围是很厚的胶膜（jelly coat），胶膜是由一些不定形物质和分布稀疏的纤维状细丝所组成（图 1－2）。

在光镜下观察，鲍排放到海水中的成熟精子，在与卵子相遇前只是无目标的漫游；一旦与卵子的胶膜相接触，便被胶膜所吸附。在透射电镜下观察，当精子进入卵的胶膜时，顶体逐步向前突出（图 1－2），随着精子接近卵黄膜，顶体明显伸长（图 1－3），形成顶体突起（acrosoma process）。当顶体突起的顶端接触到卵黄膜时，精子头部伸至最长，其中顶体突起的长度约占整个精子头部长度的 1/3（图 1－4）。此时顶体反应达到高潮，精子穿过卵黄膜到达卵的质膜（图 1－5），进入卵内。

由此可见，在鲍的顶体反应过程中，卵子的胶膜激活了精子，并诱发了顶体反应；卵黄膜使顶体反应达到高潮。这是由于胶膜中含有与卵黄膜的受体蛋白相类似的物质（也可能是卵黄膜上的物质扩散到了胶膜），这种物质有种的专一性，能激活鲍的精子使其与卵子在海水中相互识别，并使精子改变漫游而迅速游近卵黄膜。这与海胆受精时的顶体反应（Lopo et al，1980）是非常相似的。

另外，本研究中还发现，鲍排出体外无胶膜的卵，是不能受精的，这也说明鲍卵的胶膜对其受精是必不可少的。这与两栖类蛙卵一定要包有胶膜才能受精（丁汉波等，1987）是一致的。

2.2 受精膜的形成

鲍的精子进入卵子之后，卵子发生皮层反应。位于鲍卵子皮层中的皮质小泡（cortical alveoli，亦称皮层颗粒）破裂，其内含的微小颗粒物逸出到质膜与卵黄膜之间，引起卵黄膜膨胀，并与卵黄膜共同形成受精膜（fertilization membrane）。受精膜与质膜之间的间隙为卵周隙（perivitelline space）。除了皮质小泡参与受精膜的形成外，本研究还观察到精子入卵后，卵子质膜上的许多微绒毛与质膜呈垂直方向拉长，

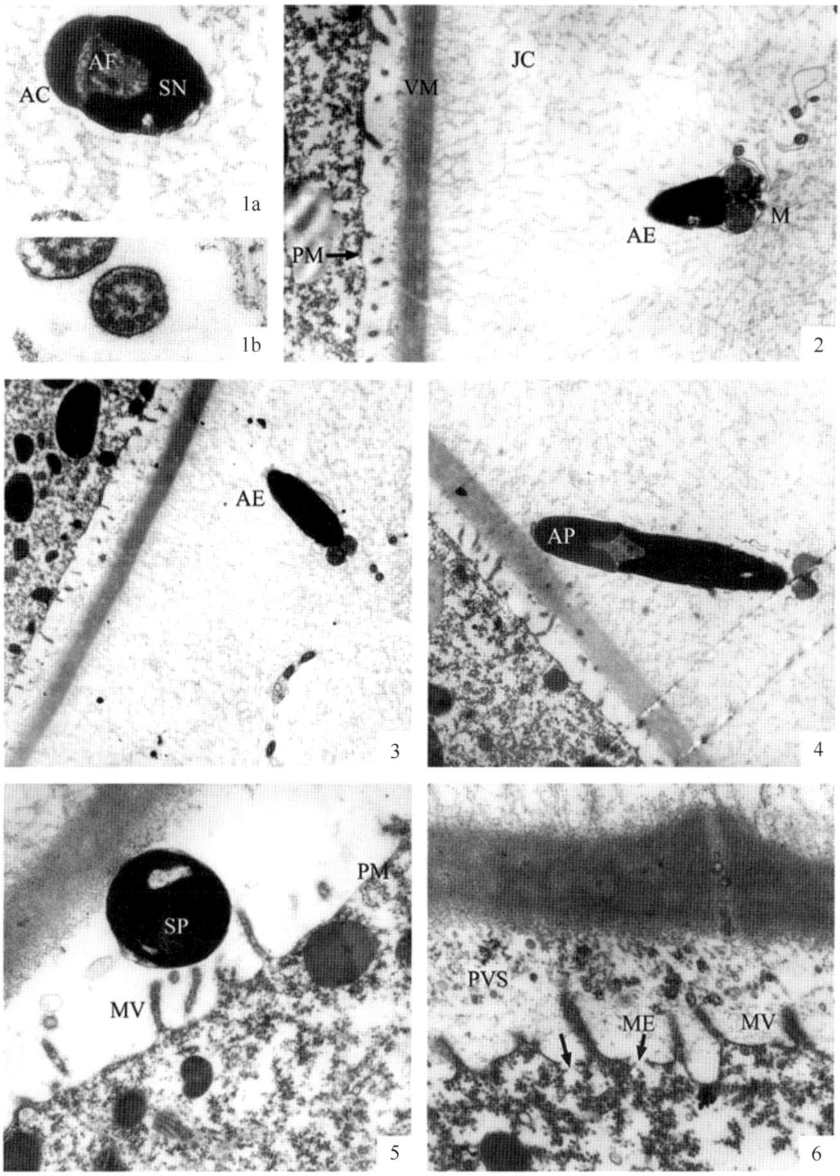

图1　皱纹盘鲍精子入卵的过程

1a. 鲍精子头部纵切，×20 400；1b. 鲍精子尾部鞭毛横切，×51 000；2. 精子进入卵的胶膜、顶体向前突出，×8 500；3. 精子接近卵黄膜、顶体明显伸长，×5 100；4. 顶体突起的顶端接触卵黄膜，×8 000；5. 穿过卵黄膜的精子（头部横切），×20 400；6. 微绒毛基部的微吞饮泡破裂（箭头处）、内含物逸出到卵周隙中，×25 500；

AC（acrosome cap）：顶体帽；AF（acrosome fossa）：顶体下窝；SN（sperm nucleus）：精子核；PM（plasma membrane）：质膜；VM（vitelline membrane）：卵黄膜；JC（jelly coat）：胶膜；AE（acrosome）：顶体；M（mitochondria）：线粒体；AP（acrosome process）：顶体突起；SP（spermatozoa）：精子；MV（microvilli）：微绒毛；ME（microphage）：微吞饮泡；PVS（perivitelline space）：卵周隙；

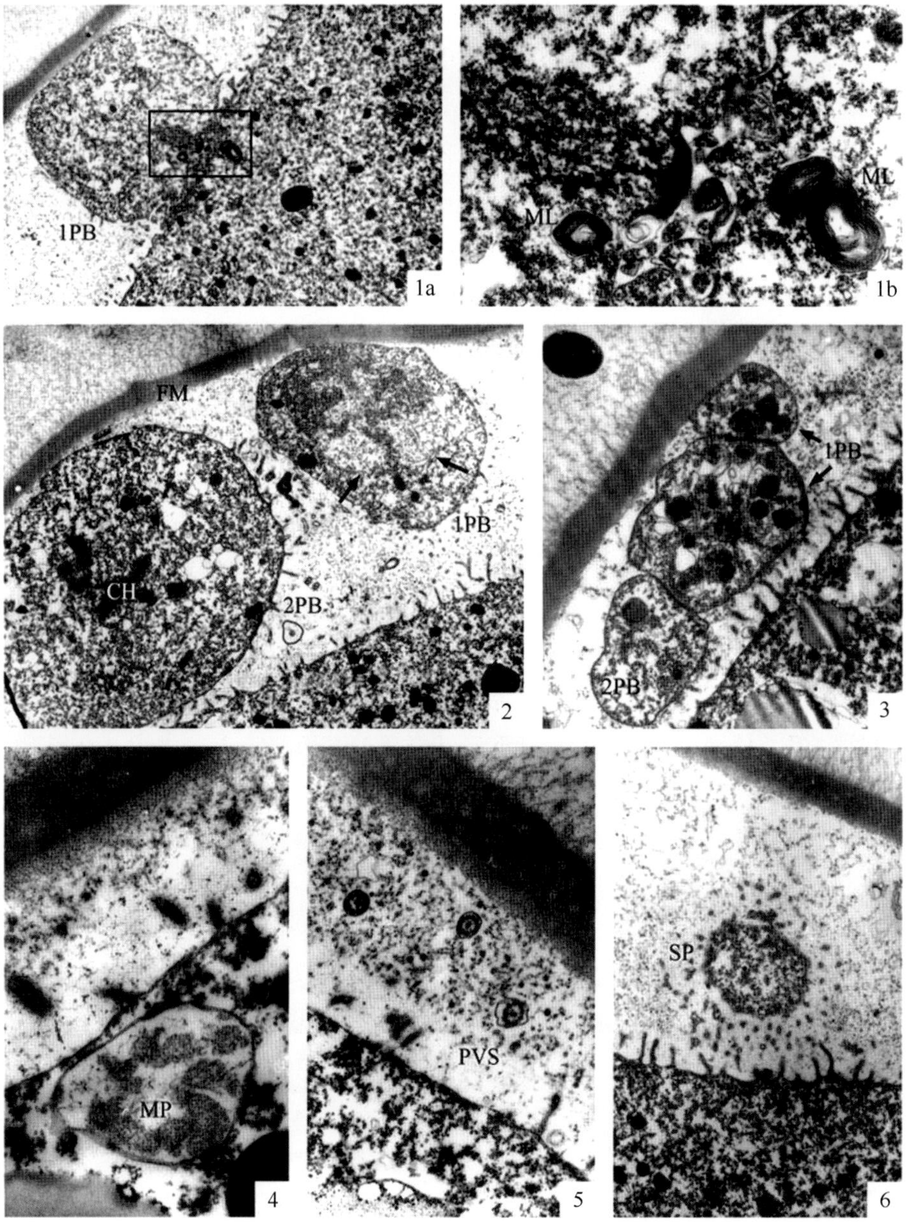

图 2　皱纹盘鲍受精过程中卵的变化

1a. 受精卵释放第一极体，卵质中的卵黄颗粒明显减少，×3 250；1b. 1a 方框部分的放大、示髓样体，×19 500；2. 受精卵又释放第二极体，箭头处示第一极体内的核膜，×5100；3. 第一极体又分裂产生两个退化的细胞，×8 500；4. 位于卵皮层中的雄原核，×26 000；5. 卵周隙中有 3 个精子的尾部、示多精入卵，×18 000；6. 卵周隙中未完全崩解的精子头部，×8 500

SP（spermatozoa）：精子；PVS（perivitelline space）：卵周隙；FM（fertilization membrane）：受精膜；MP（male pronucleus）：雄原核；1PB（first polar body）：第一极体；2PB（second polar body）：第二极体；ML（myelin－like bodies）：髓样体；CH（chromatin）：染色质

其表面分泌出许多黏胶状微细颗粒，而且一些微绒毛基部的微吞饮泡（microphage）膨大破裂，其中的颗粒物质逸出到卵周隙中（图 1 -6）。据此笔者推测，这些微绒毛的分泌物可能也参与了受精膜的形成。

关于鲍受精膜的形成，Lewis 等（1982）认为 *Haliotis rufescens* 的卵黄膜在受精前已经举起，且质膜与卵黄膜之间的间隙达数十微米，因此，受精后不存在受精膜举起的现象。但据本研究在透射电镜下观察，皱纹盘鲍排出体外的成熟未受精卵，质膜与卵黄膜之间的间隙仅有 0.6 ~ 1.2 μm（图 1 -2），如此小的间隙，加之质膜极薄，在光镜下往往难以分辨，容易给人造成错觉。在两栖类中，蛙卵有 3 层或多层胶膜，当卵排到水中，胶膜就吸水膨胀（于豪建，1984）。本研究认为，鲍卵的胶膜并非 1 层，而类似于蛙卵的胶膜，所以在光镜下看到的鲍成熟未受精卵膨胀举起的是胶膜，而并非卵黄膜。如前所述，鲍受精后的皮层反应使卵黄膜举起形成受精膜。

2.3 极体释放与雌、雄原核的结合

行体外受精的软体动物，精子入卵的时机有两种情形：一种是胚泡存在，初级卵母细胞处于第一次成熟分裂之前；另一种是胚泡消失，初级卵母细胞处于第一次成熟分裂中期（楼允东等，1981）。而鲍属于后者，即精子入卵之后，卵子开始两次成熟分裂。第一次成熟分裂染色体数目减半，其结果是从动物极释放出第一极体。电镜下可观察到极体离开卵质时，微丝被牵伸为纺锤形（图 2 -1a），极体一侧与卵母细胞一侧的胞质中都可见到呈绒线状环绕的髓样体（myelin - like bodies），这些髓样体（图 2 -1b）可能是溶酶体吞噬了一部分损耗的细胞器形成的。

随着受精卵的发育，不久卵子又释放出第二极体（图 2 -2），从而完成减数分裂，并形成具有单倍染色体的雌原核（female pronucleus）。此时可见第一极体内的核膜清晰，核内的染色质呈局部密集状，胞质中有数个线粒体（图 2 -2）。动物卵子减数分裂过程中，有的第一极体可以再分裂一次，有的第一极体不再分裂。试验观察到鲍的第一极体又分裂产生两个退化的细胞（图 2 -3）。

极体释放后，在卵子放出极体的动物极附近的卵质中，可见许多线粒体和小囊泡等，而卵黄颗粒明显减少（图 2 -1a），这说明在减数分裂过程中消耗掉了许多卵黄物质。

在卵子释放极体的同时，进入卵内的精子形成了雄原核（male pronucleus）。进一步，雄原核（图 2 -4）由皮层向雌原核移动，雌原核也向雄原核移动，最终，雌、雄原核融合形成合子核，完成了整个受精过程。

综上所述，皱纹盘鲍的受精过程与海胆等海洋无脊椎动物的受精过程（Endo，1961；Lopo et al，1980，1981）大致相同，即经历了精子顶体反应、卵子皮层反应、两性原核的融合等阶段。所不同的是，海胆在精子入卵时，卵子已经完成了减数分

裂；而鲍是在精子入卵之后，才开始减数分裂，并相继释放出第一极体和第二极体。

2.4 多精入卵现象

一般体外受精的软体动物是单精入卵，单精受精。本研究还观察到在鲍受精卵的卵周隙中，有数个精子尾部的横切（图 2－5），在几微米短的距离内，这些精子尾部的横切不可能是同一个精子由于尾部弯曲而造成的赝象，因此是多精入卵。

在一些软体动物中有多精入卵的现象，但仅有一个精子形成雄原核，并最终与雌原核结合，因此卵子仍可正常发育（Raven，1966）。其他的多余精子在卵内被逐渐吸收崩解，但吸收时间因种类而异，或在减数分裂期间，或迟至第一次卵裂时才被吸收（楼允东等，1981）。试验发现，鲍释放出第一极体和第二极体之后，仍有穿过卵黄膜而未穿入质膜的精子头部，尚未完全被吸收（图 2－6）。Jaffe（1976）认为，海胆阻滞多精入卵的机制有两个方面：一方面是精卵接触的最初数秒钟内，卵的质膜电位改变，导致迅速但不完全的阻滞；另一方面是皮层反应形成受精膜，完全阻滞了后期多精入卵。这与本研究观察到鲍的多精入卵现象联系起来分析，可以认为，鲍受精时卵质膜电位的变化，迅速阻滞了“早期”穿过卵黄膜的多余精子穿入质膜，皮层反应使“后期”到达卵黄膜的多余精子失去了入卵的可能性，尽管这种“早期”、“后期”的差异可能只有数秒钟。关于鲍受精时卵的质膜电位的变化尚待研究。

致谢 青岛海洋大学包振民博士曾对本研究提出宝贵建议，谨致谢意。

参考文献

丁汉波，仝允栩，黄浙 . 1987. 发育生物学［M］. 北京：高等教育出版社，66－149.

于豪建 . 1984. 动物的发育［M］. 北京：人民教育出版社，51－88.

王如才，王克行 . 1980. 贝类养殖学［M］. 北京：农业出版社，352－363.

王瑞霞，张毓人，傅仓生，等 . 1982. 鲂鱼受精早期精子入卵的扫描电子显微镜观察［J］. 水产学报，6（4）：313－320.

王瑞霞，张毓人，傅仓生，等 . 1984. 家养鱼类受精生物学的研究Ⅱ. 几种淡水鱼类成熟卵球的精孔器与精子入卵通路的光镜与扫描电镜观察［J］. 水生生物学报，8（2）：171－182.

许雁，熊全沫 . 1988. 中华鲟受精过程扫描电镜观察［J］. 动物学报，34（4）：325－328.

陈木，卢豪魁，陈世杰，等 . 1977. 皱纹盘鲍人工育苗的初步研究［J］. 动物学报，23（1）：35－46.

聂宗庆 . 1989. 鲍的养殖与增殖［M］. 北京：农业出版社，66－157.

堵南山，赖伟，安婴，等 . 1992. 中华绒螯蟹受精的细胞学研究［J］. 中国科学（B 辑），（3）：260－265.

黄永松.1990. 尼罗罗非鱼成熟卵结构及精子入卵早期的电镜研究［J］. 动物学报，36（3）：227－230.

楼允东，郑德崇.1981. 组织胚胎学［M］. 北京：农业出版社，212－271.

猪野峻.1952. 邦産アワビ属の増殖に関する生物学的研究［J］. 東海区水産研究所研究報告，（5）：1－102.

Brummett A R, Dumont J N. 1979. Initial stages of sperm penetration into the egg of *Fundulus heteroclitus* [J]. Journal of Experimental Zoology, 210 (3): 417－433.

Endo Y. 1961. Changes in the cortical layer of sea urchin eggs at fertilization as studied with the electron microscope: I. *Clypeaster japonicas* [J]. Experimental Cell Research, 25 (2): 383－397.

Iwamatsu T, Ohta T. 1981. Scanning electron microscopic observations on sperm penetration in teleostean fish [J]. Journal of Experimental Zoology, 218 (2): 261－277.

Jaffe L A. 1976. Fast block to polyspermy in sea urchin eggs is electrically mediated [J]. Nature (London), 261: 68－71.

Lewis C A, Talbot C F, Vacquier V D. 1982. A protein from abalone sperm dissolves the egg vitelline layer by a nonenzymatic mechanism [J]. Developmental Biology, 92 (1): 227－239.

Lopo A C, Vacquier V D. 1980. Antibody to a sperm surface glycoprotein inhibits the egg jelly－induced acrosome reaction of sea urchin sperm [J]. Developmental Biology, 79 (2): 325－333.

Lopo A C, Vacquier V D. 1981. Gamete interaction in the sea urchin, a model for understanding the molecular details of animal fertilization [M] //Fertilization and embryonic development in vitro. US: Springer Press, 199－232.

Raven C P. 1966. Morphogenesis: the analysis of molluscan development (2nd Ed.) [M]. Oxford: Pergamon press.

Observation on the process of fertilization of *Haliotis discus hannai* with transmission electron microscope

Sun Zhenxing[1], Wang Rucai[1], Jiang Ming[1], Liu Xiaoyun[1], Xie Jialin[2]

(1. *Ocean University of Qingdao*, *Qingdao* 266003; 2. *Institute of Oceanology*, *Chinese Academy of Sciences*, *Qingdao* 266071)

Abstract: This thesis studied the process of fertilization of the abalone (*Haliotis discus hannai*) with transmission electron microscope (TEM). The jelly coat of abalone egg activated spermatozoa and induced acrosome reaction. The vitelline membrane promoted the acrosome reaction reach the climax. After the sperm entered the egg, the egg cortical reaction took place and the fertilization membrane was formed. Afterwards, the egg's meiosis began. Besides, we found polyspermy of the abalone.

Key words: *Haliotis discus hannai*; fertilization; acrosome reaction; TEM

扁玉螺的生殖腺组织学和生殖周期①

刘　庆②，孙振兴

（鲁东大学生命科学学院，烟台 264025）

摘要：采用组织切片和 HE 染色法，对烟台沿海扁玉螺的生殖腺发育过程进行了观察。根据性腺发育的组织学特征，将扁玉螺生殖腺发育过程分为增殖期、生长期、成熟期、排放期和休止期 5 个时期；扁玉螺在烟台沿海每年一个生殖周期，繁殖季节为 5 月上旬至 8 月中旬，繁殖盛期为 6 月上旬至 7 月下旬。上述研究结果探明了扁玉螺的生殖腺发育规律，丰富了扁玉螺的繁殖生物学资料，对开发利用扁玉螺有着积极的意义。

关键词：扁玉螺；生殖腺；生殖周期

扁玉螺（*Neverita didyma*）是一种食用价值较高的腹足纲前鳃类动物，随着人们对海洋贝类资源的开发利用，它已成为潜在的贝类增养殖对象，因此有必要开展扁玉螺繁殖生物学的研究。国内外对海洋前鳃类动物生殖腺的组织学研究主要集中在鲍科[1,2]、蛾螺科[3,4]以及涡螺科[5,6]等贝类，有关扁玉螺生殖腺发育的组织学研究，国内外尚未见报道。本文以烟台沿海的扁玉螺为材料，采用组织切片和光镜显微技术，对扁玉螺的生殖腺发育进行了观察，并对其生殖周期进行了探讨，现报告如下。

1　材料与方法

1.1　材料

试验所用扁玉螺采自烟台近海，自 2007 年 1 月至 2008 年 6 月期间，每月取样 1～3次，每次随机取扁玉螺 10～15 只，共解剖扁玉螺 282 只。试验用扁玉螺壳宽为 4.0～5.4 cm，个体湿质量为 23.5～54.8 g，解剖取出生殖腺。

1.2　方法

将生殖腺用 Bouin's 液固定，按常规方法石蜡切片，切片厚度 6～8 μm，苏木

---

① 本文原载《海洋湖沼通报》，2009 年 6 月，第 2 期，67－72 页。

资助项目：山东省高校实验技术项目（2005－396）。

② 第一作者简介：刘庆（1982—），男，硕士研究生，研究方向海洋动物生物学。通讯作者：孙振兴。

精-伊红（hematoxylin-eosin，HE）染液染色，组织切片在光学显微镜下观察，用Olympus DP-70 显微数码摄影系统拍照。

2 结果

2.1 生殖腺发育的宏观分期

肉眼观察扁玉螺的生殖腺，根据其表观特征、饱满程度和生殖腺颜色等，可将其发育分为以下5期。

Ⅰ期：外观无法辨别生殖腺，肝胰脏表面呈透明水泡状。

Ⅱ期：生殖腺逐渐开始发育，肝胰脏表面可见一层很薄的淡黄褐色生殖腺，尚不能分辨雌雄。

Ⅲ期：生殖腺略显肥满，覆盖肝胰脏表面约1/2，但生殖腺与肝胰脏的分界不甚明显，此期仍难以分辨雌雄。

Ⅳ期：生殖腺肥硕丰满，与肝胰脏的分界明显；雌、雄生殖腺的颜色分明，雌性为乳黄色或黄色，雄性为土褐色或褐色；此时如刺破生殖腺，可见卵子和精液流出，精子已具活动能力，遇水后即散开。

Ⅴ期：排放后的生殖腺明显消瘦，表面呈水泡状，仍然可见雌、雄生殖腺颜色，但肉眼观察生殖腺的饱满度下降，容易与Ⅳ期区分。

2.2 生殖腺发育的组织学分期

根据对生殖腺的周年组织切片的观察，可将扁玉螺的生殖腺发育分为5期，即增殖期、生长期、成熟期、排放期和休止期。

2.2.1 增殖期

开始出现雄性滤泡，滤泡数量逐渐增多，但滤泡间结缔组织仍较为丰富（图1-1），滤泡壁上开始出现精原细胞和少量初级精母细胞，精原细胞呈圆形或梨形等不规则形状，紧贴滤泡壁。雄性生殖腺的增殖期从2月下旬即开始，可持续至3月上旬。

雌性滤泡沿着结缔组织逐渐形成，数量由少到多，滤泡较小（图1-2），形状不规则，滤泡壁较厚，卵原细胞贴附于滤泡壁上，大部分滤泡腔内主要为结缔组织所占据，部分滤泡呈空腔状。雌性的增殖期从3月上旬至4月上旬。

2.2.2 生长期

雄性滤泡体积增大，数量明显增多，滤泡间仍有结缔组织，生殖细胞开始游离滤泡壁，滤泡腔逐渐缩小；随着发育，精原细胞和精母细胞分化明显，几乎充塞整个滤泡腔（图1-3）。此期发育时间为3月上旬至4月上旬。

雌性滤泡数量增多，体积增大，分布范围也扩大，滤泡间仍有结缔组织。滤泡内的卵原细胞继续分裂增殖，卵母细胞数量不断增加，卵母细胞挤满整个滤泡壁，滤泡内结缔组织减少（图1－4）。随着卵母细胞的发育，卵母细胞与滤泡壁连接处形成卵柄，并有卵母细胞逐渐游离到滤泡腔。此期发育时间为4月上旬至4月下旬。

2.2.3 成熟期

雄性滤泡饱满，达到全年最丰满阶段，滤泡排列紧凑。滤泡内可见精母细胞、精细胞和精子同时存在，大量精细胞分化形成精子，整个滤泡腔充满各期生精细胞和成熟精子，滤泡腔内基本无空隙或仅在滤泡中央可见少量空隙（图1－5）。此期发育时间从4月上旬至5月上旬。

雌性滤泡亦为全年最丰满的时期，滤泡之间的空隙很小。滤泡内沿着滤泡壁仍有少量较小的卵原细胞和卵母细胞，整个滤泡腔几乎被后期卵母细胞和成熟卵子所充满。卵母细胞的体积明显增大，在滤泡腔内互相挤压而呈不规则形状（图1－6）。此期发育时间从4月下旬至5月中旬。

2.2.4 排放期

自5月上旬开始，随着精子的排放，雄性滤泡内开始出现大小不等的辐射状空腔，精子数量减少，排列分散（图1－7）。与此同时，又有精母细胞继续发育形成精子，使精子不断成熟不断排放。精子排放可持续至8月中旬。

雌性滤泡中的成熟卵子大量排放，滤泡内逐渐出现大小不等的空腔，滤泡体积缩小，滤泡内仍有卵母细胞和未排放的成熟卵子（图1－8）。在排放前期和中期，卵母细胞可继续发育为成熟卵子，并再次排放；至排放后期，滤泡中残存的卵母细胞不再发育，这些卵母细胞和极少数未排放的成熟卵子，将逐渐退化并被吸收。产卵期为5月中旬至8月中旬。

2.2.5 休止期

精子排尽后，滤泡萎缩，滤泡壁上仍有少量精母细胞，滤泡腔缩小，逐渐变为一空腔（图1－9）。随着结缔组织的增生，滤泡数量逐渐减少，直至消失。此期为8月中旬至翌年2月下旬。

雌性滤泡也随着成熟卵子的大量排放，滤泡逐渐萎缩呈不规则的空泡状，但在该期初，仍可见滤泡内靠近边缘处有一些退化的卵母细胞（图1－10），到该期末，滤泡之间的间隙加大，结缔组织大量增生，最终滤泡消失。此期为8月下旬至翌年3月上旬。

2.3 生殖周期

根据对扁玉螺生殖腺周年组织切片的显微观察，以及对各期生殖腺在不同月份中所占比例的统计（图2、图3）表明，烟台沿海的扁玉螺为每年一个生殖周期。

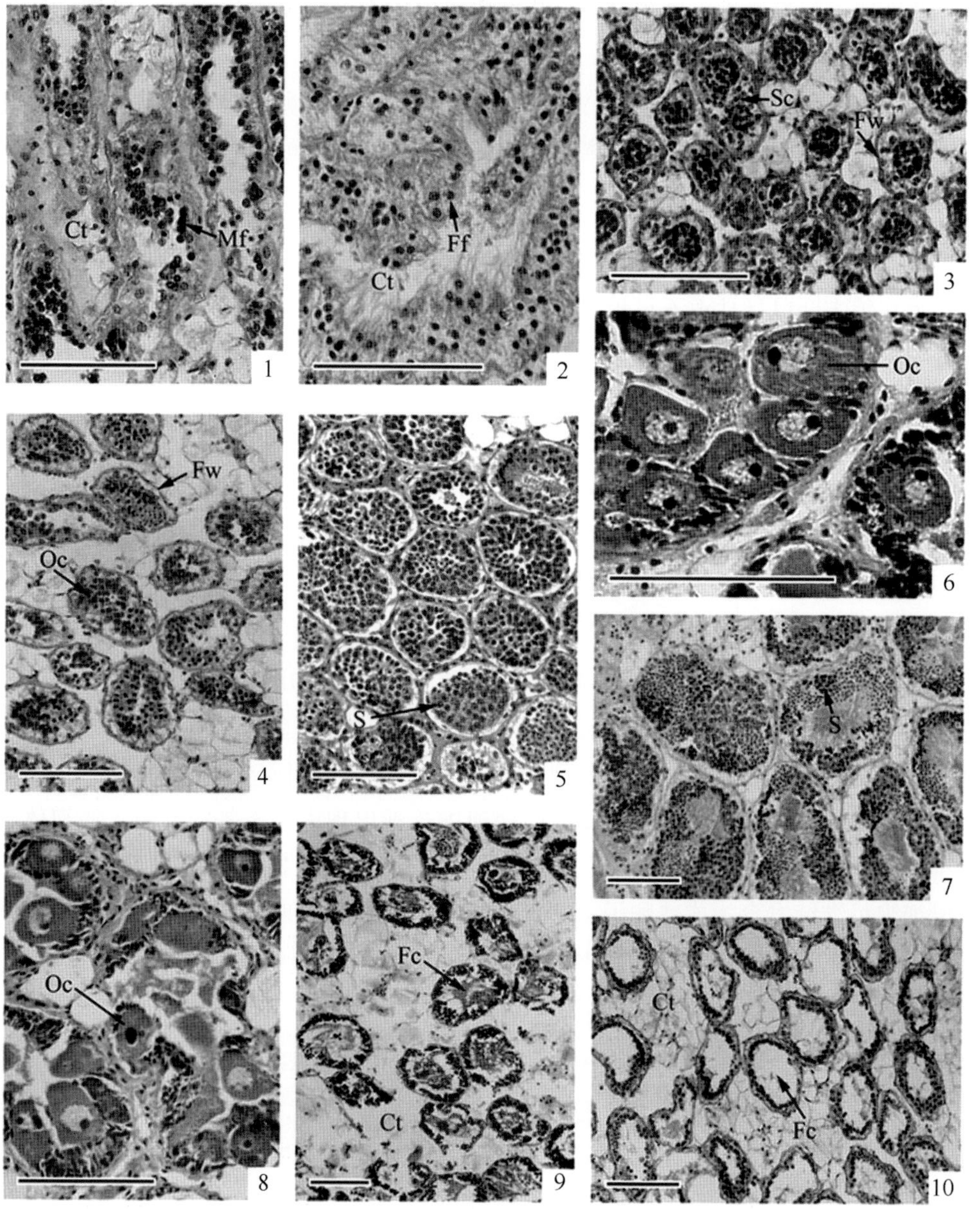

图 1　扁玉螺生殖腺周年变化的组织切片

1. 增殖期雄性生殖腺；2. 增殖期雌性生殖腺；3. 生长期雄性生殖腺；4. 生长期雌性生殖腺；5. 成熟期雄性生殖腺；6. 成熟期雌性生殖腺；7. 排放期雄性生殖腺；8. 排放期雌性生殖腺；9. 休止期雄性生殖腺；10. 休止期雌性生殖腺（图中标尺均为 100 μm）

Mf (male follicle)：雄性滤泡；Ff (female follicle)：雌性滤泡；Ct (connective tissue)：结缔组织；Sc (spermatocyte)：精母细胞；Oc (oocyte)：卵母细胞；Fw (follicular wall)：滤泡壁；S (spermatid)：精细胞；Fc (follicular cavity)：滤泡腔

在整个生殖周期中，雄性与雌性生殖腺的周年组织学变化基本一致，但雄性生殖腺的发育明显早于雌性。

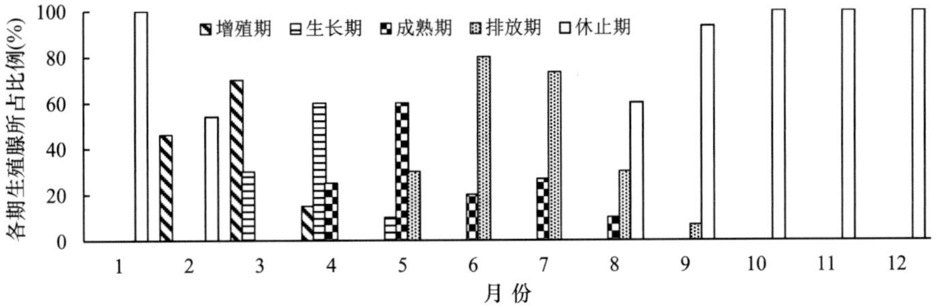

图 2　扁玉螺雄性生殖腺的季节变化

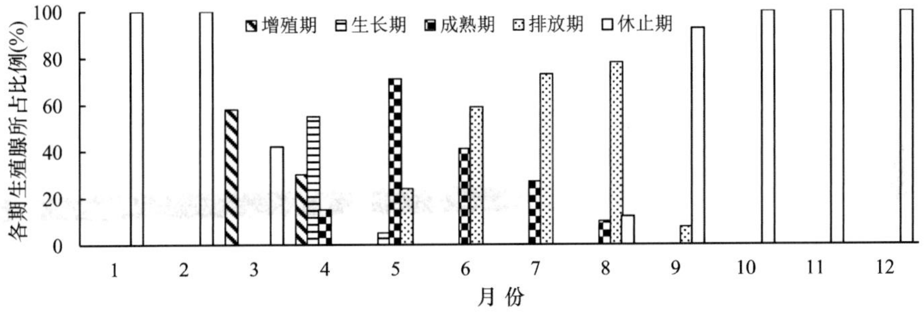

图 3　扁玉螺雌性生殖腺的季节变化

2 月下旬至 3 月上旬，烟台海区自然水温为 1.3～3.5℃，以滤泡出现为标志，雄性腺即进入增殖期，但此时雌性腺仍处于休止期。

3 月上旬至 4 月上旬，水温为 3.5～8.3℃，雄性生殖腺发育至生长期，此时的雌性生殖腺刚刚进入增殖期。

4 月上旬至 5 月上旬，水温为 8.3～13.7℃，雄性生殖腺已进入成熟期；而雌性生殖腺在 4 月上旬至 4 月下旬基本处于生长期，5 月上、中旬才进入成熟期。

5 月至 8 月，水温为 13.7～25.0℃，雄性生殖腺的排放期为 5 月上旬至 8 月中旬；雌性生殖腺的产卵期为 5 月中旬至 8 月中旬。因此，扁玉螺的繁殖季节为 5 月上旬至 8 月中旬，其繁殖盛期为 6 月上旬至 7 月下旬。

9 月至翌年 2 月，水温变化范围较大，为 23.2～1.3℃，雄性生殖腺从 8 月中旬至翌年 2 月下旬基本处于休止期；而雌性生殖腺的休止期为 8 月下旬至翌年 3 月上旬。在此阶段，雄性和雌性生殖腺的滤泡数量逐渐减少，直至消失，生殖腺发育完成了一个周期。到翌年 2—3 月，滤泡重新出现，又开始一个新的生殖周期。

3 讨论

3.1 扁玉螺生殖腺发育的特点

依据滤泡发育程度、滤泡中生殖细胞分化成熟的形态等组织学特征，笔者将扁玉螺的生殖腺发育分为增殖期、生长期、成熟期、排放期和休止期，这与大多数双壳类和腹足类生殖腺的发育过程基本相同。扁玉螺成熟期的雌性滤泡中卵母细胞的数量较少，这既不同于某些双壳类在成熟期每个滤泡中含有几十个卵母细胞和成熟卵子[7]，也不同于雌性泥螺（*Bullacta exarate*）成熟期的滤泡中只有 1～3 个卵母细胞[8]。出现这种现象的原因是由于大多数双壳类的成熟卵细胞体积较小，而许多腹足类的成熟卵细胞体积较大[9]，如涡螺科的 *Adelomelon brasiliana* 产卵前卵母细胞直径可达 200 μm[6]。

从生殖腺周年组织切片观察，扁玉螺生殖腺发育过程中存在着明显的雄性先熟现象，从 4 月上中旬开始，部分雄性个体的性腺就达到成熟状态，而雌性仍处于生长期，雄性比雌性约提早半个月成熟，这与一些双壳类[10,11]以及鲍[1]的雄性先熟现象相类似。

3.2 关于扁玉螺的繁殖期

根据上述组织学观察结果，扁玉螺生殖腺成熟后，并非一次性排精或产卵后立刻进入休止期，滤泡中的生殖母细胞的发育存在一定程度的不同步性，随着成熟精子或卵子的不断排出，处于不同发育时相的生殖母细胞又相继发育成熟，从而使扁玉螺的生殖细胞分批成熟、多次排放，所以其繁殖期持续的时间较长，可从 5 月持续到 8 月。

虽然从组织切片上可分辨性腺的成熟期与排放期，但由于排放初期是少量排放，排放期仍有精子或卵子不断成熟，所以用肉眼观察难以准确判断性腺的成熟期与排放期，这也说明肉眼观察的局限性和组织学观察的必要性。从宏观角度将扁玉螺性腺发育分为Ⅰ期至Ⅴ期，主要是根据性腺的表观特征，与组织学分期并非一一对应，二者结合可准确地判定扁玉螺的性腺发育状况。

3.3 生殖腺发育与水温的关系

水温是影响水生动物性腺发育的重要环境因素。对多数在春、夏季产卵的水生动物而言，当水温较高时，动物的摄食和代谢活动增强，促进生殖腺的发育；反之，当水温过低时，其摄食和代谢强度下降，生殖腺发育缓慢或停滞。11 月至翌年 3 月，海区水温较低，这种低温环境使扁玉螺的生殖腺基本停止发育，一直处于休止期。从 3 月开始，海区水温逐渐回升，扁玉螺生殖腺开始发育；4—5 月，水温上升很快，也是扁玉螺生殖腺发育较快的时期；6—8 月，是海区全年水温最高的时期，扁玉螺进入排放期。9—10 月，虽然水温仍然适合性腺发育，但大量排放后的扁玉螺生殖腺逐渐退化进入休止期，这与台湾东风螺在水温适宜的 9—10 月性腺退化[4]是相类似的。笔者认为，扁玉螺自身的生殖周期决定了排放后的生殖腺需转入休止阶段进行调整，即使水温适宜、食物充足，排空的生殖腺也难以在短时间内迅速恢复。这恰好说明了生殖周期等内因是决定生殖腺发育的关键因素，而水温和食物则是促进生殖腺发育必不可少的外部因素[12]。

参考文献

[1] 刘永峰，刘永襄，隋锡林，等．大连海区皱纹盘鲍生殖周期的研究［J］．水产学报，1985，9（4）：311－319.

[2] Fukazawa H，Kawamura T，Takami H，et al. Oogenesis and relevant changes in egg quality of abalone *Haliotis discus hannai* during a single spawning season［J］. Aquaculture，2007，270（1－4）：265－275.

[3] 高丸禮好，富士昭．北海道南部におけるヒメエゾボラ *Neptunea arthritica*（Bernardi）の生殖周期［J］．水產增殖，1981，29（2）：78－87.

[4] 柯才焕，李复雪．台湾东风螺的生殖腺组织学和生殖周期［J］．台湾海峡，1991，10（3）：213－220.

[5] Giménez J，Penchaszadeh P. Reproductive cycle of *Zidona dufresnei*（Caenogastropoda：Volutidae）from the southwestern Atlantic Ocean［J］. Marine Biology，2002，140（4）：755－761.

[6] Cledon M，Arntz W，Penchaszadeh P E. Gonadal cycle in an *Adelomelon brasiliana*（Neogastropoda：Volutidae）population of Buenos Aires province，Argentina［J］. Marine Biology，2005，147（2）：439－445.

[7] 杨耀聪，李复雪．尖紫蛤生殖周期的研究［J］．热带海洋，1994，13（2）：61－67.

[8] 尤仲杰，王一农，董任彭，等．浙江沿海泥螺繁殖生物学初步观察［J］．浙江水产学院学报，1993，12（4）：233－239.

[9] 孙振兴．贝类的繁殖和发育［M］//常亚青，主编．贝类增养殖学．北京：中国农业出版社，2007：38－61.

[10] 刘德经，谢开恩．西施舌的繁殖生物学［J］．动物学杂志，2003，38（4）：10－15.

[11] 林志华，单乐洲，柴雪良，等．硬壳蛤（*Mercenaria mercenaria*）繁殖生物学研究［J］．海洋与湖沼，2005，36（5）：430－436.

[12] Grubert M A，Ritar A J. Temperature effects on the dynamics of gonad and oocyte development in captive wild－caught blacklip（*Haliotis rubra*）and greenlip（*H. laevigata*）abalone［J］. Invertebrate Reproduction and Development，2004，45（3）：185－196.

Histology of gonad and reproductive cycle of *Neverita didyma*

Liu Qing, Sun Zhenxing

(*School of Life Science*, *Ludong University*, *Yantai* 264025)

Abstract: The gonad development of the *Neverita didyma* from Yantai sea area was observed by using the tissue slice and HE coloration technique. According to the histological character, the gonad development of *Neverita didyma* may be divided into the following five stages: proliferating stage, growing stage, maturing stage, spawning stage and recovering stage. The reproductive cycle of *Neverita didyma* is once a year in the Yantai sea area. The spawning season starts from the early of May to the middle of August, their spawning peak is from the early of June to the end of July. The results proved the laws of gonad development, supplemented data of reproductive biology of *Neverita didyma*, and had active significance for exploitation and utilization of *Neverita didyma*.

Key words: *Neverita didyma*; gonad; reproductive cycle

扁玉螺早期发育的实验观察①

刘 庆②，孙振兴

（鲁东大学生命科学学院，烟台 264025）

摘要：在实验室条件下人工孵化扁玉螺（*Neverita didyma*）的卵块，观察了其胚胎发育和幼虫发育过程。扁玉螺的早期发育属间接发生型，其胚胎发育包括卵裂期、囊胚期、原肠胚、膜内担轮幼虫、膜内面盘幼虫；幼虫发育包括面盘幼虫、后期面盘幼虫和匍匐幼虫；匍匐幼虫经变态后发育为稚螺。在水温25～26℃条件下，受精卵发育至膜内面盘幼虫约需38 h，5～6天后面盘幼虫冲破卵膜而孵化。扁玉螺面盘幼虫的显著特点是具有1对眼点和1对平衡囊，面盘呈双叶状；后期面盘幼虫的面盘为4叶，呈蝴蝶状，足发达，幼虫既能浮游，又能爬行。后期面盘幼虫进一步生长发育，逐渐转入匍匐生活。

关键词：扁玉螺；胚胎；面盘幼虫；发育

扁玉螺（*Neverita didyma*）属于软体动物门（Mollusca）腹足纲（Gastropoda）前鳃亚纲（Prosobranchia）中腹足目（Mesogastropoda）玉螺科（Naticidae）玉螺属，广泛分布于我国南北沿海、朝鲜半岛、日本北海道南部以及印度－西太平洋海域，是一种广温性的中型贝类[1]。由于近年来过度采捕，其资源量逐渐减少。因此，开展扁玉螺的发育生物学研究有着重要的意义。

有关扁玉螺的研究，主要集中在形态与生态[2]、消化系统解剖[3]、呼吸与排泄生理[4]、营养成分[5]等方面，迄今国内外尚未见有关扁玉螺早期发育的报道。本文对扁玉螺的胚胎发育和胚后发育进行了较详细的观察，以期进一步丰富腹足纲贝类的发育生物学资料，并为扁玉螺的人工繁殖打下基础。

---

① 本文原载《动物学杂志》，2008年10月，第43卷第5期，99－103页。

资助项目：山东省高校实验技术项目（2005－396）。

② 第一作者简介：刘庆（1982—），男，硕士研究生，研究方向海洋动物生物学。通讯作者：孙振兴。

1 材料与方法

1.1 材料

在扁玉螺繁殖季节的5—8月，从烟台近海潮间带采集扁玉螺的卵块，带回实验室。

1.2 方法

将卵块置于室内水族箱中孵化，水温25～26℃，盐度32。在显微镜下观察时，用解剖针从卵块中分离出卵囊，以正常受精卵为发育起始时间，采用连续观察法，记录发生过程，在Olympus DP－70显微数码摄影系统下拍照。

2 结果

2.1 卵的形态

扁玉螺雌雄异体，交尾后将受精卵以卵块（egg mass）的形式产出体外，卵块的形状为围领状，上部圆径小、下部圆径大（图1－1）；卵块中的卵囊（egg capsule）与细沙被产卵时输卵管腺体分泌的胶质黏在一起，卵囊包裹在沙粒之间。刚产出的卵块较柔软，卵囊与沙粒黏连不易分离。每个卵囊中含一个受精卵。正常受精卵呈圆球形（图1－2），直径180～210 μm，卵囊直径240～300 μm。卵子沉于海水底部，显微镜下可见卵黄颗粒密集呈深褐色，但动物极与植物极之间无明显分界，属沉性间黄卵。

2.2 胚胎发育

2.2.1 卵裂期

扁玉螺的受精卵在水温25℃条件下，1 h 20 min后在动物极相继出现第一极体和第二极体。第二极体出现不久，约2 h后开始第一次卵裂，细胞拉伸，从动物极开始经裂，形成2个大小基本相等的分裂球，两分裂球的界限明显，为2细胞期（图1－3）。

2 h 40 min左右进行第二次经裂，分裂面与第一次卵裂面垂直，形成大小相等的4个分裂球，为4细胞期（图1－4）。前两次卵裂为全裂等裂。

第三次卵裂在4 h后开始，此次卵裂为纬裂，分裂形式为全裂不等裂，形成8个分裂球，动物极4个小分裂球，植物极4个大分裂球，小分裂球位于2个大分裂球之间，表现为典型的螺旋卵裂。此后，细胞不断分裂（图1－5），分裂速度也逐渐不同步，往往可见同一卵块中的许多卵子处于不同的分裂期。

产卵后 9 h 左右，随着分裂球数量逐渐增多、体积逐渐变小，分裂球之间的界限逐渐变得模糊，胚胎发育进入桑椹期。

2.2.2 囊胚期

10 h 20 min 左右，胚胎略呈椭圆形，此时细胞明显外凸，植物极细胞大于动物极细胞，发育到囊胚期（图 1－6）。

2.2.3 原肠胚

囊胚和早期原肠胚在外形上不易区分，随着动物极细胞向植物极延伸外包，同时，植物极细胞逐渐内陷形成原口，胚体形状变化不大，仍呈椭圆形。11～12 h，在原口附近出现稀少的纤毛，此时胚体借助纤毛的摆动，可在卵膜内缓慢转动，为典型的原肠胚（图 1－7）。

2.2.4 膜内担轮幼虫

经过 17～18 h，随着胚体逐渐拉长，胚体表面出现短而细的纤毛，摆动能力也较弱；此后胚体明显拉长呈梨形，纤毛逐渐增多而且变得明显，靠纤毛摆动在卵膜内转动，即为膜内担轮幼虫（图 1－8）。但未见担轮幼虫形成明显的口前和口后纤毛环及顶板，纤毛均匀地分布于整个胚体表面。担轮幼虫在膜内作间歇性旋转，一般为逆时针方向旋转。

2.2.5 膜内面盘幼虫

产卵后 38 h 左右达到膜内面盘幼虫期（图 1－9，图 1－10）。此时幼虫体积明显增大，在头部形成面盘，面盘上纤毛密布，在膜内频繁摆动。出现足原基，并在足基部出现无色透明的长圆形厣，厣逐渐变圆增厚呈圆盘状；胚壳薄而透明。幼虫营养仍依靠卵黄物质，随着发育时间的延长逐渐被消耗而变得稀少，在幼虫的身体后部仍可见部分卵黄物质。膜内面盘幼虫在卵膜内作间歇性活动，有时收缩面盘和足，处于短暂的静止状态。

2.3 孵化

在水温 25～26℃条件下，产卵后 5～6 天，幼虫的面盘不断伸缩，活动频繁，可见面盘幼虫在膜内不时旋转，并不断用面盘和胚壳撞击卵膜，最终冲破卵膜而孵化，成为自由生活的面盘幼虫。孵化时的面盘幼虫长为 180～210 μm，宽为 130～160 μm。此时如进行换水，由于环境变化的刺激，膜内面盘幼虫可在短时间内大量孵化出膜。

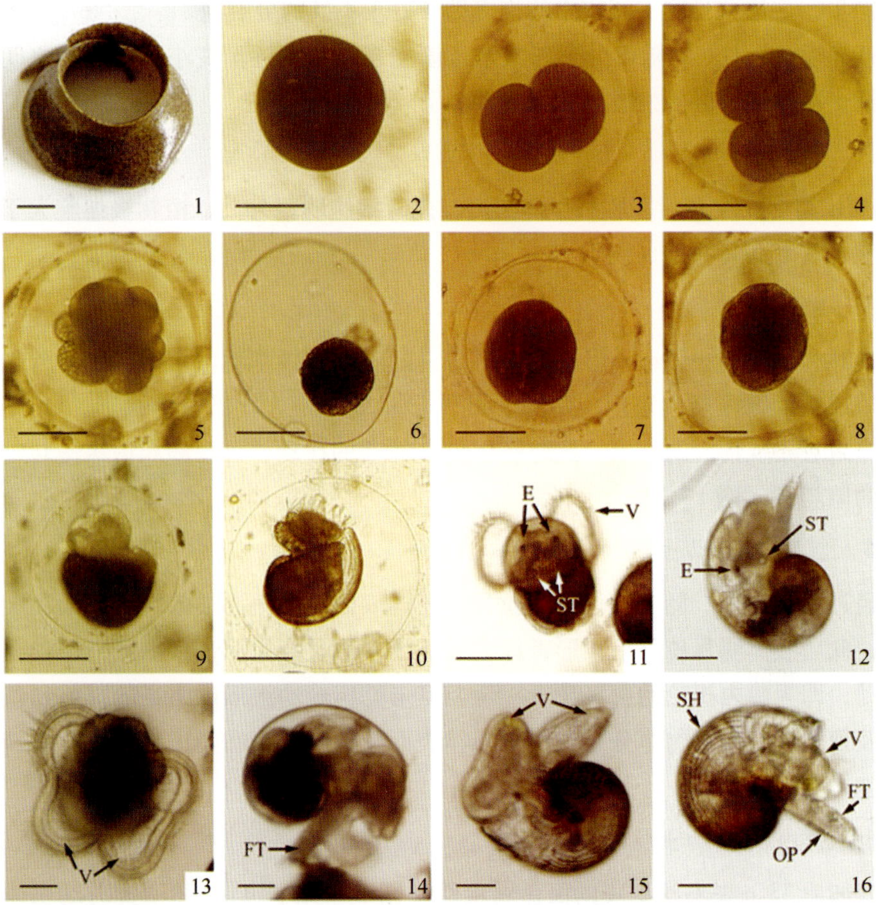

图 1　扁玉螺的卵、胚胎和幼虫形态

1. 卵块，×0.25；2. 剥掉卵囊的受精卵，×100；3. 二细胞期，×100；4. 四细胞期，×100；5. 多细胞期，×100；6. 囊胚期，×100；7. 原肠胚，×100；8. 膜内担轮幼虫，×100；9. 膜内面盘幼虫，×100；10. 膜内面盘幼虫侧面观，×80；11. 面盘幼虫背面观，×80；12. 面盘幼虫，×50；13. 正在游泳的面盘幼虫，×50；14. 正在爬行的面盘幼虫，×50；15. 后期面盘幼虫，×50；16. 面盘幼虫身体缩入贝壳，×50；图 1 标尺 =2 cm；其他各图标尺 =100 μm

E（eyespot）：眼点；ST（statolith）：平衡囊；V（velum）：面盘；FT（foot）：足；SH（shell）：贝壳；OP（operculum）：厣

2.4　幼虫发育

2.4.1　面盘幼虫

孵化后的面盘幼虫在水中营浮游生活，其面盘明显地扩张为左、右两叶，幼虫具有 1 对眼点和 1 对平衡囊（图 1－11，图 1－12）；透过幼虫壳可见位于幼虫身体背面心囊中的心开始搏动，以及胃和肠等消化管道的雏形。面盘幼虫既可在水的上层快速游动，借助纤毛的摆动摄食小球藻（*Chlorella saocharophila*）、角毛藻（*Chaetoceros muelleri*）等单细胞藻类，又时而用足在水体底部缓慢活动。此期如条件适宜，幼虫生长很快，但个体大小差异也较为明显，其壳长范围为 200 ~ 370 μm，壳宽范围为 150 ~ 250 μm。

2.4.2　后期面盘幼虫

产卵后 7 ~ 9 天，幼虫形态发生明显变化，左右两叶面盘的中部凹陷，面盘形成 4 叶，边缘部有少许褐色素，整个面盘的俯面观呈蝴蝶状（图 1 – 13）；足发达呈靴状，并频繁伸出作匍匐运动，此时幼虫既能浮游，又能爬行（图 1 – 14）。随着发育，后期面盘幼虫的壳逐渐加厚，贝壳上的环纹更加清晰，幼虫时而将面盘伸出贝壳外，时而将身体缩入贝壳内（图 1 – 15，图 1 – 16），匍匐活动逐渐增多。此期幼虫壳长范围为 350 ~ 500 μm，壳宽范围为 230 ~ 350 μm。

2.4.3　匍匐幼虫

后期面盘幼虫再经 3 ~ 5 天，当壳长增至 500 μm 以上时，足进一步发育，幼虫运动时的爬行速度加快，并经常用足吸附在基面上；面盘逐渐萎缩退化，失去游泳能力，完全营匍匐生活；匍匐幼虫经变态后发育为稚螺。

扁玉螺的整个早期发育过程见表 1。

表 1　扁玉螺的早期发育过程（水温 25 ~ 26℃）

发育阶段	时间	直径（μm）	发育阶段	时间	壳长（μm）×壳宽（μm）
受精卵	0 h	180 ~ 210	原肠胚	11 ~ 12 h	—
第一极体和第二极体	1 h 20 min	—	膜内担轮幼虫	17 ~ 18 h	—
2 细胞期	2 h	—	膜内面盘幼虫	38 h	—
4 细胞期	2 h 40 min	—	孵化	5 ~ 6 d	(180 ~ 210) × (130 ~ 160)
8 细胞期	4 h	—	面盘幼虫	5 ~ 7 d	(200 ~ 370) × (150 ~ 250)
桑椹期	9 h	—	后期面盘幼虫	7 ~ 9 d	(350 ~ 500) × (230 ~ 350)
囊胚期	10 h 20 min	—	匍匐幼虫	10 ~ 14 d	壳长 > 500

3　讨论

3.1　扁玉螺胚胎发育的特点

扁玉螺胚胎发育过程中，在卵裂阶段，从第三次卵裂开始，小分裂球总是位于两个大分裂球的交界处，且分裂沟沿一定角度倾斜，表现为典型的不均等螺旋卵裂，这与其他前鳃类动物的卵裂方式[6]相同。但扁玉螺的囊胚与原肠胚在发生时间上间隔很短，而且在外形上也不易区分，这可能是囊胚尚未完全结束时原肠作用已经开始，即植物极细胞仍在分裂时，动物极细胞已经逐渐开始向下包。而且，扁玉螺的原肠作用是外包与内陷共同作用的结果。

动物发育过程中，各种形态结构的形成与其功能有着十分密切的关系。扁玉螺的担轮幼虫不形成明显的口前纤毛环、口后纤毛环及顶板，这一点既与原始腹足目鲍科的担轮幼虫具有纤毛环和顶纤毛[6]不同，也与中腹足目嵌线螺科毛嵌线螺（*Cymatium pileare*）无明显的担轮幼虫阶段[7]有所不同，这可能由于鲍科在担轮幼虫阶段孵化，需要发达的纤毛环和顶纤毛冲破卵膜，而其他类似扁玉螺在面盘幼虫阶段孵化的前鳃类，其担轮幼虫往往不发达。

3.2 扁玉螺面盘幼虫的分期与形态

动物的个体发育是一个连续的过程，人为分期只是为了便于叙述。国内学者一般将前鳃类的面盘幼虫分为前（早、初）期、中期、后（晚）期[7-9]，国外有学者将后期面盘幼虫称为足面盘幼虫（pediveliger）[10]。扁玉螺的前期面盘幼虫是在卵膜内发育的，到中期面盘幼虫才破膜孵化，而后期面盘幼虫在形态和生活习性上都发生了较大变化。基于此，将扁玉螺的面盘幼虫分为膜内面盘幼虫、面盘幼虫和后期面盘幼虫 3 个阶段。

扁玉螺刚孵化的面盘幼虫在形态上与许多前鳃类动物的早期面盘幼虫并无显著差别，甚至与鲍科的初期面盘幼虫[6]相差无几。但随着幼虫的不断发育，即使与玉螺科的其他螺类相比，其形态也有很大的差异。乳玉螺属的 *Polinices pulchellus*[10]和 *P. lewisii*[11]的面盘幼虫发育过程中的显著特点都是面盘和颜色的变化，二者后期面盘幼虫的面盘中部明显凹陷变为 4 只膜状臂，而且臂的末梢区域出现红色素沉淀。观察中发现，虽然扁玉螺的后期面盘幼虫也出现了面盘中部凹陷，但凹陷的程度比这两种乳玉螺要轻得多，仅仅使面盘呈蝴蝶状，并未形成膜状臂，而且扁玉螺后期面盘幼虫的面盘未出现明显的色素沉淀。

从面盘幼虫的形态特点看，笔者观察到的扁玉螺面盘幼虫的双叶状面盘，与斑玉螺（*Natica tigrina*）早期面盘幼虫的形态[8]相似；而后期面盘幼虫与新腹足目骨螺科的脉红螺（*Rapana venosa*）面盘幼虫的形态[9]更为接近。由此可见，前鳃亚纲贝类在面盘幼虫阶段既存在一定的种间差异，又有更多相似之处，前者揭示了不同螺类发育过程中的独自特点，后者则反映了发育过程中形态上的共性。

3.3 扁玉螺的发育类型

扁玉螺的胚胎在卵囊中发育至面盘幼虫孵化，幼虫经历浮游生活、匍匐生活，然后变态为稚螺，属间接发生型。这与前鳃亚纲中腹足目和新腹足目的大多数种类相似，如中腹足目的斑玉螺[8]和毛嵌线螺[7]、新腹足目的脉红螺[9]和台湾东风螺

(*Babylonia lutosa*)[12]等，都是胚胎发育至面盘幼虫从卵囊（或卵袋）中孵化的间接发生型。从动物发生的角度来看，间接发生属于较低等的类型。但对于生活在海洋中的无脊椎动物，卵囊或卵袋可以不同程度地保护发育中的胚胎，减轻环境对胚胎的不利影响，并可抵御捕食者的攻击；而自由生活的浮游幼虫，具有暂时避免与成体竞争食物、减少在海底的死亡率和在下一次繁殖时近亲交配的可能，增加对环境的适应能力等优势；而且来自其他群体的浮游幼虫的持续补充，有利于种群进化[13]。

参考文献

[1] 齐钟彦，马绣同，王祯瑞，等. 中国经济软体动物 [M]. 北京：中国农业出版社，1998：255 - 263.

[2] 张素萍. 中国近海玉螺科研究Ⅲ. 乳玉螺亚科 [J]. 动物学杂志，2003，38 (4)：101 - 110.

[3] 崔龙波，唐慧，刘晨临，等. 扁玉螺消化系统的形态学研究 [J]. 烟台大学学报（自然科学与工程版），1999，12 (2)：122 - 126.

[4] 王资生，彭斌. 温度和规格对扁玉螺耗氧率和排氨率的影响 [J]. 盐城工学院学报（自然科学版），2003，16 (4)：50 - 54.

[5] 郑怀平，高健. 扁玉螺蛋白质、脂肪含量的季节变化 [J]. 海洋科学，2002，26 (4)：52 - 55.

[6] 蔡英亚，张英，魏若飞. 贝类学概论（修订版）[M]. 上海：上海科学技术出版社，1995：162 - 183.

[7] 周永灿，陈国华，潘金培. 毛嵌线螺的研究 I. 繁殖及幼虫发生特征 [J]. 海洋学报，2000，22 (3)：97 - 104.

[8] 钟幼平，丁元录，陈小妮. 斑玉螺生物学初步研究 [J]. 厦门水产学院学报，1996，18 (1)：42 - 49.

[9] 魏利平，邱盛尧，王宝钢，等. 脉红螺繁殖生物学的研究 [J]. 水产学报，1999，23 (2)：150 - 155.

[10] Kingsley - Smith P R, A Richardson C, Seed R. Growth and development of the veliger larvae and juveniles of *Polinices pulchellus* (Gastropoda: Naticidae) [J]. Journal of the Marine Biological Association of the United Kingdom, 2005, 85 (1): 171 - 174.

[11] Pedersen R V, Page L R. Development and metamorphosis of the planktotrophic larvae of the moon snail, *Polinices lewisii* (Gould, 1847) (Caenogastropoda: Naticoidea) [J]. The Veliger, 2000, 43 (1): 58 - 63.

[12] 吴进锋，张汉华，陈利雄，等. 台湾东风螺人工繁殖及苗种生物学的初步研究 [J]. 海洋科学，2006，30 (9)：92 - 95.

[13] Pechenik J A. On the advantages and disadvantages of larval stages in benthic marine invertebrate

life cycles [J] . Marine Ecology Progress Series, 1999, 177: 269 - 297.

Experimental observation on the early development of *Neverita didyma*

Liu Qing, Sun Zhenxing

(*School of Life Science*, *Ludong University*, *Yantai* 264025)

Abstract: The embryonic and larval developments of the prosobranch gastropod mollusk *Neverita didyma* were observed under laboratory conditions with artificially hatched from egg masses. Early development of *N. didyma* belongs to indirect developmental type. Embryonic development stages include cleavage, blastula, gastrulae, trochophore, and intra - membrane veliger. Larval development stages include veliger, late veliger and groveling larva. Groveling larvae metamorphosed to juvenile. The fertilized egg developed to intra - membrane veliger is about 38 hours and hatched in 5 to 6 days after veligers at temperature 25 ~ 26℃. Morphological characteristics of *N. didyma* veliger can be concluded as: there are the a pair of eyes, a pair of statoliths and bi - lobed velum; the velum of late veliger is four - lobed as butterfly, the foot showing broadened; larvae can free - swimming and creeping; late veligers get more growth and gradually become groveling juveniles.

Key words: *Neverita didyma*; embryo; veliger; development

第二部分

多倍体与杂交

人工诱导皱纹盘鲍三倍体的研究①

孙振兴[1]，李 诺[1]，宋志乐[2]，赵玉山[2]，郝永红[2]

（1. 山东省水产学校；2. 烟台市芝罘区水产局）

摘要：试验用皱纹盘鲍亲鲍催产排放精卵，在人工授精后 8～10 min 用 3℃低温海水进行三倍体诱导处理，处理持续时间分别为 5 min、8 min、10 min，然后按常规进行培养管理。取担轮幼虫制片观察染色体，计算三倍体诱导率。结果表明，三倍体诱导率随处理持续时间的延长而提高，受精率和孵化率随持续时间的延长而下降；处理持续时间越短，后期稚鲍的成活率越高，但个体较小。

关键词：皱纹盘鲍；三倍体；低温诱导

三倍体是指细胞中含有 3 个染色体组的个体。因为奇数染色体组将导致减数分裂的瓦解以及性腺发育的衰退或非整倍体配子的产生，所以三倍体个体是不育的。在不妊性的动物个体中，通常用于性腺发育的代谢能全部用于生长，从而起到了促进生长、改善肉质、提高成活率的作用。诱导鲍三倍体对促进鲍的增养殖业发展，具有重要意义。有关人工诱导鲍三倍体的研究，国内尚未见报道。笔者于 1989 年在烟台市芝罘区海珍品增殖中心进行了人工诱导皱纹盘鲍（*Haliotis discus hannai*）三倍体的试验，现初报如下。

1 材料与方法

1.1 亲鲍来源

亲鲍取自长岛海区，运回后按常规方法暂养于室内池中。经暂养的亲鲍用紫外线照射过的海水催产，排放的精、卵供试验用。

1.2 预备观察

将受精卵放入 1 000 mL 的烧杯中使其正常发育，同时镜检观察极体的释放时间。观察发现，在水温 23～25℃条件下，受精卵在授精 12 min 后开始释放第一极

① 本文原载《齐鲁渔业》，1990 年 6 月，第 3 期，28－30 页。

体，26 min 后释放第二极体。

1.3 诱导处理

采用低温休克法。在室温条件下，将受精卵放入预先调节好的低温海水中进行处理，处理水温为3.0℃ ±0.5℃。开始处理的时间在授精后 8 ~ 10 min，处理持续时间分别为5 min、8 min、10 min。处理完毕后，立即将受精卵收容到盛有常温海水（23 ~25℃）的 180 L 水槽中，各处理组在同样条件下按常规方法培育管理。各组卵子数均为 30 000 粒左右。

1.4 受精率与孵化率的计算

受精后 2 h 随机取样，计算正常卵裂的受精卵数占卵子总数的百分率为受精率；孵化率是受精后 12 ~ 14 h，正常孵化的担轮幼虫数占受精卵总数的百分率。

1.5 染色体标本的制作

用孵化的担轮幼虫经 0.1% 秋水仙素处理，0.075 mol/L 的 KCl 液低渗作用，Carnoy 液固定后得到的细胞悬浊液滴片，然后用 Giemsa 液染色，制成染色体玻片标本。

1.6 染色体计数与三倍体诱导率

皱纹盘鲍二倍体的染色体数为 2n = 36[1]，三倍体为 3n = 54。每一试验组选择 20 ~ 30 个染色体分散良好、清晰的分裂相进行计数，根据染色体数目确认二倍体与三倍体（图 1）。由于个别细胞在制片过程中造成染色体缺失，所以一般仍将染色体数为 41 ~ 53 的分裂相作为三倍体[2]。三倍体诱导率是三倍体分裂相的细胞数占计数分裂相细胞总数的百分率。

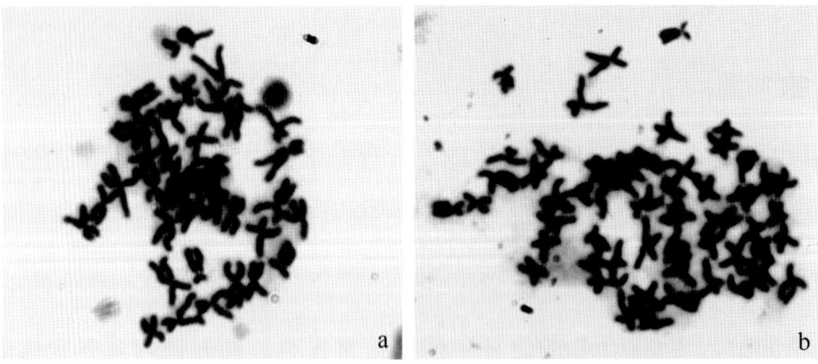

图 1　皱纹盘鲍二倍体和三倍体的染色体

a. 2n = 36；b. 3n = 54

2 结果

2.1 不同处理强度与三倍体诱导率的关系

在3℃低温海水中处理5 min、8 min、10 min的受精卵，其三倍体诱导率分别为33.3%、35.7%和53.3%。这一结果表明，在其他条件相同的情况下，随着处理持续时间的延长，三倍体诱导率也明显提高。

2.2 不同处理持续时间与受精率、孵化率的关系

随着卵子在低温海水中的处理持续时间延长，其正常受精率明显下降。同时，担轮幼虫的孵化率也呈下降趋势（表1）。

表1 不同处理持续时间与受精率及孵化率的关系

持续时间（min）	5	8	10
受精率（%）	70.0	63.5	45.0
孵化率（%）	48.2	51.0	32.5

2.3 三倍体诱导群稚鲍的生长情况

1989年8月22日获卵，经低温诱导处理后在常规条件下培育，至11月25日测量，已生长为平均壳长3.8 mm的稚鲍。各处理组稚鲍的成活率及个体大小见表2。结果表明，处理持续时间越短，后期稚鲍的成活率越高，但个体较小。

表2 各处理组三倍体诱导群稚鲍的生长情况

处理持续时间（min）	供试卵子数（粒）	存活稚鲍数*	成活率（%）	平均壳长（mm）*
5	30 000	497	1.66	3.2
8	30 000	300	1.00	4.7
10	30 000	157	0.52	3.6

* 均为1989年11月25日测量。

3 讨论

3.1 诱导三倍体的关键

人工诱导三倍体的关键是开始处理的时间。对鱼类来说，由于其卵子的第一次

成熟分裂是在卵巢的滤泡中完成的，因此只能通过阻止其第二极体释放，从而诱导三倍体。与鱼类不同，贝类是在受精之后完成两次成熟分裂，所以无论阻止第一极体还是第二极体的释放，都可以形成三倍体，分别称为第一极体阻止型三倍体（3n－1pb）和第二极体阻止型三倍体（3n－2pb）[3]。因此，了解第一极体与第二极体释放的时间，对确定开始处理的时间是至关重要的。但因卵子的受精和分裂过程并非完全同步，并考虑到操作上的原因，所以试验中开始处理的时间为授精后8～10 min。

本文只对诱导3n－1pb进行了初步探讨。已有研究表明，用高温诱导获得的长牡蛎3n－1pb群体较之同样条件下的3n－2pb群体生长良好[4]。但用低温和细胞松弛素B诱导珠母贝，3n－2pb的诱导率明显高于3n－1pb[5]。因此，今后还要深入探讨诱导鲍的3n－2pb以及比较3n－1pb与3n－2pb各方面的差异。

3.2　各种因素对诱导的影响

无论采用何种方法诱导三倍体，处理强度（水温高低、压力大小或药物浓度等）、开始处理时间以及处理持续时间是决定诱导成败的三个重要因素，三者对诱导率和胚胎正常发生率甚至后期培育成活率都有很大影响。试验结果表明，在处理水温、开始处理时间相同的情况下，随着处理持续时间的延长，诱导率虽然提高了，但胚胎正常发生率却明显下降。这与诱导长牡蛎、珠母贝等[4,5]的结果是一致的。试验中诱导率为53.3%的一组与日本学者诱导皱纹盘鲍三倍体的结果相接近[6]，但另外两组诱导率均偏低，这可能与卵子成熟度不够有关。总之，低温诱导皱纹盘鲍三倍体的方法是可行的，但其最佳处理条件、有效诱导方法等，有待今后研究。

3.3　染色体的倍性鉴定

普通二倍体与三倍体之间在形态特征上并无明显区别，由于目前各种诱导三倍体的方法（包括鱼类和贝类）都不能获得100%的诱导率，在经过处理的群体中包括二倍体、三倍体甚至多倍体，确定染色体的倍数性就十分必要。染色体计数法是鉴定倍数性的一个准确而直接的方法，而制片则是获得清晰染色体标本的必要途径。试验中采用电热恒温干燥法制片获得了较好的效果，比空气干燥法和火焰法制片更容易观察到清晰的中期染色体分裂相。但染色体计数法较为费时，利用显微分光光度法测定细胞中DNA相对含量，从而判断倍数性的方法，也有待今后深入研究。

笔者在观察计数染色体的过程中，虽发现少数非整倍体，但没有发现四倍体或多倍体与二倍体的嵌合体等。

3.4　关于稚鲍成活率

本文稚鲍成活率与鲍常规育苗中从受精卵培育至3 mm稚鲍的成活率（4.5%）

指标[7]相比，相差较大。其原因是低温对受精卵的刺激及其胚后发育有很大影响，以及培育过程中前期底栖硅藻饵料不足、后期因寒流造成水温骤降等导致稚鲍死亡。

致谢 长岛县海珍品育苗中心提供亲鲍；芝罘区水产局关向华、高守明等同志参加部分管理工作，在此一并致谢。

参考文献

[1] Arai K, Tsubaki H, Ishitani Y, et al. Chromosomes of *Haliotis discus hannai* Ino and *H. discus* Reeve [J]. Bulletin of the Japanese Society of Scientific Fisheries, 1982, 48 (12): 1689-1692.

[2] 内藤文隆，荒井克俊，藤野和男．エゾアワビにおける染色体工学研究の現状 [J]．水産育種，1985 (10): 19-24.

[3] 藤野和男．アワビの遺伝育種研究 [J]．養殖，1988 (5): 54-59.

[4] Yamamoto S, Sugawara Y, Nomura T, et al. Induced triploidy in Pacific oyster *Crassostrea gigas*, and performance of triploid larvae [J]. Tohoku Journal of Agricultural Research, 1988, 39 (1): 47-59.

[5] 姜卫国，李刚，林岳光，等．人工诱导合浦珠母贝多倍体的发生 [J]．热带海洋，1987, 6 (4): 37-45.

[6] Arai K, Naito F, Fujino K. Triploidization of the pacific abalone (*Haliotis discus hannai*) with temperature and pressure treatments [J]. Bulletin of the Japanese Society of Scientific Fisheries, 1986, 52 (3): 417-422.

[7] 辽宁省海洋水产研究所．鲍鱼人工育苗操作规程 [S]．北京：农牧渔业部水产局，1985: 1-24.

皱纹盘鲍三倍体生长的初步研究①

孙振兴[1]，宋志乐[2]，李 诺[1]，赵玉山[2]，关向华[2]

（1. 山东省水产学校；2. 烟台市芝罘区水产局）

摘要：将低温休克法和细胞松弛素 B 诱导法获得的皱纹盘鲍（*Haliotis discus hannai* Ino）三倍体诱导群与二倍体的个体，在室内同样条件下饲育，对其生长情况进行了比较。结果表明：① 三倍体与二倍体的当年稚鲍在壳长和体重的增长上无明显差异；② 三倍体与二倍体的 2 龄鲍，在第二年前期生长无明显差异，但从第二年后期开始，三倍体的壳长、体重增长逐渐优于二倍体；③ 统计学分析显示，三倍体与二倍体的 3 龄鲍在体重、软体部和足肌的增长方面，存在着明显差异；④ 在室内饲育 19 个月的鲍，三倍体诱导群的壳长比二倍体大 10.2%，体重比二倍体大 20.1%，足肌湿重比二倍体大 17.6%。

关键词：皱纹盘鲍；三倍体；生长

人们研究动物三倍体的主要目的，是因为三倍体预期是不育的，其用于性腺发育的能量可用于生长，从而促进个体的生长。这一点，已经被近年来有关双壳贝类三倍体生长的研究[1-4]所证实。对于有着极大经济价值，但一般需要 3 ~4 年才能达到商品规格的皱纹盘鲍来说，通过人工诱导三倍体，改善其生长，具有积极的意义。人工诱导皱纹盘鲍三倍体的发生，国内外已有报道[5-9]，但有关三倍体鲍的生长情况，国内尚未见报道，笔者在诱导皱纹盘鲍三倍体成功的基础上[6]，对三倍体鲍的生长情况进行了初步研究，现报告如下。

1 材料与方法

1.1 供试鲍的来源

1989 年的三倍体诱导群稚鲍是低温休克法获得的，三倍体诱导率平均为 40.9%。1990 年的三倍体诱导群稚鲍是分别用低温休克法和细胞松弛素 B（Cytochalasin B，简称 CB）诱导获得的，三倍体诱导率低温组平均为 59.3%，CB 组平均为

---

① 本文原载《海洋湖沼通报》，1992 年 12 月，第 4 期，70 – 75 页。

65.4%。各试验组均有同期采苗的二倍体稚鲍作为对照组。

1.2 饲育方法

整个饲育过程是在烟台市芝罘区海珍品增殖中心的室内培育池中进行的。剥离后的稚鲍，放在铺有黑色波纹板的网箱中，各组网箱置于同一个 25 m^3（5 m×5 m×1 m）的大型培育池中流水培育，并连续充气。由于条件所限，日平均流水量为 25～50 m^3。冬季鲍在自然水温的室内池中越冬，春季4—5月部分时间利用扇贝育苗的预热海水，整个饲育期间水温变化范围为 3～26℃。饲育期间，投喂海带、鼠尾藻等新鲜海藻或配合饵料。

1.3 鲍生长指标的测定

对各试验组及对照组的鲍，定期分别随机取样 30～60 只，测量其壳长和体重增长情况。此外，1991 年3 月和7 月还分别对 1989 年获得的三倍体与二倍体鲍中的大型群个体，进行了详细的生长指标测定和统计学分析。测定项目有壳长、壳宽、体重（鲜贝软体部与贝壳的总重量）、软体部湿重（内脏囊和足肌的总重量）、足肌湿重（右侧壳肌和足的总重量）、足肌干重（上述足肌在 70～80℃恒温烘箱中烘至恒重时的重量）和贝壳重量（室温下干燥后的重量）等。

2 结果

2.1 二倍体与三倍体当年稚鲍（1 龄）的生长比较

对 1990 年采苗的二倍体与三倍体当年稚鲍的壳长增长情况，比较结果如表 1 所示。从表中可以看出，无论是三倍体各处理组之间，还是三倍体与二倍体之间，当年稚鲍在壳长上并无明显差异。

表 1　各试验组当年稚鲍的壳长增长情况（1990 年）

组别	处理方法	类型	8 月 2 日剥离时壳长 L_1（mm）	10 月 26 日测量壳长 L_2（mm）	平均日增长率*（%）
Ⅱ－1	CB 0.5 mg/L	3n－1pb	2.9±0.8	10.1±1.9	2.92
Ⅱ－2	CB 1.0 mg/L	3n－1pb	2.7±0.7	11.4±2.0	3.79
Ⅱ－3	CB 1.5 mg/L	3n－1pb	2.7±0.7	9.9±1.8	3.14
Ⅱ－4	低温 3℃	3n－1pb	3.2±1.0	11.2±1.4	2.94
Ⅱ－5	低温 3℃	3n－2pb	2.7±0.9	10.1±2.0	3.22
Ⅱ－6	对照	2n	3.4±1.0	11.7±1.8	2.87
Ⅱ－7	对照	2n	3.1±1.0	10.0±1.8	2.62

* 平均日增长率＝（L_2－L_1）÷（L_1×饲育天数）×100%。

2.2　二倍体与三倍体2龄鲍的生长比较

分别对1989年和1990年采苗获得的二倍体与三倍体鲍在2龄阶段的生长情况，进行了比较（表2、表3）。从表中可以看出，二倍体与三倍体在第二年的前半年，其壳长和体重的增长仍无明显差别；后半年两者的生长开始出现差异，而且差异逐渐加大。另外，从表3中还可以看出，CB处理（Ⅱ－1至Ⅱ－3）与低温处理（Ⅱ－4和Ⅱ－5）组的三倍体鲍的生长没有明显差异。

表2　1989年采苗的三倍体与二倍体鲍生长的比较

测量年月	壳长（mm）			体重（g）	
	2n	3n	t检验	2n	3n
1990年4月	12.8±2.5（30）	11.6±3.0（30）	NS	0.27	0.20
1990年6月	16.9±3.4（30）	16.2±2.6（30）	NS	0.49	0.62
1990年8月	22.8±4.0（30）	22.9±3.4（30）	NS	1.37	1.46
1990年11月	26.8±4.9（60）	28.7±3.1（30）	$P<0.02$	3.77	3.95
1991年3月	27.1±3.1（60）	28.8±3.1（60）	$P<0.01$	3.37	3.47
1991年5月	31.4±3.8（60）	32.2±3.2（60）	NS	5.99	6.23
1991年7月	35.0±3.3（60）	36.4±3.9（60）	$P<0.05$	6.70	7.48
1991年11月	36.1±2.8（60）	39.8±3.4（60）	$P<0.001$	7.43	8.92

注：1990年11月以后的壳长、体重值为大、中、小型群三群的平均值；括号内的数字表示测量取样数；NS为无显著差异，下同。

表3　1990年采苗的三倍体与二倍体鲍生长的比较

组别	测量日期	1990－08－02	1990－10－26	1991－01－11	1991－03－12	1991－05－12	1991－07－11
Ⅱ－1（3n）	壳长（mm）	2.9±0.8	10.1±1.9	14.0±2.4	15.3±2.2	21.7±4.0	28.5±3.7
	体重（g）	—	0.24	0.50	0.55	1.63	3.08
Ⅱ－2（3n）	壳长（mm）	2.7±0.7	11.4±2.0	14.4±1.7	14.6±1.4	21.3±3.7	26.9±3.5
	体重（g）	—	0.25	0.35	0.43	1.53	2.48
Ⅱ－3（3n）	壳长（mm）	2.7±0.7	9.9±1.8	14.5±2.7	15.6±2.4	21.1±3.2	28.6±3.1
	体重（g）	—	0.24	0.32	0.54	1.43	3.06
Ⅱ－4（3n）	壳长（mm）	3.2±1.0	11.2±1.4	14.3±2.3	15.3±2.2	20.5±4.2	20.8±3.7
	体重（g）	—	0.29	0.54	0.50	1.38	2.56
Ⅱ－5（3n）	壳长（mm）	2.7±0.9	10.1±2.0	13.0±1.9	16.6±3.3	21.5±5.5	26.1±2.5
	体重（g）	—	0.26	0.42	0.63	1.83	2.26

续表

组别	测量日期	1990-08-02	1990-10-26	1991-01-11	1991-03-12	1991-05-12	1991-07-11
Ⅱ-6 (2n)	壳长 (mm)	3.4 ±1.0	11.7 ±1.8	13.1 ±1.9	16.1 ±3.4	22.4 ±2.6	26.7 ±2.7
	体重 (g)	—	0.30	0.54	0.59	1.73	2.55
Ⅱ-7 (2n)	壳长 (mm)	3.1 ±1.0	10.0 ±1.8	13.5 ±2.2	15.2 ±2.5	20.5 ±3.4	27.8 ±2.8
	体重 (g)	—	0.25	0.38	0.53	1.10	2.63

2.3 二倍体与三倍体3龄鲍的生长比较

2.3.1 贝壳的生长

1989采苗的二倍体、三倍体在第三年的生长情况显示，随着鲍的生长，三倍体的生长速度逐渐超过二倍体（图1-a），统计学分析的结果说明，后期两者的差异显著（表2）；而且三倍体对壳宽的生长有一定的效应（表4）。

2.3.2 体重的增长

随着鲍的生长，三倍体与二倍体在体重增长方面的差异逐渐明显（图1-b）。另一方面，对两者的大型群个体的生长指标的测定分析也表明，三倍体对鲍的体重增长有明显效应，特别是软体部和足肌的生长，与二倍体有显著差异（表4）。

表4　三倍体与二倍体3龄鲍生长的统计学分析

指标	1991-03			1991-07		
	2n (No=22)	3n (No=22)	t检验	2n (No=24)	3n (No=24)	t检验
壳宽 (mm)	23.60 ±1.60	24.50 ±1.50	$P<0.1$	27.00 ±2.10	28.10 ±2.20	$P<0.1$
体重 (g)	6.26 ±1.39	7.05 ±1.42	$P<0.1$	8.79 ±2.36	10.36 ±2.37	$P<0.05$
软体部湿重 (g)	4.42 ±1.03	5.08 ±1.01	$P<0.05$	6.08 ±1.74	7.34 ±1.69	$P<0.02$
足肌湿重 (g)	2.75 ±0.52	3.10 ±0.36	$P<0.02$	4.37 ±1.19	5.14 ±1.08	$P<0.05$
足肌干重 (g)	0.61 ±0.07	0.65 ±0.05	$P<0.05$	1.02 ±0.23	1.20 ±0.19	$P<0.01$
贝壳重量 (g)	1.57 ±0.31	1.69 ±0.33	NS	2.41 ±0.55	2.68 ±0.64	$P<0.2$

3　讨论

研究表明，皱纹盘鲍三倍体的当年稚鲍（1龄）及2龄鲍前期，在壳长和体重的增长方面，与二倍体没有明显差异。因为皱纹盘鲍一般3龄开始性腺发育[10]，在此之前，能量主要消耗在生长方面。三倍体与二倍体鲍在1~2龄阶段，都未开始性腺发育，供给生长的能量是大致相同的，所以在生长上的差异不显著，这也符合鲍

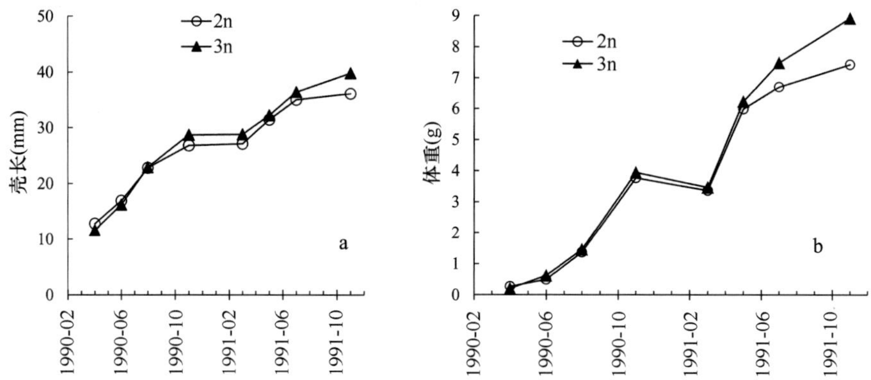

图1 皱纹盘鲍二倍体与三倍体壳长（a）和体重（b）的增长

的生物学特点。这一结果与林崎孝志[8]对皱纹盘鲍三倍体的研究结果是一致的。

人工诱导的皱纹盘鲍三倍体，从2龄后期对生长显示出促进效应，但这种效应不仅仅表现在壳长的增长方面，三倍体对壳宽的增长也有一定的促进效应。这与Tabarini[2]诱导海湾扇贝三倍体的结果是相类似的。在皱纹盘鲍自然繁殖期的7月份[10]，3龄个体中有一部分已开始性腺发育，由于二倍体需要把一部分能量用于性腺发育，所以在生长上，特别是软体部和足肌的生长方面，与三倍体有显著差异。试验观察到3龄鲍的三倍体诱导群中，少数个体有生殖腺，它们虽然不如二倍体的那样膨胀发达，但这些个体是否是三倍体诱导群中的二倍体，以及三倍体对性腺发育的影响，都有待进一步深入探讨。

致谢 初稿承蒙黄海水产研究所张立言研究员审阅，并提出宝贵意见，在此深表谢意。

参考文献

[1] 姜卫国，许国强，林岳光，等. 合浦珠母贝三倍体和二倍体的生长比较［J］. 热带海洋，1991，10（3）：1－7.

[2] Tabarini C L. 海湾扇贝三倍体的诱导及对生长和生殖的影响［J］. 王远隆译. 国外水产，1988（2）：15－19.

[3] Stanley J G，Hidu H，Allen Jr S K. Growth of American oysters increased by polyploidy induced by blocking meiosis I but not meiosis II［J］. Aquaculture，1984，37（2）：147－155.

[4] 古丸明，和田克彦. ヒオウギガイ三倍体の配偶子形成と成長［J］. 日本水産学会誌，1989，55（3）：447－452.

[5] 王子臣，张国范，王一平，等. 皱纹盘鲍三倍体的研究［J］. 大连水产学院学报，1990，5（1）：1－8.

[6] 孙振兴，李诺，宋志乐，等．人工诱导皱纹盘鲍三倍体的研究［J］．齐鲁渔业，1990（3）：28－30.

[7] 孙振兴．日本鲍类遗传育种的研究［J］．国外水产，1990（4）：1－5.

[8] 林崎孝志．エゾアワビの三倍体作出［J］．養殖，1989（11）：84－87.

[9] Arai K, Naito F, Fujino K. Triploidization of the pacific abalone (*Haliotis discus hannai*) with temperature and pressure treatments [J]. Bulletin of the Japanese Society of Scientific Fisheries, 1986, 52 (3): 417－422.

[10] 张立言，聂宗庆．鲍生物学特性的初步观察［C］//中国水产学会1965年学术年会论文集．北京：中国水产学会，1965.

A preliminary study on the growth of triploid abalone (*Haliotis discus hannai*)

Sun Zhenxing[1], Song Zhile[2], Li Nuo[1], Zhao Yushan[2], Guan Xianghua[2]

(1. *Shandong Fisheries School*, *Yantai*; 2. *Zhifu Fisheries Bureau*, *Yantai*)

Abstract: The triploidization population obtained by cold shock and cytochalasin B induction and the diploid of *Haliotis discus hannai* were raised in the same conditions of indoor tanks. We compare their growths and the results are as follows: 1) There is no significant difference between the triploidy and the diploidy young abalone in the increase of shell length and total weight in the first year. 2) There is no significant difference between the triploid and the diploid abalone in growth in the early second year. But the increase of shell length and total weight of triploid abalone are better than that of the diploid abalone since the late second year. 3) Statistic analysis reveals that there are significant differences between the triploids and the diploid abalone in the increase of total weight, total soft body and foot muscle in the third year. 4) The shell length of the triploid abalone, which have been raised indoor for 19 months, is 10.2% longer than the diploid abalone. Its total weight is 20.1% heavier than the diploid. Its wet foot muscle weight is 17.6% heavier than the diploid.

Key words: abalone (*Haliotis discus hannai* Ino); triploid; growth

皱纹盘鲍三倍体诱导条件及其室内饲育试验①

孙振兴[1]，李　诺[1]，宋志乐[2]，赵玉山[2]，关向华[2]

（1. 山东省水产学校，烟台 264001；2. 烟台市芝罘区水产局，烟台 264000）

摘要：利用低温和细胞松弛素 B 诱导皱纹盘鲍的三倍体，并在室内池中进行了三倍体鲍的饲育试验，探讨了诱导鲍三倍体的适宜条件和三倍体鲍的生化特性。结果表明，在低温 3℃条件下，授精后 10 min 开始处理，并持续时间 10 min 是低温诱导鲍三倍体的适宜条件，三倍体诱导率可达 53.3% ~63.6%；用 1.0 ~1.5 mg/L 浓度的细胞松弛素 B，授精后 10 min 或 30 min 开始处理，并持续时间 15 min，三倍体诱导率可达 60.9% ~81.0%。室内饲育的三倍体诱导群鲍，其足肌中的氨基酸、DNA、糖元含量均高于二倍体鲍。

关键词：皱纹盘鲍；三倍体；室内饲育

皱纹盘鲍（*Haliotis discus hannai*）是我国重要的海洋经济贝类之一，近年来在北方沿海已开展了人工养殖。但普通二倍体鲍需生长 3 ~4 年才能达到商品规格，养殖周期长。由于三倍体的不育性，其能量可全部用于生长，这对改善鲍的生长，缩短养殖周期有着积极的意义。有关鲍三倍体的研究起步较晚，在国外，Arai 等（1986）、林崎孝志（1989）分别报道了用温度休克和静水压法、细胞松弛素 B 诱导皱纹盘鲍三倍体的发生和三倍体鲍的生长。在我国，王子臣等（1990）及孙振兴等（1990）报道了人工诱导皱纹盘鲍三倍体的发生。但对皱纹盘鲍三倍体的生长、生化特性等，国内尚未见报道。为进一步探讨皱纹盘鲍三倍体的特性，笔者在人工诱导三倍体成功的基础上，对诱导三倍体的适宜条件以及室内人工饲育下三倍体鲍的生长、生化特性等进行了多方面的试验研究。本文报道 1989—1991 年的试验结果。

1　材料与方法

1.1　材料来源

亲鲍采自山东省长岛海区，经促熟培育后，排放的精、卵供试验用。

---

① 本文原载《水产学报》，1993 年 9 月，第 17 卷第 3 期，243 -248 页。

1.2 三倍体诱导

低温处理用3℃海水（孙振兴等，1990）。细胞松弛素B（cytochalasin B，以下简称CB）为美国Sigma公司产品，先将CB溶于少量二甲亚砜（DMSO）中，再加入海水，使其浓度分别为0.5 mg/L、1.0 mg/L和1.5 mg/L，并调整海水中DMSO的最终浓度为100 μL/L。将受精卵置于CB海水溶液中浸渍处理后，再用100 μL/L的DMSO海水溶液洗卵30 min，以除去残留在卵子表面的CB，然后将受精卵移入正常海水中。各试验组及对照组在相同条件下孵化培育。

1.3 倍性判别与三倍体诱导率

用担轮幼虫制作染色体玻片标本（孙振兴，1991）。根据皱纹盘鲍染色体数2n＝36（王桂云，1989；Arai et al，1982），3n即为54（孙振兴等，1990），通过染色体计数判别倍性。三倍体诱导率的统计方法同前（孙振兴等，1990）。

1.4 室内饲育

稚鲍剥离后置于培育池的网箱中流水饲育，投喂鲜嫩海带或配合饵料。

1.5 生化指标的分析

以3龄鲍为分析对象。氨基酸用美国Waters高效液相色谱仪分析，DNA含量用紫外吸收法测定，糖元含量用蒽酮比色定糖法测定。

2 结果

2.1 三倍体诱导的适宜条件

2.1.1 低温诱导三倍体的适宜条件

用低温诱导皱纹盘鲍三倍体时，在处理水温和开始处理时间相同的情况下，随着处理持续时间的延长，受精率与孵化率呈下降趋势，而三倍体诱导率则明显提高（表1中的Ⅰ组，图1）。

另外，比较表1中的Ⅱ、Ⅲ组可以看出，授精后10 min开始处理，并阻止第一极体形成的三倍体（以下记作3n－1pb）的诱导率（Ⅱ－4与Ⅲ－1两组平均为61.2%）较之授精后30 min开始处理，并阻止第二极体形成的三倍体（以下记作3n－2pb）的诱导率（Ⅱ－5与Ⅲ－2两组平均为51.4%）高，但两者在受精率、孵化率方面无明显变化趋势。从上述试验结果可以看出，水温3℃，授精后10 min开始处理，持续时间10 min是低温诱导皱纹盘鲍三倍体的适宜条件，三倍体诱导率可达53.3%～63.6%。

表1　低温处理与受精率、孵化率及三倍体诱导率的关系

组别	处理水温（℃）	授精后开始处理的时间（min）	持续时间（min）	受精率（%）	孵化率（%）	三倍体诱导率（%）
Ⅰ－1	3	8～10	5	70.0	48.2	33.3
Ⅰ－2	3	8～10	8	63.5	51.0	35.7
Ⅰ－3	3	8～10	10	45.0	32.5	53.3
Ⅱ－4	3	10	10	78.6	38.8	63.6
Ⅱ－5	3	30	10	82.4	54.5	55.0
Ⅱ－7	20（对照）	—	—	92.0	89.0	—
Ⅲ－1	3	10	10	73.5	46.2	58.8
Ⅲ－2	3	30	10	60.0	39.4	47.8
Ⅲ－9	20（对照）	—	—	87.5	83.0	—

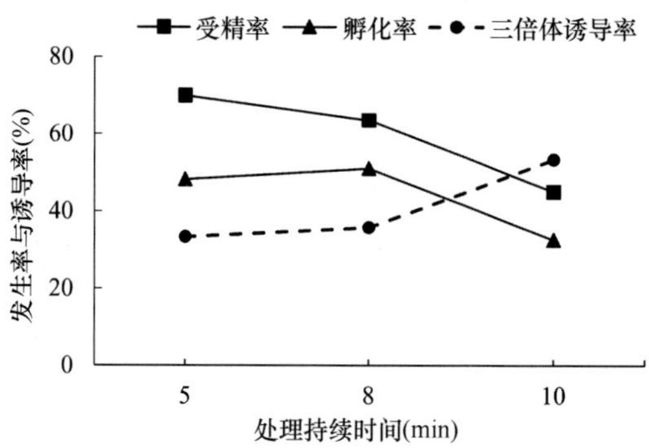

图1　低温处理持续时间与正常发生率、三倍体诱导率的关系

2.1.2　CB诱导三倍体的适宜条件

在开始处理时间相同、处理持续时间也相同的条件下，不同的CB浓度对三倍体诱导率有一定影响。CB浓度为0.5 mg/L时，3n－1pb的诱导率仅为47.4%；当CB浓度为1.0 mg/L和1.5 mg/L时，Ⅱ组的3n－1pb诱导率分别为75.0%和73.7%，Ⅲ组的3n－1pb诱导率分别为68.8%和71.4%（表2）。由此可见，CB浓度为1.0 mg/L以上时，3n－1pb的诱导率与CB浓度并不呈正相关。但是CB浓度在1.0 mg/L和1.5 mg/L时，3n－2pb的诱导率分别为81.0%和60.9%，即随着CB浓度增加，3n－2pb的诱导率下降。

表 2　CB 诱导皱纹盘鲍三倍体的试验结果

组别	CB 浓度（mg/L）	DMSO 浓度（μL/L）	授精后开始处理的时间（min）	持续时间（min）	受精率（%）	孵化率（%）	三倍体诱导率（%）
Ⅱ -1	0. 5	100	10	15	89. 0	61. 5	47. 4
Ⅱ -2	1. 0	100	10	15	83. 4	52. 6	75. 0
Ⅱ -3	1. 5	100	10	15	86. 3	55. 9	73. 7
Ⅱ -6	0	100	10	45	87. 7	85. 2	—
Ⅱ -7	0	0	—	—	92. 0	89. 0	—
Ⅲ -3	1. 0	100	10	15	87. 0	55. 1	68. 8
Ⅲ -4	1. 0	100	30	15	80. 6	53. 2	81. 0
Ⅲ -5	1. 5	100	10	15	81. 3	46. 8	71. 4
Ⅲ -6	1. 5	100	30	15	76. 4	40. 8	60. 9
Ⅲ -7	0	100	10	45	77. 0	72. 3	—
Ⅲ -8	0	100	30	45	83. 2	70. 0	—
Ⅲ -9	0	0	—	—	94. 5	81. 6	—

从表 2 还可以看出，CB 浓度对受精率有一定影响，但变化趋势不明显；而随着 CB 浓度增大，担轮幼虫孵化率呈下降趋势。另外，DMSO 对胚胎的正常发育也有一定影响。

从以上试验结果可以看出，CB 诱导鲍三倍体的适宜条件是：CB 浓度 1. 0 ~ 1. 5 mg/L，授精后 10 min 或 30 min 开始处理，持续时间为 15 min。在此条件下，三倍体诱导率可达 60. 9% ~ 81. 0% 。

2. 2　三倍体鲍的生长特性

试验结果表明，在室内人工饲育条件下，三倍体诱导群与二倍体的当年稚鲍在壳长和体重的增长上无明显差异，两者在第二年前期的生长也无明显差异，但从第二年后期开始，三倍体的壳长、体重增长逐渐优于二倍体。平均壳长 12. 2 mm、体重 0. 24 g 的稚鲍，在室内饲育 19 个月后，三倍体诱导群的平均壳长达 39. 8 mm、平均体重 8. 92 g，而二倍体群的平均壳长为 36. 1 mm、平均体重 7. 43 g，前者较后者的平均壳长大 10. 2% ，平均体重大 20. 1% ，显示出三倍体的生长优势。有关三倍体鲍的生长特性的详细研究结果，将在另文专题报道。

2.3 三倍体鲍的某些生化特点

对皱纹盘鲍三倍体与二倍体的氨基酸分析比较的结果表明，两者的氨基酸组分相同，但三倍体的氨基酸总量高于二倍体，两者足肌中氨基酸含量的比值为 1.10，右侧壳肌与外套膜中的氨基酸含量比值为 1.11（表 3）。其中三倍体鲍各部位中的人体必需氨基酸、半必需氨基酸和非必需氨基酸的含量都比相应的二倍体高，且以谷氨酸的含量为最高。

对鲍足肌中的 DNA 和糖元含量的分析结果表明，三倍体组织中的 DNA 含量为 1.91 mg/g ±0.15 mg/g（鲜重），二倍体为 1.48 mg/g ±0.28 mg/g（鲜重），三倍体显著高于二倍体，两者比率是 1.3。三倍体的糖元含量为 21.95 mg/g ±4.76 mg/g（鲜重），二倍体为 11.58 mg/g ±2.29 mg/g（鲜重），三倍体是二倍体的 1.9 倍。

3 讨论

一般认为，低温休克诱导贝类三倍体时，处理对象的亚致死水温是低温诱导多倍体的适宜温度（姜卫国等，1987）。有关皱纹盘鲍的致死水温、亚致死水温，尚未见报道。但与皱纹盘鲍生活环境相同的盘鲍（*H. discus*）在水温 -1.6℃时心脏仍未停止跳动（猪野峻，1971）。皱纹盘鲍在水温 1.7 ~ 2.2℃时完全不摄食，大多数个体处于半麻痹状态（聂宗庆，1989）。另外从地理分布看，在冬季最低水温为 0℃的我国北方一些海区，仍有皱纹盘鲍自然栖息。因此，估计皱纹盘鲍的致死水温应在 0℃以下。此外，考虑到非整倍体数量随低温处理强度的增强而增加（李诺，1992），所以试验中以 3℃作为低温休克诱导皱纹盘鲍三倍体的温度。

诱导双壳类三倍体时，使用的 CB 浓度较低，一般为 0.05 ~ 1.0 mg/L（Tabarini，1984；Yamamoto et al，1988），而诱导鲍三倍体时 CB 浓度较高，本试验中为 0.5 ~ 1.5 mg/L。这与双壳类的卵径较小（60 ~ 70 μm）而鲍的卵径较大（220 ~ 230 μm）有关。由于卵子直接浸渍在 CB 海水溶液中，卵子的表面积越大，或处理时卵子的密度越高，卵子黏附的 CB 海水溶液越多，所以，采用较高的 CB 浓度，可以保证良好的诱导效果。

用低温休克或 CB 诱导三倍体，在处理强度（水温或 CB 浓度）与持续时间一定的情况下，无论是诱导 3n - 1pb 还是 3n - 2pb，开始处理时间距离释放极体的时间越接近，阻止极体释放越有效，三倍体诱导率亦越高。通过预先观察，发现在水温 19 ~ 20℃时，皱纹盘鲍受精卵在授精后 15 min 释放第一极体，35 min 释放第二极体；在水温 21℃时，授精后 12 min 释放第一极体，32 min 释放第二极体。由于在处理大量卵子的情况下，要有一定的操作时间余地，所以确定授精后 8 ~ 10 min、30 min 分别为诱导 3n - 1pb 和 3n - 2pb 的开始处理时间。

三倍体的特性往往表现在多方面。已有报道表明，银鲫二倍体与三倍体群的肌肉组成及蛋白质组成基本一致，但血液中酶的活性不同，三倍体己糖激酶与磷酸果糖激酶的活性略高于二倍体，两者比率分别是1.26与1.35；而三倍体丙酮酸激酶的活性则明显高于二倍体，其比率是1.68（楼允东，1984）。贝类多倍体在这方面的报道尚不多见。本文对皱纹盘鲍三倍体与二倍体的氨基酸进行了比较分析，得到了与上述报道相类似的结果。

表3　三倍体与二倍体鲍的氨基酸含量比较　　单位：g/100 g

氨基酸组分	足　肌			全食部*		
	3n	3n	3n/2n	3n	2n	3n/2n
苏氨酸 THR	0.62	0.61		0.55	0.51	
缬氨酸 VAL	1.00	0.96		0.84	0.90	
蛋氨酸 MET	0.53	0.45		0.45	0.41	
异亮氨酸 ILE	0.60	0.68		0.55	0.56	
亮氨酸 LEU	0.90	0.86		0.85	0.81	
苯丙氨酸 PHE	0.57	0.40		0.39	0.35	
赖氨酸 LYS	0.89	0.74		0.75	0.68	
色氨酸 TRP	—	—		—	—	
必需氨基酸总量	5.11	4.70	1.09	4.38	4.22	1.04
组氨酸 HIS	0.53	0.51		0.43	0.41	
精氨酸 ARG	1.14	0.90		0.99	0.88	
半必需氨基酸总量	1.67	1.41	1.19	1.42	1.29	1.10
天门冬氨酸 ASP	0.96	0.87		0.89	0.78	
谷氨酸 GLU	1.64	1.39		1.45	1.29	
丝氨酸 SER	0.68	0.63		0.64	0.52	
甘氨酸 GLY	0.91	0.87		0.89	0.74	
丙氨酸 ALA	0.77	0.75		0.77	0.69	
脯氨酸 PRO	0.77	0.70		0.82	0.65	
酪氨酸 TYR	0.77	0.75		0.83	0.71	
半胱氨酸 CYS	0.30	0.26		0.21	0.19	
非必需氨基酸总量	6.80	6.22	1.09	6.50	5.57	1.17
合计	13.58	12.33	1.10	12.30	11.08	1.11

* 全食部包括右侧壳肌和外套膜。

此外，对3龄鲍的足肌糖元含量分析结果表明，三倍体明显高于二倍体，两者比率接近2倍。说明开始性腺发育的二倍体鲍，由于能量转移，正常组织中的糖元积累减少，而三倍体鲍的性腺未发育，糖元积累增多。这与牡蛎三倍体的糖元含量明显高于二倍体的研究结果（山本敏，1989）是一致的。

DNA相对含量的差异是三倍体与二倍体的明显区别之一，本试验对鲍肌肉组织中DNA含量的分析结果也表明，三倍体明显高于二倍体。有关三倍体鲍的生化特性，还有待深入研究。

致谢 初稿承蒙黄海水产研究所张立言研究员、青岛海洋大学王如才教授审阅并提出宝贵意见，谨此致谢。试验过程中，得到烟台大学分析中心，长岛县海珍品育苗增殖中心的热情帮助，在此一并表示感谢。

参考文献

王子臣，张国范，王一平，等.1990. 皱纹盘鲍三倍体的研究［J］. 大连水产学院学报，5（1）：1-8.

王桂云，王先志，马庆惠.1988. 皱纹盘鲍的染色体研究［J］. 动物学研究，9（2）：171-174.

孙振兴.1991. 一种观察贝类染色体的制片法［J］. 动物学杂志，26（4）：34-35.

孙振兴，李诺，宋志乐，等.1990. 人工诱导皱纹盘鲍三倍体的研究［J］. 齐鲁渔业，（3）：28-30.

李诺.1992. 多倍体育种在贝类养殖上的应用［J］. 海洋通报，11（2）：80-84.

姜卫国，李刚，林岳光，等.1987. 人工诱导合浦珠母贝多倍体的发生［J］. 热带海洋，6（4）：37-45.

聂宗庆.1989. 鲍的养殖与增殖［M］. 北京：农业出版社，44-46.

楼允东.1984. 国外对鱼类多倍体育种的研究［J］. 水产学报，8（4）：343-356.

山本敏.1989. マガキ三倍体作出法の改良と養殖への応用［J］. 養殖，（6）：134-137.

林崎孝志.1989. エゾアワビの三倍体作出［J］. 養殖，（11）：84-87.

猪野峻.1971. アワビの生物学的研究［M］//今井丈夫. 浅海完全養殖. 東京：恒星社厚生閣，265-274.

Arai K, Tsubaki H, Ishitani Y, et al. 1982. Chromosomes of *Haliotis discus hannai* Ino and *H. discus* Reeve［J］. Bulletin of the Japanese Society of Scientific Fisheries, 48（12）：1689-1692.

Arai K, Naito F, Fujino K. 1986. Triploidization of the pacific abalone (*Haliotis discus hannai*) with temperature and pressure treatments［J］. Bulletin of the Japanese Society of Scientific Fisheries, 52（3）：417-422.

Tabarini C L. 1984. Induced triploidy in the bay scallop, *Argopecten irradians*, and its effects on growth and gametogenesis［J］. Aquaculture, 42（2）：151-160.

Yamamoto S, Sugawara Y, Nomura T, et al. 1988. Induced triploidy in Pacific oyster *Crassostrea gigas*, and performance of triploid larvae［J］. Tohoku Journal of Agricultural Research, 39（1）：47-59.

人工四倍体皱纹盘鲍的发生①

孙振兴[1]，王如才[1]，王在卿[2]，宋志乐[3]，林书平[2]，郑志芳[3]

（1. 青岛海洋大学水产学院，青岛 266003；2. 山东省长岛水产养殖公司，长岛 265800；3. 烟台市芝罘区渔业技术推广站，烟台 264000）

摘要：采用化学药物进行了诱导皱纹盘鲍四倍体的研究。结果表明，在授精后 10 min 开始，用 1 mg/L 的 CB 持续处理皱纹盘鲍受精卵 30 min，通过阻止极体释放，可获得 21.9% 的四倍体胚胎。用 0.05 g/L 的秋水仙素，在授精后 40～50 min 的效应时间内开始处理，持续 3 min，能抑制皱纹盘鲍的第一次有丝分裂，四倍体诱导率最高为 13.0%。此外观察到，秋水仙素对染色体组加倍最为敏感的效应时间，也是胚胎对诱导处理耐受性最弱的时期。化学药物的毒性作用和染色体的断裂或缺失，可能是导致皱纹盘鲍四倍体胚胎死亡率高的重要原因。

关键词：皱纹盘鲍；四倍体；细胞松弛素 B；秋水仙素

人们研究水产动物四倍体的目的，是期望通过获得能繁育的人工四倍体与正常二倍体杂交得到大量的三倍体后代，为大规模生产三倍体提供有效途径[1-3]。在水产经济动物中，虽然已成功地诱导出数种鱼类的四倍体，并获得了能繁育的四倍体虹鳟鱼[4]，但有关诱导贝类四倍体的研究仅限于双壳类[5-7]。人工诱导皱纹盘鲍（*Haliotis discus hannai* Ino）四倍体的研究，迄今为止国内外尚未见报道。笔者在诱导皱纹盘鲍三倍体[8,9]成功的基础上，采用化学药物处理受精卵、阻止极体释放和抑制有丝分裂 I 的方法，进行了诱导皱纹盘鲍四倍体的初步研究。

1　材料与方法

1.1　材料来源

试验于 1995 年 6 月和 1996 年 6 月先后在山东长岛和烟台市芝罘区进行，每次用 2～3 只雄鲍和 4～5 只雌鲍催产，排放的精、卵作为试验材料。

①　本文原载《青岛海洋大学学报》，1998 年 1 月，第 28 卷第 1 期，63－69 页。

资助项目：国家 863 计划子专题“819－生物技术”项目。

1.2 四倍体的诱导处理

1.2.1 用细胞松弛素 B（cytochalasin B，简称 CB）阻止极体的释放

先用少量二甲亚砜（DMSO）将 CB 溶解，再加入海水中使 CB 浓度为 1 mg/L，DMSO 的最终浓度为 100 μl/L。

卵子在 21℃海水中授精，授精后 10 min 开始处理。将受精卵全部放入 CB 海水中，处理持续时间达到 15 min、20 min、25 min 和 30 min 时，分别用吸管吸出部分卵子，放入含有 100 μl/L 的 DMSO 海水中洗卵 30 min，然后移入正常海水中孵化。二倍体对照组的受精卵只用 100 μl/L 的 DMSO 海水处理。各试验组与对照组在水温 20～21℃条件下孵化培育。

1.2.2 用秋水仙素（colchicine）抑制有丝分裂 I

试验 I：为确定秋水仙素处理的适宜浓度，采用了 4 个不同浓度组的秋水仙素：0.4 g/L、0.2 g/L、0.1 g/L 和 0.05 g/L［相当于（1.0、0.5、0.25、0.125）$\times 10^{-3}$ mol/L］，卵子在 21℃海水中授精。为抑制有丝分裂 I，处理是在授精后 35 min，大多数受精卵释放第二极体时开始的，处理持续时间为 10 min。处理结束时再将受精卵放入含有 0.1% DMSO 的海水中洗卵 30 min，然后移入正常海水中。各试验组与对照组均在水温 20～21℃条件下孵化培育。

试验 II：在试验 I 的基础上，用 0.05 g/L 浓度的秋水仙素，分别在授精后 32 min、35 min、38 min、40 min、42 min、45 min 和 50 min 时开始处理，处理持续时间均为 3 min。其他条件和方法同试验 I。

1.3 染色体玻片标本制备

在胚胎发育至 4～8 细胞期取样制作染色体玻片标本，样品经 0.1% 秋水仙素溶液处理约 2 h，再用 0.075 mol/L 的 KCl 液低渗 1 h，然后用 Carnoy 液充分固定后得到的细胞悬液滴片，干燥后用 Giemsa 液染色[10]。

1.4 倍性判别

皱纹盘鲍的染色体数 2n = 36[11]，4n = 72（图 1）。由于在操作过程中有的染色体缺失，本文将染色体数 16～18 条作为单倍体，32～36 条为二倍体，48～54 条为三倍体，64～72 条为四倍体，80～90 条为五倍体，其他为非整倍体。

1.5 胚胎与幼虫发育状况的观察

在受精后 2 h 内镜检观察胚胎发育状况，受精后 14 h 和 36 h，分别检查担轮幼虫孵化率和面盘幼虫存活率（均为相对受精卵总数的百分率）。

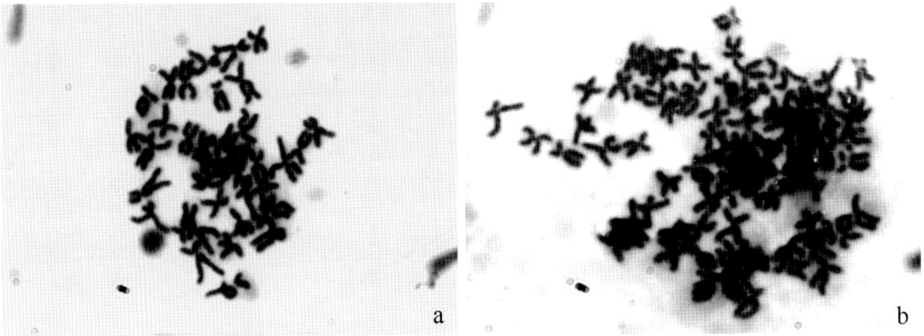

图1　皱纹盘鲍二倍体和四倍体的染色体（a. 2n = 36；b. 4n = 72）

2　结果

2.1　CB 处理对胚胎发育的影响

在 CB 浓度（1 mg/L）和开始处理时间（授精后 10 min）一定的条件下，随着处理持续时间的延长，胚胎发育速度延缓。在对照组，受精后 12 min 开始释放第一极体，20 min 时约有 90% 的胚胎都已释放第一极体，32 min 时开始释放第二极体。持续 15 min 的处理组，在受精后 45 ~ 50 min 开始出现一个极体，而此时在对照组已观察到第一次卵裂的胚胎。说明 CB 在有效阻止极体释放的同时，也导致了卵子发育的迟缓，这一组直到受精后约 60 min 才观察到第一次卵裂的胚胎。在持续 20 min、25 min、30 min 的各处理组，受精后 45 ~ 50 min 时均未观察到极体。至受精后 70 ~ 75 min，观察到在持续 20 min 的处理组中，约 50% 的卵子有一个极体；在持续 25 min 的处理组中约 30% 的卵子有一个极体。在持续 30 min 的处理组中，直到受精后 80 ~ 90 min 才观察到，约 30% 的卵子有一个极体。这一组在以后的发育中最为迟缓，约 100 min 出现第一次卵裂，这比正常对照组推迟了约 50 min。此外还观察到在各处理组中，CB 处理持续时间越长的，胚胎发育畸形的亦越多。

2.2　CB 处理对幼虫孵化和存活率的影响

在 CB 处理持续 15 min 的处理组中，受精后 14 h 的担轮幼虫孵化率和 36 h 后的面盘幼虫存活率最高，分别为 70.3% 和 55.0%。随着处理时间的持续延长，担轮幼虫的孵化率虽稍有波动，但仍呈下降趋势；在持续 20 min、25 min、30 min 的各处理组中，当受精后 15 ~ 16 h，幼虫开始分泌幼虫壳进入初期面盘幼虫和受精后 30 ~ 32 h 幼虫壳完全形成，变为扭转后的面盘幼虫这两个阶段，幼虫出现两次死亡高峰，存活率下降。至受精后 36 h，持续 30 min 处理组的存活率仅为 13.0%（图2）。

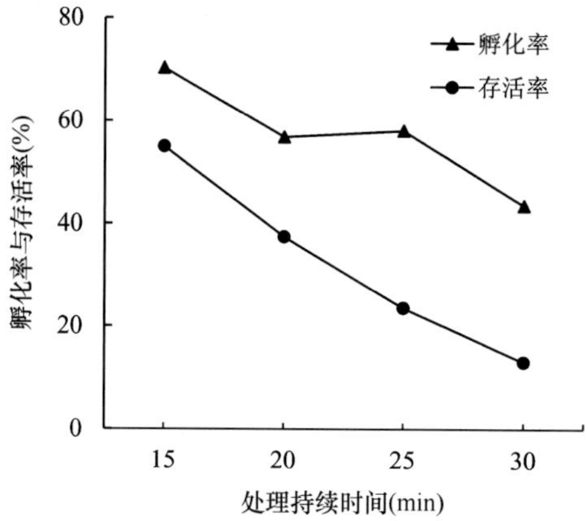

图 2　CB 处理对幼虫孵化率与存活率的影响

2.3　CB 处理诱导四倍体的效果

胚胎期的倍性检查结果（表 1）显示，各处理组均发现有四倍体胚胎，但四倍体的诱导率在持续 15 min 和 20 min 的处理组中偏低；在后两个处理组中，四倍体诱导率有所提高。持续 30 min 处理组的四倍体诱导率最高，为 21.9%，但与之相伴的是该处理组中的非整倍体比率也高达 43.8%（14/32），而且观察到的非整倍体的染色体数目大多数介于 4n 与 5n 之间。

此外，CB 处理还同时产生了三倍体，持续 15 min 处理组中的三倍体率最高，为 60%（18/30）。

表 1　CB 处理各试验组的胚胎倍性检查结果

处理持续时间（min）	胚胎不同倍性的分裂相数						检查分裂相总数	四倍体诱导率（%）
	n	2n	3n	4n	5n	非整倍体		
15	3	4	18	3	—	2	30	10.0
20	2	7	11	2	3	6	31	6.0
25	2	9	6	5	2	5	29	17.2
30	—	6	3	7	2	14	32	21.9

2.4　秋水仙素处理对胚胎发育和存活的影响

试验Ⅰ：在 4 个不同浓度组的秋水仙素中，0.4 g/L 和 0.2 g/L 持续处理 10 min 时，几乎导致全部处理受精卵的死亡。0.1 g/L 持续 10 min 的处理组，仅有约 5% 的受精卵在受精后 2 h 左右观察到卵裂现象，其中多数是畸形，以后陆续死亡。0.05

g/L 持续 10 min 的处理组，有大约 20% 的卵子一直发育到受精后 13 ~ 14 h，并孵化出担轮幼虫。从这个试验中发现，导致处理卵子死亡的原因有二：一是秋水仙素浓度过大；二是持续时间可能太长。因此，在后续的试验中只采用 0.05 g/L 的浓度，并缩短了处理持续时间。

试验Ⅱ：在秋水仙素浓度（0.05 g/L）和处理持续时间（3 min）一定的条件下，分别在授精后 32 min、35 min、38 min、40 min、42 min、45 min 和 50 min 开始处理的各试验组，均能发育到孵化出担轮幼虫。各组的孵化率虽然波动较大，但在授精后 40 min、42 min 和 45 min 开始处理的三组，担轮幼虫孵化率最低（图3）。在进一步发育过程中，这三组在进入初期面盘幼虫阶段就首先出现了大量死亡，以后其他各组也陆续死亡。

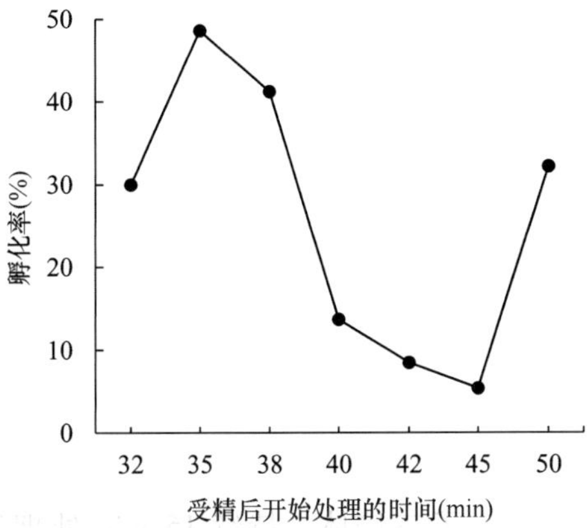

图 3　秋水仙素处理对幼虫孵化率的影响

2.5　秋水仙素处理诱导四倍体的效果

由于试验Ⅰ的卵子或胚胎大部分死亡，只对试验Ⅱ的诱导效果进行了倍性检查（表2）。结果表明，秋水仙素抑制鲍的有丝分裂Ⅰ，可以引起染色体加倍形成四倍体。试验中在授精后 40 min、42 min、45 min 和 50 min 时开始处理，都能产生一定比例的四倍体，其中授精后 42 min 的处理组四倍体诱导率最高，为 13.0%。在授精后 32 min、35 min 和 38 min 的处理组中，没有发现四倍体胚胎，其胚胎多数为二倍体，还有一些三倍体。

此外，在试验Ⅱ的各组中观察到的非整倍体，与 CB 阻止极体释放时所产生的非整倍体不同，其染色体数目大多数介于 n 与 2n 之间，这显然是染色体加倍未成，又在处理过程中造成了染色体缺失所致。

表 2　秋水仙素处理各试验组的胚胎倍性检查结果

处理持续时间（min）	胚胎不同倍性的分裂相数					检查分裂相总数	四倍体诱导率（%）
	n	2n	3n	4n	非整倍体		
32	—	20	2	—	—	22	0
35	2	13	3	—	2	20	0
38	1	19	—	—	5	25	0
40	—	17	—	1	3	21	4. 8
42	1	14	3	3	2	23	13. 0
45	—	20	—	3	5	28	10. 7
50	2	17	—	2	6	27	7. 4

3　讨论

3. 1　CB 阻止极体释放产生四倍体的效应

用 CB 诱导处理的结果表明，皱纹盘鲍受精卵在水温 21℃条件下，授精后 10 min 开始处理，持续处理 15 min、20 min、25 min 和 30 min 时，都能形成一定比例的四倍体，但这些四倍体的形成过程是不同的。持续 15 min 的处理组从理论上讲是单纯阻止第一极体的释放诱导三倍体，但由于阻止第一极体释放的遗传学结果可能导致染色体的多极分离，所以既可能形成三倍体，又可能形成四倍体[12]，试验中持续 15 min 处理组产生了 60% 的三倍体和 10% 的四倍体，就证实了这一点。

试验中随着 CB 处理持续时间的延长，已由单纯阻止第一极体释放变为既阻止了第一极体释放又阻止了第二极体的形成。因为皱纹盘鲍的受精卵在 21℃时受精后 32 min 开始释放第二极体，所以试验中在授精后 10 min 开始处理，持续 20 min、25 min 和 30 min 的处理组在实际上起到了这种阻止两个极体释放的效应，出现了一定比例的四倍体。而且随着处理持续时间的延长，四倍体诱导率略呈上升趋势，这可能与 CB 处理持续时间越长，对极体的阻止效应越明显有关。

关于非整倍体的形成原因比较复杂，同源多倍体在减数分裂时染色体难以配对，是形成非整倍体的主要原因。在用 CB 长时间处理地中海贻贝（*Mytilus galloprovincialis*）的受精卵时，能有效地阻止两个极体的释放[5]。从理论上讲，如果完全阻止了两个极体释放只能产生五倍体，试验中出现的五倍体和染色体数目介于 4n 与 5n 之间的非整倍体胚胎可能就是这种情况。但在染色体发生多极分离时，如果排出的极体恰好含有一套染色单体（n），则形成四倍体；但若排出的“极体”含有其他倍性的染色体，则可能产生任意倍性的非整倍体。

3.2 秋水仙素抑制有丝分裂 I 形成四倍体的效应

秋水仙素诱发多倍体的机制在于它不影响合子或细胞内染色体的复制和分离，但它能抑制微管的组装，使已有的微管解聚，从而阻止纺锤体的形成或破坏已形成的纺锤体，使细胞的染色体加倍而不分离[13]。皱纹盘鲍的受精卵在水温 21℃条件下，受精后 45 ~50 min 开始第一次卵裂。从试验Ⅱ的结果看，皱纹盘鲍在水温 21℃的条件下，用秋水仙素抑制有丝分裂 I 的效应时间在受精后 40 ~50 min 之间，都能诱导出四倍体。受精后 42 min 时的处理组获得的四倍体诱导率（13.0%）最高，说明开始处理时间距第一次卵裂的时间越接近，诱导越有效。有丝分裂期是细胞分裂周期中的一个短暂过程，所以，能有效诱导四倍体的效应时间范围也较短，而且随着水温的不同而改变。对皱纹盘鲍来说，在能够有效抑制有丝分裂 I 促使染色体组加倍的效应时间内，何时开始诱导处理的效果最好，尚有待继续深入探讨。

从试验Ⅱ中还可以看出，在诱导处理的效应时间内，其四倍体诱导效果与担轮幼虫的孵化率截然相反，在授精后 42 min 和 45 min 处理组，四倍体诱导率较高，但担轮幼虫的孵化率最低（参见图 3、表 2）。这一现象似乎表明，对染色体组加倍最为敏感的效应时间，可能正是胚胎对诱导处理耐受能力最弱的时期。这也是诱导四倍体的难度所在。

关于秋水仙素诱导多倍体的浓度，在鱼类，用 0.05 g/L 和 0.1 g/L 的秋水仙素处理草鱼♀×团头鲂♂，获得了异源三倍体和四倍体[14]。在贝类，Guo 曾用（1.0、0.5、0.25、0.125）$\times 10^{-3}$ mol/L（相当于本试验的 0.4 g/L、0.2 g/L、0.1 g/L 和 0.05 g/L）的秋水仙素抑制长牡蛎的第一次有丝分裂，但只有 0.125×10^{-3} mol/L 处理组产生了比率很低（5% ~10%）的四倍体胚胎[6]。笔者在试验Ⅱ中使用 0.05 g/L 的秋水仙素，主要是基于试验 I 的结果，并缩短了处理持续时间，以减轻秋水仙素对卵子存活和胚胎发育的影响。

此外，试验Ⅱ在授精后 32 min、35 min 和 42 min 的处理组中出现三倍体，可能是由于卵子发育不同步所致。

3.3 关于四倍体胚胎的存活能力

在诱导贝类四倍体的研究中，虽然都能获得一定数量的四倍体胚胎，但往往不能发育到变态，甚至不能存活到面盘幼虫。其原因可能是由于化学药品的毒性作用或由于阻止第一极体释放引起 DNA 损伤；或与核质比例失调引起的发育缺陷等有关[7]。也有研究认为，鱼类四倍体胚胎死亡率高的原因，是诱导处理过程中造成的染色体断裂或缺失所致，而与染色体组加倍无关[2]。CB 和秋水仙素都是毒性极大的化学药品，其毒性不但可以导致多倍体的死亡，而且能使处理组中染色体未加倍的二倍体也中途夭折，这也是试验中用 CB 或秋水仙素处理过的试验组存活率较之正常对照组低的根本原因。CB 的这种毒害作用，是通过破坏受精卵内的细胞器导致代谢缺陷来实现的①，因而使鲍的幼虫在开始分泌幼虫壳和体形发生扭转这两个发育进程中的重要阶段出现大量死亡。笔者认为，这可能是 CB 处理导致鲍的四倍体胚胎死亡率高的一个重要原因。另外从试验结果看，由于在染色体加倍过程中造成的染色体断裂或缺失，也是造成四倍体胚胎存活能力差的原因之一。

致谢 初稿承蒙王子臣教授审阅并提出宝贵意见，宋淑莲实验师协助显微摄影，在此一并表示衷心的感谢。

参考文献

[1] Chourrout D, Nakayama I. Chromosome studies of progenies of tetraploid female rainbow trout [J]. Theoretical and Applied Genetics, 1987, 74 (6): 687 - 692.

[2] 桂建芳，孙建民，梁绍昌，等. 鱼类染色体组操作的研究Ⅱ. 静水压处理和静水压与冷休克结合处理诱导水晶彩鲫四倍体 [J]. 水生生物学报，1991，15 (4): 333 - 341.

[3] 王如才，王昭萍，张建中. 海水贝类养殖学 [M]. 青岛：青岛海洋大学出版社，1993: 63 - 71.

[4] Thorgaard G H. Application of genetic technologies to rainbow trout [J]. Aquaculture, 1992, 100 (1): 85 - 97.

[5] Scarpa J, Wada K T, Komaru A. Induction of tetraploid mussels by suppression of polar body formation [J]. Bulletin of the Japanese Society of Scientific Fisheries, 1993, 59 (12): 2017 - 2023.

[6] Guo X. Studies on tetraploid induction in the Pacific oyster, *Crassostrea gigas* (Thunberg) [D]. Seattle, Washington, USA: University of Washington, 1991: 1 - 168.

[7] Guo X, Allen Jr S K. Viable tetraploids in the Pacific oyster (*Crassostrea gigas* Thunberg) produced by inhibiting polar body 1 in eggs from triploids [J]. Molecular Marine Biology and Biotechnology, 1994, 3 (1): 42 - 50.

[8] 孙振兴，李诺，宋志乐，等. 人工诱导皱纹盘鲍三倍体的研究 [J]. 齐鲁海业，1990 (3): 28 - 30.

[9] 孙振兴，李诺，宋志乐，等. 皱纹盘鲍三倍体诱导条件及其室内饲育试验 [J]. 水产学报，1993，17 (3): 243 - 248.

[10] 孙振兴. 一种观察贝类染色体的制片法 [J]. 动物学杂志，1991，26 (4): 34 - 35.

[11] Arai K, Tsubaki H, Ishitani Y, et al. Chromosomes of *Haliotis discus hannai* Ino and *H. discus* Reeve [J]. Bulletin of the Japanese Society of Scientific Fisheries, 1982, 48 (12): 1689 - 1692.

① 孙振兴等，细胞松弛素 B 对皱纹盘鲍受精卵超显微结构的影响（待刊稿）。

[12] Guo X, Hershberger W K, Cooper K, et al. Genetic consequences of blocking polar body I with cytochalasin B in fertilized eggs of the Pacific oyster, *Crassostrea gigas*: II. Segregation of chromosomes [J]. The Biological Bulletin, 1992, 183 (3): 387 - 393.

[13] 吴仲庆. 水产生物遗传育种学 [M]. 厦门: 厦门大学出版社, 1991: 82 - 159.

[14] 湖北省水生生物研究所二室. 用理化方法诱导草鱼 (♀) ×团头鲂 (♂) 杂种和草鱼的三倍体、四倍体 [J]. 水生生物学集刊, 1976, 6 (1): 111 - 114.

Induction of tetraploid in the disk abalone *Haliotis discus hannai*

Sun Zhenxing[1], Wang Rucai[1], Wang Zaiqing[2], Song Zhile[3], Lin Shuping[2], Zheng Zhifang[3]

(1. *College of Fisheries*, *Ocean University of Qingdao*, *Qingdao* 266003; 2. *Shandong Changdao Aquaculture Company*, *Changdao* 265800; 3. *Fisheries Technology Center of Zhifu*, *Yantai* 264000)

Abstract: Tetraploidy was induced in embryos of the disk abalone *Haliotis discus hannai* by chemicals. Fertilized eggs of the abalone were treated with 1 mg/L cytochalasin B (CB). The treatment, which started 10 minutes after insemination and lasted 30 minutes, could inhibit both polar body I and II formation, and produce 21.9% tetraploid embryos. By 0.05 g/L colchicine treatment, which started 40 ~ 50 minutes after insemination and lasted for 3 minutes, the first mitosis of abalone eggs was inhibited, the highest percentage of tetraploidy embryos being 13.0%. Besides, we found that the most sensitive effective period during which colchicine is effective for chromosome set reduplication, was also the period during which the toleration of embryos to induction treatment was the weakest. Toxicity of chemicals and break or deficiency of chromosomes could be the important cause of high death rate in tetraploidy abalone embryos.

Key words: abalone *Haliotis discus hannai*; tetraploid; cytochalasin B; colchicine

细胞松弛素 B 对鲍受精卵超微结构的影响①

孙振兴[1]，王如才[2]，姜 明[2]，刘晓云[2]

（1. 烟台师范学院生物系，烟台 264025；2. 青岛海洋大学，青岛 266003）

摘要： 细胞松弛素 B（CB）作为一种微丝解聚剂，可用于诱导贝类三倍体，但由于其毒副作用导致了受精卵死亡和发育异常。通过透射电镜观察比较了皱纹盘鲍（*Haliotis discus hannai*）正常受精卵与 CB 处理后的受精卵亚显微结构的变化，结果显示，CB 对线粒体等细胞器的破坏，造成了受精卵的代谢缺陷，是导致鲍受精卵孵化率低的原因之一。

关键词： 细胞松弛素 B；皱纹盘鲍；受精卵；超微结构

用细胞松弛素 B（cytochalasin B，以下简称 CB）处理受精卵是诱导海洋贝类三倍体的有效手段之一。在诱导贝类三倍体的实践中已经注意到，由于 CB 处理的毒副作用导致了受精卵死亡[1]、胚胎发育迟缓[2]或幼虫发育异常等[3,4]。但对 CB 这种毒副作用的细胞学机制，目前国内外尚未见研究报道。

动物的个体发育是从精卵结合形成受精卵之时开始的。在诱导贝类三倍体时，CB 处理的直接作用对象也是受精卵。因此，在亚显微结构水平上探讨 CB 对贝类受精卵及其发育的影响是很有必要的。皱纹盘鲍（*Haliotis discus hannai*）属腹足纲、鲍科，是一种重要的海洋经济贝类，近年来也进行了诱导三倍体的研究[5]。笔者等在观察皱纹盘鲍卵超微结构的基础上[6]，对诱导皱纹盘鲍三倍体时，经不同浓度 CB 处理后的受精卵的超微结构变化进行了观察，以期为研究 CB 对海洋贝类早期发育的毒副作用提供细胞学方面的基础资料。

1 材料与方法

1.1 试验材料来源

皱纹盘鲍的亲鲍取自烟台附近海区，选用性腺发育成熟的 2 ~ 3 只雄鲍和 4 ~ 5 只雌鲍排放的精、卵，经授精后作为试验材料。

---

① 本文原载《动物学杂志》，2002 年 10 月，第 37 卷第 5 期，14 – 17 页。

资助项目：国家高技术研究发展计划（863 – 819 – 0101）。

1.2 试验步骤

试验组采用与 CB 诱导皱纹盘鲍三倍体时相同的浓度，即 0.5 mg/L、1.0 mg/L 和 1.5 mg/L[5]，对照组不含 CB。试验组与对照组的卵子同时授精，试验组在授精后 10 min 将受精卵分别置于不同浓度 CB 海水溶液中处理 15 min 后，再分别移入含有 100 μL/L 的二甲亚砜海水溶液中洗卵 30 min，以除去残留在卵子表面的 CB，然后将受精卵移入正常海水中并取样。取样时，分别用吸管随机吸出部分受精卵，用筛绢滤去海水后进行固定。各试验组与对照组的其余受精卵分别置于 1000 mL 烧杯中，在水温 20～21℃条件下孵化培育，用以观察孵化率。

1.3 电镜样品制备与观察

试验材料经 2.5% 戊二醛预固定，1% 锇酸后固定；乙醇梯度脱水，Epon 812 环氧树脂包埋；LKB 超薄切片机切片，最后用醋酸铀和柠檬酸铅双重染色。日立 H-7000 型透射电镜观察拍照，各组分别观察了 30～40 个细胞。

1.4 孵化率的计算

孵化率是受精后 14 h，正常孵化的担轮幼虫数占受精卵总数的百分率。

2 结果

2.1 鲍正常受精卵的超显微结构

皱纹盘鲍的卵子为均黄卵。在鲍受精卵的卵质中，均匀分布着大量电子密度很深的卵黄颗粒（yolk granules）和一些体积较大、电子密度均匀的无定形膜包囊的脂滴（lipid droplet），在卵黄颗粒与脂滴之间充满着游离状态的核糖体颗粒(图 1-1)。

鲍的卵质中有许多线粒体（mitochondrion），正常线粒体具有双层膜结构，外膜明显，内膜内褶形成短管状的嵴，线粒体内部充满电子密度较小的基质，基质中含有致密的嗜锇颗粒（图 1-2）。

2.2 不同浓度 CB 处理后的鲍受精卵超微结构变化

皱纹盘鲍的受精卵在浓度为 0.5 mg/L 的 CB 海水溶液中处理 15 min 后，观察到的各种细胞器的结构无明显变化，大多数线粒体结构正常，但可见个别线粒体外膜破损（图 1-2）。

CB 浓度为 1.0 mg/L 时，线粒体的外膜开始溶解，内嵴部分瓦解；高尔基复合体（Golgi complex）的膜囊结构出现异常（图 1-3）；脂滴的电子密度变得不均匀，部分脂滴的不定形膜出现萎缩，卵黄颗粒与脂滴之间的游离核糖体受到破

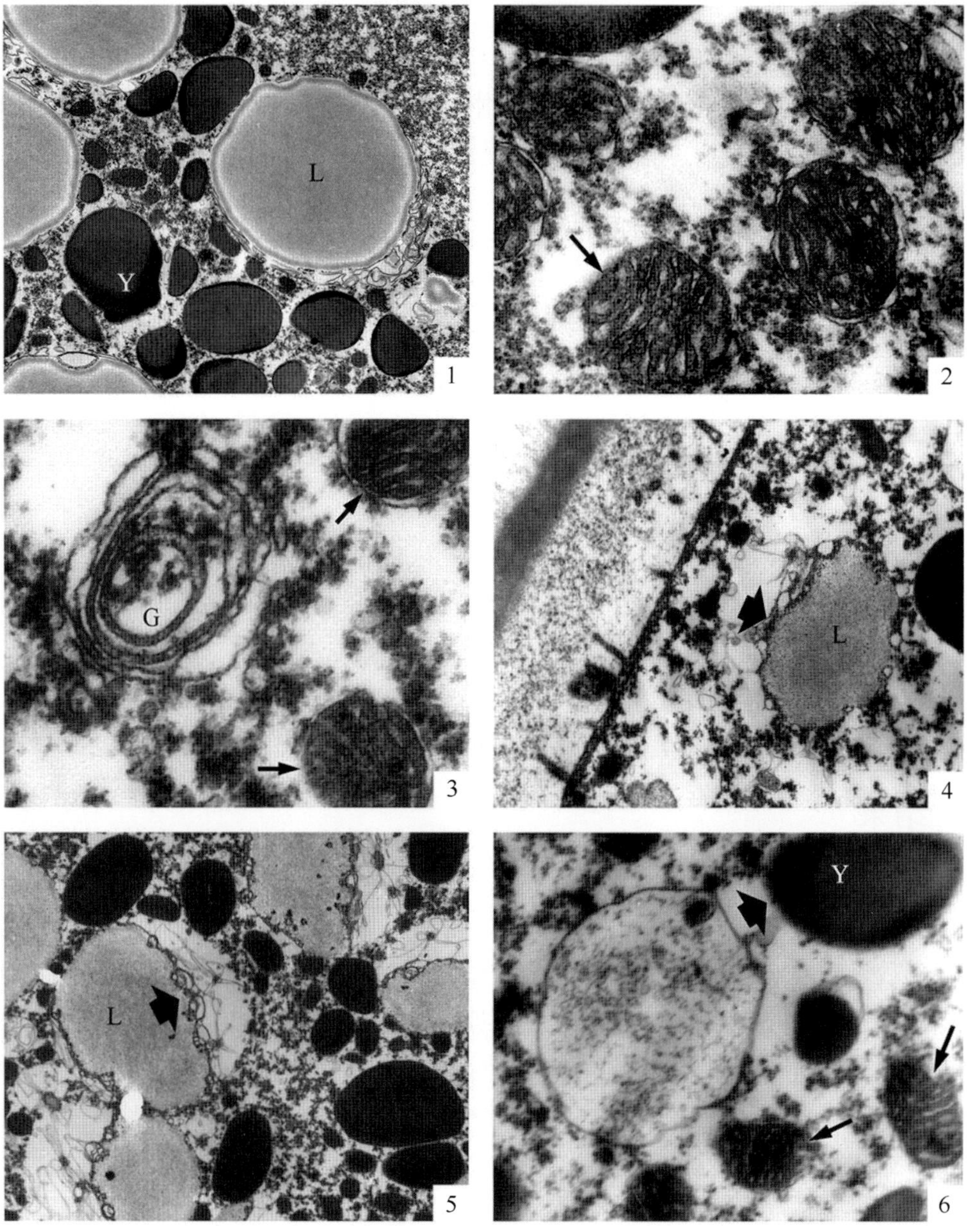

图1　皱纹盘鲍正常受精卵与CB处理后的受精卵的超微结构

1. 正常受精卵中的卵黄颗粒和脂滴，其间充满核糖体，×6 400；2. 以0.5 mg/L的CB处理后，个别线粒体的外膜受损（箭头所示），×40 500；3. 以1.0 mg/L的CB处理后，高尔基复合体结构异常、线粒体双层膜溶解（箭头所示），×40 000；4. 以1.0 mg/L的CB处理后，脂滴的不定形膜出现萎缩（宽箭头所示），×7 000；5. 以1.5 mg/L的CB处理后，脂滴萎缩加剧（宽箭头所示），×7 000；6. 以1.5 mg/L的CB处理后，线粒体趋于解体（细箭头所示），卵黄颗粒的被膜呈模糊状（宽箭头所示），×34 000；

L（lipid droplet）：脂滴；Y（yolk granules）：卵黄颗粒；G（Golgi complex）：高尔基复合体

坏(图1-4)。

CB浓度为1.5 mg/L时，脂滴的不定形膜萎缩加剧（图1-5）；线粒体双层膜明显溶解，基质变为大而不规则的絮状致密物，整个线粒体趋于解体；卵质中的游离核糖体进一步散失，同时可见个别卵黄颗粒表面的限制性被膜破损呈模糊状（图1-6）。

2.3 不同浓度CB处理后鲍受精卵的孵化率

各试验组的受精卵经0.5 mg/L、1.0 mg/L和1.5 mg/L的CB处理后，其孵化率分别为71.8%、75.0%、67.3%，而对照组的孵化率为84.2%。虽然试验组的孵化率与CB处理浓度不呈明显的负相关，但各试验组的孵化率均低于对照组。

3 讨论

3.1 CB对鲍受精卵的毒性效应

用CB处理受精卵时，由于CB抑制了在细胞分裂中起重要作用的微丝的聚合，使细胞质的运动受到抑制，在减数分裂时无法形成分裂沟，从而阻止了极体的释放，使染色体加倍形成多倍体。当CB作用于微丝的同时，也会对受精卵内的其他细胞器产生一定影响。从本研究的观察结果中可以看出，线粒体对CB的毒性作用较为敏感。当CB浓度为0.5 mg/L时，即有个别线粒体出现外膜破损的现象，随着CB浓度的增大，线粒体双层膜溶解、基质变为絮状致密物，导致线粒体的瓦解。此外，CB的毒性作用还导致了脂滴萎缩，并使高尔基复合体、游离核糖体受到破坏。

细胞结构是功能的单位，结构受到破坏必然导致功能的障碍。线粒体是细胞氧化的中心，是细胞能量的供应站，它担负着细胞代谢过程中的能量转换，因为三磷酸腺苷（ATP）的合成是通过线粒体的氧化磷酸化实现的；线粒体的嵴则与细胞呼吸强度有很大关系。因此，线粒体的损伤必然影响受精卵发育过程中的氧化代谢和呼吸作用，导致受精卵的代谢缺陷。

此外，细胞中的脂滴可以转化为脂蛋白，发育为脂质卵黄粒（lipoprotein yolk）；核糖体是细胞内蛋白质生物合成的重要场所，在蛋白质合成中起着装配机的作用；高尔基复合体具有对蛋白质修饰加工、并将蛋白质分选后送往细胞不同部位的功能。因此，这些细胞结构受到破坏，对受精卵的发育无疑是有害的。

3.2 CB对鲍受精卵发育的影响

本研究采用的CB浓度，与笔者用CB诱导鲍三倍体时的浓度完全一致。试验表明，CB浓度为0.5 mg/L、1.0 mg/L和1.5 mg/L时，都能使鲍受精卵形成三倍体，随着CB浓度的增大，虽然三倍体诱导率提高了，但受精卵的孵化率却呈下降趋势[5]。本试验中，经上述三组 CB 浓度处理过的受精卵，其孵化率也都明显低于对照组，这说明 CB 对鲍受精卵的发育确实有明显的影响。

结合本文的观察结果分析，CB 导致鲍受精卵发育异常的原因，一方面可能与线粒体、高尔基复合体等细胞器受到一定程度损伤而引起的代谢障碍有关；另一方面因为鲍在发育早期阶段，没有外源性营养，完全依靠自身的卵黄颗粒营养，当卵黄物质受到破坏时，必然对发育带来不良影响。但由于 CB 对鲍受精卵作用的不均一性，受精卵受到的毒害程度也不同，因而对早期发育的影响也有一定差异。陈大元等[7]在研究卵裂的有丝分裂器旋转机制时观察到，经 CB 处理过的文昌鱼受精卵有卵裂异常现象，表明 CB 对海洋动物的受精卵确有一定的毒副作用。内村等[4]认为由于 CB 的作用，一部分肌动蛋白纤维被破坏后分化产生的异常细胞，可能是 CB 导致贝类幼虫发育畸形的原因之一。本文的观察结果与上述结论是相吻合的。笔者认为，CB 对线粒体、脂滴等细胞结构的破坏，造成了受精卵的代谢缺陷，从而导致鲍受精卵和胚胎发育异常，这也是用 CB 诱导鲍三倍体时，影响三倍体孵化率的重要原因之一。

参考文献

[1] Downing S L, Allen Jr S K. Induced triploidy in the Pacific oysters, *Crassostrea gigas*: optimal treatments with cytochalasin B depend on temperature [J]. Aquaculture, 1987, 61 (1): 1-15.

[2] Wada K T, Komaru A, Uchimura Y. Triploid production in the Japanese pearl oyster, *Pinctada fucata martensii* [J]. Aquaculture, 1989, 76 (1): 11-19.

[3] Barber B J, Mann R, Allen Jr S K. Optimization of triploid induction for the oyster *Crassostrea virginica* (Gmelin) [J]. Aquaculture, 1992, 106 (1): 21-26.

[4] 内村佑之，平田智法，阿部俊之助．サイトカラシンBの副作用を受けたアコヤガイ胚の発生段階 [J]．水産増殖，1994，42 (3)：447-452.

[5] 孙振兴，李诺，宋志乐，等．皱纹盘鲍三倍体诱导条件及其室内饲育试验 [J]．水产学报，1993，17 (3)：243-248.

[6] 孙振兴，王如才，姜明，等．皱纹盘鲍卵的形态与超显微结构 [J]．中国水产科学，1997，4 (1)：68-74.

[7] 陈大元，宋祥芬，赵学坤，等．卵裂的有丝分裂器的旋转与染色体运动机制的研究 [J]．科学通报，1989，34 (3)：217-219.

Effect of cytochalasin B on the ultrastructure of fertilized eggs of abalone (*Haliotis discus hannai*)

Sun Zhenxing[1], Wang Rucai[2], Jiang Ming[2], Liu Xiaoyun[2]

(1. *Department of Biology*, *Yantai Normal University*, *Yantai* 264025; 2. *Ocean University of Qingdao*, *Qingdao* 266003)

Abstract: Cytochalasin B (CB) is an inhibitor of the microfilament. It is extensively used for polyploid induction in shellfish. However because of its toxicity CB treatment often results death and abnormal development of the fertilized eggs. We have observed the ultrastructure of the normal fertilized eggs and CB treated eggs of abalone (*Haliotis discus hannai*), and compared normal and abnormal eggs with transmission electron microscope (TEM). The results indicate that CB breaks down cell organs such as mitochondria etc.; it causes the metabolic disturbance of fertilized eggs. This is one of the reasons how the low hatch rate of abalone fertilized eggs.

Key words: cytochalasin B; abalone (*Haliotis discus hannai*); fertilized eggs; ultrastructure

日本大鲍与皱纹盘鲍杂交的研究①

孙振兴[1]，宋志乐[2]，郑志芳[2]，刘红梅[1]，孙永杰[2]

（1. 烟台大学水产学院，烟台 264001；2. 烟台市芝罘区渔业技术推广站，烟台 264000）

摘要： 利用从日本引进的大鲍，与我国产皱纹盘鲍进行了杂交育苗试验。在 540 m^2 鲍育苗池中，1999 年 6 月常温采苗至当年 11 月，培育出平均壳长 17.9 mm 的皱纹盘鲍雌与日本大鲍雄的杂交鲍苗 180 余万粒，单位面积出苗量为 3300 余粒/m^2。这些杂交鲍苗，经过 1 年多的室内饲育，至 2000 年 11 月平均个体壳长达 37 mm，最大个体壳长达 45 mm，显示出了良好的生产性状和一定的杂种优势。

关键词： 日本大鲍；皱纹盘鲍；杂交

近年来，随着鲍人工育苗和养殖技术的普及，我国北方重要经济贝类皱纹盘鲍（*Haliotis discus hannai*）的人工养殖得到了很大的发展。但由于其生长速度较慢，加之近年来受海洋环境污染、种质退化和病害等因素的影响，严重地制约了鲍育苗和养殖生产的发展，如不尽快改变这种局面，将会使大量投资造成浪费，并对鲍人工养殖业带来消极影响。大鲍［*Haliotis gigantean*（*madaka*）］原产日本，其最大个体壳长可达 25 cm，具有分布范围广、生长快、对环境适应能力强等优点，是鲍科贝类中的优势经济种。

关于鲍的引种及其杂交研究，日本学者井上清和等[1]曾研究了日本产皱纹盘鲍与盘鲍的杂交，在我国，大连水产学院王子臣和湛江水产学院许国领等[2]，曾分别将从美国引进的红鲍（*H. rufescens*）、绿鲍（*H. fulgens*）与我国本地种进行了杂交或驯养与人工育苗试验；福州市水产研究所聂宗庆等[3]从日本引进了盘鲍（*H. discus*）进行试养，并将其与我国产皱纹盘鲍进行了杂交育苗试验；大连市水产研究所赵洪恩[4]和黄海水产研究所燕敬平等[5]将从日本引进的盘鲍与我国的皱纹盘鲍进行了大规模杂交育苗生产试验。有关日本大鲍引进我国，并与我国产皱纹盘鲍进行杂交，国内尚未见报道。

为此，笔者从日本引进了大鲍，并与我国产皱纹盘鲍进行了生产性杂交育苗试验，以期通过杂交育种，培育出健康鲍苗，探索鲍养殖业可持续发展的有效途径。

---

① 本文原载《齐鲁渔业》，2001 年 6 月，第 18 卷第 3 期，25－27 页。

现将试验情况报告如下。

1 材料与方法

1.1 亲鲍驯养及促熟

皱纹盘鲍采自烟台海区自然生长的壳长 8.5～10.5 cm 的健壮个体。大鲍是从日本本州岛北部引进的壳长 8.8～10.2 cm 的个体，引进后经一段时间的驯养，然后进行升温促熟。皱纹盘鲍积温达到 1200℃；大鲍自 1998 年 12 月开始促熟、积温达到 1500℃。

1.2 饵料

匍匐幼体及前期稚鲍摄食的底栖硅藻主要有舟形藻、卵形藻和菱形藻等。底栖硅藻于 5 月上、中旬在自然海区采集藻种培养，6 月初移入室内育苗池培养。稚鲍剥离以后投喂人工配合饵料。

1.3 育苗设施

试验在烟台市崆峒岛养殖捕捞总公司马岛海珍品基地进行，育苗池长 12 m，宽 0.85 m，深 0.6 m。用于育苗的总面积为 550 m^2，其中杂交育苗面积为 540 m^2；皱纹盘鲍自交育苗面积为 10 m^2。采苗器材使用 42 cm×33 cm 的聚乙烯透明波纹板。

1.4 采卵与授精、孵化

1999 年 6 月 5 日，选取性腺成熟度好的皱纹盘鲍雌鲍和大鲍雄鲍，采取阴干、升温 2℃的刺激方法，雄鲍与雌鲍分别排放精、卵后，30 min 内进行授精。授精时按杂交组合分为 2 组：A 组为皱纹盘鲍♀×日本大鲍♂杂交；B 组为皱纹盘鲍自交。

授精在 0.8 m×0.5 m×0.4 m 的水槽中进行，然后将受精卵置于水深 1.2 m 的大池中孵化。孵化过程中每隔 0.5 h 轻微搅池一次，采卵与孵化水温均保持在 21℃±0.5℃。

1.5 采苗

受精卵发育至 90 h 统计幼体成活率。当 20% 的面盘幼体有匍匐行为时，按 4 万只/m^2 的密度将幼体均匀移到育苗池中。采苗方法、采苗后的管理等按常规育苗方法进行。

1.6 稚鲍剥离与幼鲍培育

稚鲍培育期约 1 个月，直至采苗板上的底栖硅藻被吃光时开始剥离，采用电剥离器进行剥离。剥离后转入网箱平面流水培育，每天傍晚投喂人工配合饵料，每隔2~3天倒池一次，并彻底清刷池壁和网箱。幼鲍培育期间采用水泵循环流水并大量充气，每日添加新鲜海水量为2.5~3个量程。

1.7 室内养成

当部分幼鲍壳长达2 cm左右时，分别对不同壳长规格的幼鲍进行养成。养成器材为网箱内置黑色波纹板或规格为40 cm×30 cm×13 cm的黑色塑料箱。养成期间足量投喂新鲜海藻或配合饵料，定期测量鲍的生长情况。

2 结果

2.1 幼体成活率

受精卵孵化后发育至90 h，杂交组的幼体成活率为78.3%，皱纹盘鲍自交组的幼体成活率为80.9%，说明杂交组与自交组的幼体成活均正常。

2.2 稚鲍的成活与生长

1999年6月9日将杂交组幼体和自交组幼体移入育苗池，培育至7月8日（30天）时的成活率分别为33.6%和35.8%，稚鲍平均壳长分别为2.03 mm和2.25 mm。

2.3 当年幼鲍的成活与生长

稚鲍培育至1999年7月16日开始剥离，7月28日全部剥离完毕。培育至当年11月10日的测试结果为：杂交组和自交组的成活率分别为61.5%和59.8%，平均壳长分别为17.9 mm和16.9 mm（表1）。

表1 鲍杂交组与自交组成活率、生长的比较

组别	90 h幼体成活率（%）	稚鲍成活率（%）	30 d稚鲍平均壳长(mm)	幼鲍成活率（%）	幼鲍壳长（mm）*		
					平均	最大	最小
杂交组	78.3	33.6	2.0	61.5	17.9	31.0	8.0
自交组	80.9	35.8	2.3	59.8	16.9	28.0	8.0

* 1999年11月10日测量。

2.4 室内养成阶段幼鲍的生长

从1999年冬季至2000年春季越冬期间，采用深井海水（水温8℃±2℃）培育，虽然杂交鲍苗和其他鲍苗的生长速度都受到一定影响，但总的来看，杂交鲍苗生长较快（见表2）。

表2　室内养成阶段幼鲍的生长情况

测量日期	1999－11－10	2000－06－02	2000－08－29	2000－10－28
杂交组壳长（mm）	17.9	29.3	32.7	36.6
自交组壳长（mm）	16.9	26.6	30.7	33.4

3　讨论

3.1　关于杂种优势

杂交育种是水产生物育种的重要途径之一，虽然近年来生物技术已得到了广泛应用，但由于杂交育种具有操作简便，能综合双亲优良性状等特点，所以仍然是生物育种的基本途径之一。引进国外优良品种进行杂交育种，由于地理隔离，不同自然条件的选择作用，本地野生种与国外引进种之间有较大的遗传变异，因此，杂交后代的杂种优势也更为明显。到目前为止，已对杂交幼鲍进行了1年多的室内饲育，生长速度优于皱纹盘鲍自交的幼鲍，而且从1999—2000年两个夏季高水温期看，与自交幼鲍相比，杂交幼鲍对环境有较强的适应能力，表现为发病少、成活率较高、生长较为整齐同步。但是，不能苛求某一特定的杂交组合同时具有双亲的所有优良性状。日本大鲍与皱纹盘鲍是同科同属的近缘种，二者分布的地理纬度也很接近，引种后能很快适应环境，通过杂交育种，完全有可能培育出具有杂种优势的优良品系。

3.2　皱纹盘鲍与日本大鲍的正、反交

上述试验结果中虽然只报道了皱纹盘鲍♀×日本大鲍♂的杂交，但在小型试验中，曾进行过其反交组合的日本大鲍♀×皱纹盘鲍♂的杂交试验，其结果是受精率与孵化率均较低。据报道，在日本盘鲍与皱纹盘鲍的杂交试验中，皱纹盘鲍♀×日本盘鲍♂的孵化率明显高于其反交组合的日本盘鲍♀×皱纹盘鲍♂[5]。这说明在同一杂交组合中，正、反交往往产生不同的结果[6]。虽然从理论上讲，因为皱纹盘鲍、大鲍、盘鲍的染色体数目相同，皆为$2n=36$，且染色体组型均为20 m＋16 sm[7]，杂种合子的染色体易于配对。但本研究中，日本大鲍♀×皱纹盘鲍♂的受精率与孵化率均较低。类似现象，在虾类杂交中也有报道，如斑节对虾（*Penaeus monodon*）与长毛对虾（*P. penicillatus*）之间的正反交子代，生长速度比双亲系自交子代稍快，但成活率很低，许多幼体存在严重的畸形现象[8]。这说明种间杂交组

合虽然会产生某些方面的杂种优势，但另一方面却表现出某些劣势，杂交受精率或幼体成活率较低可能就是这种劣势的具体体现。

3.3 日本大鲍的性腺发育及繁殖期

分布于日本沿海的大鲍，虽然水平分布范围广，但基本上属于暖水系种。在日本茨城县及其以南，大鲍的自然繁殖期是在当地水温20℃左右的10—12月[9,10]，这与我国的皱纹盘鲍繁殖期不同，对进行杂交带来了一定困难。

用于本研究的大鲍，从日本引进时正值当地鲍的繁殖期，多数亲鲍有不同程度的排放。引进后，为确保第二年6—7月能与我国的皱纹盘鲍同步排放精卵，从12月即开始对大鲍进行升温促熟，待其第二年排放精卵时，有效积温已达到1 500℃。这说明通过人为调控、改变引进种的产卵期，可以实现同步排放精卵，从而充分保证了杂交的需要。

杂交育种是培育优良品种或利用杂种优势的重要途径之一，它具有增加变异性和异质性、综合双亲的优良性状、产生某些双亲所没有的新性状、出现可利用的杂种优势等多方面积极因素。这一点，已在我国的海带和淡水鱼的杂交育种等许多方面得到了充分证实。但杂交育种也是一项长期的系统工程，在这方面笔者目前所做的工作还仅仅是开始，但通过杂交育种培育适合我国海域条件的鲍优良品系是十分必要的。今后有必要进一步探讨鲍种间杂交的规律，并对杂交鲍的生物学特性进行深入研究。

参考文献

[1] 井上清和，鬼頭鈞，浮永久．高温条件下におけるエゾアワビ、クロアワビ、交雑アワビの成長と生残［J］．西海区水産研究所研究報告，1986，63：73－78.

[2] 许国领，劳赞，杨小立．美国绿鲍驯育和人工育苗［J］．热带海洋，1989，8（3）：75－81.

[3] 聂宗庆，王素平，李木彬，等．盘鲍引进养殖与人工育苗试验［J］．福建水产，1995，（1）：9－16.

[4] 赵洪恩．鲍的增养殖［M］．沈阳：沈阳出版社，1999：357－386.

[5] 燕敬平，孙慧玲，方建光，等．日本盘鲍与皱纹盘鲍杂交育种技术研究［J］．海洋水产研究，1999，20（1）：35－39.

[6] 宋志乐，张玉琨，赵玉山，等．栉孔扇贝与海湾扇贝杂交试验初报［J］．齐鲁渔业，1986，（2）：31－32.

[7] 孙振兴．日本鲍类遗传育种的研究［J］．国外水产，1990，（4）：1－5.

[8] 林明男，丁雲源，羽生功．以精莢移植方法做出草蝦（*Penaeus monodon*）、紅尾蝦（*P. penicillatus*）雜交子代［J］．台灣省水產試驗所試驗報告，1988，45：83－101.

[9] 猪野峻．茨城県に於けるアワビ産卵期［J］．東海区水産研究所研究報告，1961，31：275－281.

[10] 大場俊雄．アワビ［M］//沖山宗雄．日本の海洋生物．東京：東海大学出版会，1985：43－48.

皱纹盘鲍与盘鲍杂交效果分析①

孙振兴[1]，常林瑞[1]，宋志乐[2]

（1. 烟台师范学院生命科学学院，烟台 264025；2. 烟台市芝罘区渔业技术推广站，烟台 264000）

摘要：从杂种优势的角度对皱纹盘鲍♀与盘鲍♂杂交子一代的经济性状进行了分析。结果表明，4 月龄杂交鲍子一代（F_1）的活体重比皱纹盘鲍增加 36.87%，软体部干重增加 33.21%，总干重增加 29.20%，其他性状也显著优于皱纹盘鲍。杂交鲍 F_1 的壳长、壳宽、活体重、软体部干重和总干重等主要性状的变异系数为 12.94% ~44.51%，其中软体部干重的变异系数最大，壳长的变异系数最小；且杂交鲍各性状的变异系数均大于皱纹盘鲍。杂交鲍子一代的变异有助于定向选择，提高杂交育种的效果。

关键词：皱纹盘鲍；盘鲍；杂交；杂种优势

杂交育种已在农业和畜牧业的育种实践中取得了丰硕的成果，并已成为水产业培育良种的重要途径之一。由于杂交能将种间遗传基础不同的基因自由组合，丰富遗传结构，并能迅速和显著地提高杂种的生活力，获得杂种优势，可以使人们选择优良的个体，进而培育出新品种。利用杂交子一代的优势，是提高生物经济性状的重要措施。自 20 世纪 90 年代以来，鲍的引种与种质改良极大地促进了我国鲍人工育苗和养殖业的发展，鲍的杂交研究也日益受到了人们的重视[1-5]。但从杂种优势的角度分析贝类杂交效果的报道仅见于双壳类[6-8]，笔者对皱纹盘鲍（*Haliotis discus hannai*）♀×盘鲍（*Haliotis discus*）♂的杂交子一代和皱纹盘鲍自交子代的经济性状进行了比较分析，旨在探讨鲍的种间杂交效果，为鲍的杂交育种提供依据。

1　材料与方法

1.1　试验材料

以皱纹盘鲍♀×盘鲍♂为杂交组，皱纹盘鲍♀×皱纹盘鲍♂为自交组。皱纹盘

---

① 本文原载《水产科学》，2005 年 8 月，第 24 卷第 8 期，1－3 页。

资助项目：山东省自然科学基金项目（Y2002D12）。

鲍的亲本取自山东北部沿海，盘鲍的亲本引自日本太平洋沿岸海域。2004 年 6 月采卵、人工授精，按常规方法[5]进行孵化、采苗，稚鲍和幼鲍在相同条件下投喂饲育。

1.2 生长指标测定和统计分析

幼鲍 4 月龄时，各组随机取样 90 ~ 100 只，编号并分别测量各自的壳长（L）、壳宽（D）、活体重（Wt），再剥离软体部，60℃烘箱烘至恒重，称量软体部干重（Wf）和贝壳干重（Ws）。计算各指标的参数值，进行统计学分析。

$$\text{体重指数 } T = \frac{Wt}{L \times D} \times 1000$$

$$\text{肥满度1} \quad C_1(\%) = \frac{Wf}{Ws} \times 100$$

$$\text{肥满度2} \quad C_2(\%) = \frac{Wf}{Ws + Wf} \times 100$$

$$\text{杂种优势率 } VR(\%) = \frac{F_1 - MP}{MP} \times 100$$

式中：F_1 为杂种一代组各性状的平均值；MP 为亲本自交组各性状的平均值。

2 结果与讨论

2.1 主要经济性状的变异状况

对杂交组和自交组幼鲍的壳长、壳宽、活体重、软体部干重、贝壳干重和总干重的统计结果见表 1。

由表 1 可见，杂交子一代各性状指标的平均值和变异系数均高于自交子代的对应值，而且从最大值和最小值看，变异幅度也呈现同样的倾向。变异系数可以反映样本的离散程度，其值越大、离散程度越大，反之离散程度越小。杂交组各性状的变异系数都高于自交组，说明在环境条件相同的情况下，异种交配所产生的性状分离大于同种交配。育种实践中，为了获得理想的品质，通常要对后代进行定向选择，变异程度越高，选择效应越强，杂交鲍这种较高程度的变异，更有利于定向选择。

表 1 皱纹盘鲍♀ × 盘鲍♂ 杂交 F_1 与皱纹盘鲍自交子代性状变异的比较

指标	分组	壳长（mm）	壳宽（mm）	活体重（g）	软体部干重（g）	贝壳干重（g）	总干重（g）
平均值	杂交	15.69	11.21	0.5082	0.0694	0.1474	0.2168
	自交	14.87	10.54	0.3713	0.0521	0.1157	0.1678

续表

指标	分组	壳长（mm）	壳宽（mm）	活体重（g）	软体部干重（g）	贝壳干重（g）	总干重（g）
标准差	杂交	2.03	1.49	0.1858	0.0309	0.0471	0.0774
	自交	1.42	0.95	0.1285	0.0137	0.0249	0.0374
最大值	杂交	21.10	15.90	0.9989	0.1706	0.2890	0.4441
	自交	20.86	14.28	0.7423	0.1134	0.2688	0.3822
最小值	杂交	11.48	8.08	0.2281	0.0244	0.0717	0.1029
	自交	10.26	8.24	0.1234	0.0293	0.0753	0.1046
极差	杂交	9.62	7.82	0.7708	0.1462	0.2173	0.3412
	自交	10.60	6.04	0.6189	0.0841	0.1935	0.2776
变异系数（%）	杂交	12.94	13.26	36.56	44.51	31.97	35.68
	自交	9.58	9.03	34.59	26.30	21.51	22.28

从表1中还可以看出，杂交组各经济性状的变异系数从大到小依次为软体部干重、活体重、总干重、贝壳干重、壳宽、壳长，说明鲍杂交子一代群体中软体部干重的离散程度最大，而壳长的离散程度最小；自交组的变异系数从大到小依次为活体重、软体部干重、总干重、贝壳干重、壳长、壳宽，其变化趋势与杂交组基本一致，即重量指标的变异程度大于长宽指标。这一结果提示，对鲍进行选择时不应忽视软体部干重、活体重等重量指标，生产中经常采用的壳长指标往往不能全面反映变异状况。

2.2 杂种优势

杂交鲍子一代的杂种优势率见表2。由表2可见，4月龄杂交鲍的活体重比自交鲍增加了36.87%，软体部干重增加了33.21%，总干重增加了29.20%，其他性状也都优于自交鲍。各性状指标的杂种优势率从大到小依次为活体重、软体部干重、总干重、贝壳干重、体重指数、壳宽、壳长，这与变异系数的变化规律呈正相关，即变异系数大的指标，其杂种优势率亦大。经t检验表明，这些指标在杂交组与自交组之间差异非常显著（$P<0.005$）和极显著（$P<0.001$），而两种肥满度指数则无差异。由此说明活体重、软体部干重、总干重等重量性状易于产生明显的杂种优势，宽度和长度性状次之，而肥满度则不表现杂种优势。这是因为肥满度属于无量纲指标，是两个量纲指标的比值，而两组绝对值相差很大的数，其比值可能非常接近，所以，肥满度指标不适于评价杂种优势。

从日本引进的盘鲍具有生长速度快、抗逆能力强等优点，而皱纹盘鲍对我国北方海域的自然环境有着特殊的适应能力，二者杂交可以优势互补。已有研究表明，皱纹盘鲍♀×盘鲍♂的受精率、孵化率和成活率均明显高于其反交组合的盘鲍♀×皱纹盘鲍♂[2]，所以本文只分析了生产上普遍采用的皱纹盘鲍♀×盘鲍♂杂交产生 F_1 的杂种优势率。

表 2　4 月龄杂交鲍 F_1 的杂种优势率

指标	杂交组均值 (n=90)	自交组均值 (n=97)	杂种优势率 (%)	t 检验	
				t 值	*P*
壳长（mm）	15.69±2.03	14.87±1.42	5.50	3.2018	<0.005
壳宽（mm）	11.21±1.49	10.54±0.95	6.36	3.6732	<0.001
活体重（g）	0.5082±0.1858	0.3713±0.1285	36.87	5.8631	<0.001
体重指数	2.78±0.38	2.37±0.74	17.30	4.6861	<0.001
软体部干重（g）	0.0694±0.0309	0.0521±0.0137	33.21	4.9821	<0.001
贝壳干重（g）	0.1474±0.0471	0.1157±0.0249	27.40	5.7798	<0.001
总干重（g）	0.2168±0.0774	0.1678±0.0374	29.20	5.5433	<0.001
肥满度 1	45.53±7.30	44.90±5.70	1.40	0.6567	NS
肥满度 2	31.11±3.54	30.88±2.73	0.74	0.4968	NS

注：NS 为无显著差异。

度量杂种优势是为了比较不同性状间的基因效应的大小，以评价进行优势育种的实用价值，并为选择提供依据[9]。而对杂交亲本群体进行系统地选择，是有效利用杂种优势的基本环节，也是决定杂种优势大小的关键。杂种只有从亲本获得优良的显性效应和上位效应大的基因，才能产生明显的杂种优势。但进行选择时不可能选择所有的性状，只能针对少数几个重要性状进行选择，本文结果为确定鲍适当的选择性状提供了理论依据。

2.3　提高杂交效果的策略

杂交不仅是利用杂种优势，还要通过定向选择进一步培育出新品系或新品种。在杂交育种实践中，仅仅通过二元经济杂交，很难育出各项性状优良的子代杂种。为了充分利用杂种优势，进而培育新品种，应实施两步走的策略。

第一步，对具有引进种优良性状的杂种 F_1 进行系统选择，定向培育使之成为性状突出的基础品系。

第二步，以杂种 F_1 为纽带，根据育种目标确定育成杂交的方式。如欲获得引进种特性占优势的杂种后代，应采取级进杂交，即用 F_1 与引进种回交；如欲获得当地种特性占优势的杂种后代，则应采取改良杂交，即用 F_1 与当地种回交。如果以级进杂种为母本、引进种为父本，一般级进杂交到 F_4 时，其所含引进种父本的遗传性可达93.75%，而当地种的遗传性只有6.25%[9]，可见级进杂交的后代性状逐渐趋于引进种；但采取改良杂交，后代性状中引进种的遗传性所占比重很少，只能对当地种进行较小程度的改良。

目前，我国北方在鲍的杂交过程中，由于引进种的成本高、数量少，许多鲍育苗厂家实际上是以改良杂交的模式进行杂交，这样，引进种的特性在杂种后代中并不占优势。而且，由于对杂种 F_1 缺乏严格系统的定向选择，容易使鲍的种质资源出现新的遗传混杂。因此，建议有关部门及育苗厂家应明确育种目标，统筹规划，健全鲍杂交繁育体系，在杂交的基础上进行系统地定向选择，从而提高杂交育种的效果。

参考文献

[1] 高绪生，王琦，王仁波，等. 鲍鱼［M］. 沈阳：辽宁科学技术出版社，2000：227－237.

[2] 燕敬平，孙慧玲，方建光，等. 日本盘鲍与皱纹盘鲍杂交育种技术研究［J］. 海洋水产研究，1999，20（1）：35－39.

[3] 王仁波，范家春. 红鲍人工育苗及其与皱纹盘鲍杂交试验的初步研究［J］. 大连水产学院学报，1999，14（3）：64－66.

[4] 柯才焕，田越，周时强，等. 杂色鲍与皱纹盘鲍、盘鲍杂交的初步研究［J］. 海洋科学，2000，24（11）：39－41.

[5] 孙振兴，宋志乐，郑志芳，等. 日本大鲍与皱纹盘鲍杂交的研究［J］. 齐鲁渔业，2001，18（3）：25－27.

[6] Bayne B L, Hedgecock D, McGoldrick D, et al. Feeding behaviour and metabolic efficiency contribute to growth heterosis in Pacific oysters *Crassostrea gigas* (Thunberg)［J］. Journal of experimental marine biology and ecology, 1999, 233 (1): 115－130.

[7] 常亚青，刘小林，相建海，等. 栉孔扇贝中国种群与日本种群杂交一代的早期生长发育［J］. 水产学报，2002，26（5）：385－390.

[8] 刘小林，常亚青，相建海，等. 栉孔扇贝不同种群杂交效果的初步研究［J］. 海洋学报，2003，25（1）：93－99.

[9] 楼允东. 鱼类育种学［M］. 北京：中国农业出版社，2001：40－105.

Effects of hybridization between *Haliotis discus hannai* and *Haliotis discus*

Sun Zhenxing[1], Chang Linrui[1], Song Zhile[2]

(1. *School of Life Sciences*, *Yantai Normal University*, *Yantai* 264025; 2. *Fisheries Technology Center of Zhifu*, *Yantai* 264000)

Abstract: F_1 hybrid abalones between *Haliotis discus hannai* ♀ × *Haliotis discus* ♂ indicated that F_1 hybrid had 36.87% more live weight, 33.21% more dry soft - body weight, and 29.20% more total dry weight than *Haliotis discus hannai* at four month age. There were variation coefficients of 12.94% ~ 44.51% in shell length, shell width, live weight, dry soft - body weight and total dry weight of F_1 hybrid, in which the variation coefficient of dry soft - body weight was the maximal, the variation coefficient of shell length was the minimal. The variations of F_1 hybrid redound to directional selection, and the F_1 hybrids have advance effect on crossbreeding.

Key words: *Haliotis discus hannai*; *Haliotis discus*; hybridization; heterosis

第三部分

染色体

三种海产帘蛤目贝类的核型研究①

孙振兴[1]，郭胜超[1]，邵雁群[1]，秦 燕[1]，杨爱国[2]

（1. 烟台师范学院生物科学与技术系，烟台 264025；2. 中国水产科学研究院黄海水产研究所，青岛 266071）

摘要：以大竹蛏、紫石房蛤和中国蛤蜊的鳃组织为材料，经注射植物血球凝集素和秋水仙素处理，低渗作用后，采用滴片法和压片法制片，对3种贝的核型进行了研究。结果表明，3种贝类的二倍体染色体数均为38条，大竹蛏的核型为26 m + 6 sm + 2 st + 4 t，NF = 70；紫石房蛤的核型为32 m + 2 sm + 4 st/t，NF = 72；中国蛤蜊的核型为20 m + 16 sm + 2 st/t，NF = 74。在3种贝类的染色体中均未发现随体及性染色体。

关键词：大竹蛏；紫石房蛤；中国蛤蜊；染色体；核型

帘蛤目（Veneroida）软体动物除淡水生活的蚬类外，其余均为海产，分布广泛，种类多，其中很多是有经济价值的养殖贝类[1]。大竹蛏（*Solen grandis* Dunker）、紫石房蛤（*Saxidomus purpuratus* Sowerby）和中国蛤蜊（*Mactra chinensis* Philippi）都是我国北方沿海重要的增养殖对象。关于其形态结构、养殖生物学特性等均有报道[1-3]。作为贝类细胞遗传学的基础，染色体研究是进行贝类杂交育种、多倍体育种不可缺少的。笔者利用成贝的鳃组织作为材料，活体注射植物血球凝集素（Phytohemagglutinin，PHA）和秋水仙素预处理后，经低渗、固定、滴片法和压片法制片，对大竹蛏、紫石房蛤和中国蛤蜊的染色体组型进行了分析研究，以期为贝类的遗传育种提供理论依据和实践指导。其中，大竹蛏和紫石房蛤的染色体数目及核型均为国内外首次报道。

1 材料与方法

1.1 材料

大竹蛏、紫石房蛤和中国蛤蜊成贝于2002年4—5月购自烟台农贸市场，活体

---

① 本文原载《海洋学报》，2004年1月，第26卷第1期，88-94页。

资助项目：国家科技攻关计划项目（2001BA505B0505）；山东省自然科学基金项目（Y2002D12）。

放入实验室水族箱内暂养，每种贝取 8 ~ 10 只供试验用。

1.2 染色体标本制备

染色体玻片标本的制备主要参照孙振兴[4]和王金星等[5]的方法，并做了适当改进。按贝体每克体重注射 8 μg 的剂量，向活贝体内注射 PHA；作用 16 ~ 24 h 后，再按每克体重 4 μg 注射秋水仙素，作用 4 ~ 6 h。剪取鳃丝，在室温下用 0.075 mol/L的 KCl 液低渗 1.5 ~ 2.0 h，然后用 Carnoy 液充分固定。制片时，将经过固定的鳃组织和几滴 50% 的醋酸液共置于表面皿内，用手术刀将其剁碎使细胞呈悬浊状。将细胞悬浊液置于载玻片上，滴加 2% 醋酸洋红染色 20 min 后压片，镜检；或滴片空气干燥后，用 20% 的 Giemsa 染色 20 min，水洗晾干后镜检。

1.3 核型分析

对每种贝类分别选取分散较好的 10 个细胞中期分裂相进行显微摄影，并测出其实际长度，计算出相对长度（100 × 染色体长度/单倍体染色体总长度）和臂比（长臂/短臂），再按 Levan 等[6]的标准确定染色体类型，得出核型公式，各类型均按染色体长度递减排列。

2 结果

2.1 3 种贝类的染色体数目

对 3 种贝类均分别计数了 100 个细胞中期分裂相，其中染色体众数为 38 的分裂相细胞都占全部计数细胞的 77% 以上（图 1），由此确定大竹蛏、紫石房蛤、中国蛤蜊的二倍体染色体数目均为 2n = 38。

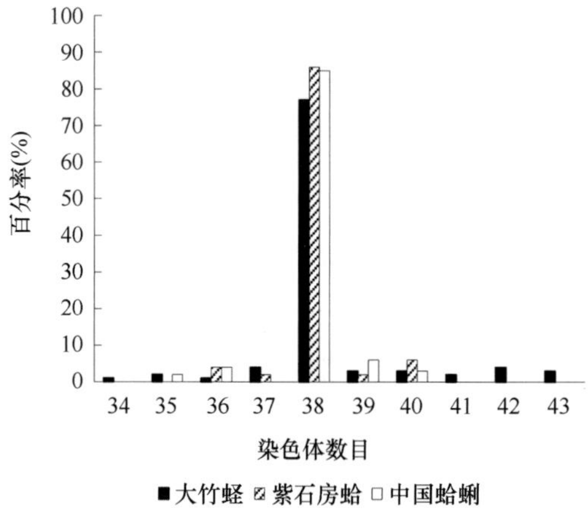

图 1 3 种贝类的二倍体染色体数目统计

2.2 3 种贝类的核型

根据对 3 种贝类的二倍体染色体长度、相对长度和臂比的统计结果，可以确定大竹蛏的 19 对染色体分为 4 种类型，即 13 对中部着丝粒染色体（m），3 对亚中部着丝粒染色体（sm），1 对亚端部着丝粒染色体（st）和 2 对端部着丝粒染色体（t），其核型公式为 2n = 26 m + 6 sm + 2 st + 4 t，染色体臂数 NF = 70（见表 1，图 2 - a，图 2 - d），染色体总长度为 169.16 μm，染色体实际长度范围为 3.05 ~ 6.35 μm，平均长度为 4.45 μm。在所有染色体中，第 1 对至第 4 对和第 17 对染色体较大，易于区别，其余各对染色体的长度依次减小，且相邻各对之间无明显差异。

表 1　大竹蛏染色体的测量数据（平均值 ± 标准差，*n* = 10）

序号	染色体长度（μm）	相对长度	臂比	类型	序号	染色体长度（μm）	相对长度	臂比	类型
1	6.35 ± 0.45	7.47 ± 0.04	1.14 ± 0.00	m	11	3.70 ± 0.41	4.34 ± 0.17	1.28 ± 0.14	m
2	6.01 ± 0.35	7.08 ± 0.12	1.27 ± 0.16	m	12	3.40 ± 0.49	3.99 ± 0.32	1.20 ± 0.03	m
3	5.67 ± 0.51	6.67 ± 0.33	1.26 ± 0.11	m	13	3.05 ± 0.69	3.57 ± 0.57	1.25 ± 0.11	m
4	5.31 ± 0.61	6.24 ± 0.33	1.23 ± 0.06	m	14	4.81 ± 0.38	5.69 ± 0.81	1.77 ± 0.23	sm
5	4.76 ± 0.37	5.60 ± 0.03	1.11 ± 0.08	m	15	4.39 ± 0.09	5.19 ± 0.38	1.78 ± 0.17	sm
6	4.60 ± 0.42	5.41 ± 0.10	1.15 ± 0.11	m	16	3.45 ± 0.34	4.06 ± 0.19	2.03 ± 0.32	sm
7	4.20 ± 0.43	5.18 ± 0.03	1.24 ± 0.12	m	17	5.91 ± 0.27	6.96 ± 0.33	3.48 ± 0.14	st
8	4.01 ± 0.35	4.94 ± 0.16	1.26 ± 0.12	m	18	3.88 ± 0.30	4.25 ± 0.51	—	t
9	4.01 ± 0.38	4.71 ± 0.10	1.27 ± 0.16	m	19	3.16 ± 0.36	3.72 ± 0.21	—	t
10	3.91 ± 0.39	4.59 ± 0.11	1.31 ± 0.13	m					

紫石房蛤的 19 对染色体分为 3 种类型，即 16 对中部着丝粒染色体，1 对亚中部着丝粒染色体和 2 对亚端部或端部着丝粒染色体，其核型公式为 2n = 32 m + 2 sm + 4 st/t，染色体臂数 NF = 72（见表 2，图 2 - b，图 2 - e），染色体总长度为 157.00 μm，染色体实际长度范围为 2.73 ~ 5.81 μm，平均长度为 4.13 μm。各相邻染色体对之间的差异也不明显。

表 2　紫石房蛤染色体的测量数据（平均值 ± 标准差，*n* = 10）

序号	染色体长度（μm）	相对长度	臂比	类型	序号	染色体长度（μm）	相对长度	臂比	类型
1	5.81 ± 0.82	7.31 ± 0.08	1.52 ± 0.61	m	11	3.93 ± 0.47	4.96 ± 0.14	1.18 ± 0.11	m
2	5.41 ± 0.80	6.81 ± 0.47	1.21 ± 0.07	m	12	3.85 ± 0.43	4.85 ± 0.16	1.28 ± 0.09	m
3	5.23 ± 0.79	6.55 ± 0.21	1.13 ± 0.05	m	13	3.77 ± 0.41	4.75 ± 0.19	1.50 ± 0.48	m
4	4.90 ± 1.04	6.12 ± 0.46	1.18 ± 0.13	m	14	3.66 ± 0.40	4.62 ± 0.23	1.49 ± 0.54	m
5	4.74 ± 0.85	5.75 ± 0.28	1.19 ± 0.03	m	15	3.55 ± 0.30	4.39 ± 0.34	1.18 ± 0.14	m
6	4.66 ± 0.83	5.63 ± 0.26	1.30 ± 0.18	m	16	3.32 ± 0.18	4.20 ± 0.39	1.19 ± 0.09	m
7	4.57 ± 0.85	5.72 ± 0.27	1.16 ± 0.09	m	17	2.73 ± 0.35	5.01 ± 0.35	2.83 ± 0.42	sm
8	4.31 ± 0.76	5.40 ± 0.20	1.28 ± 0.17	m	18	2.97 ± 0.38	3.69 ± 0.34	6.94 ± 0.07	st/t
9	4.13 ± 0.69	5.18 ± 0.18	1.19 ± 0.02	m	19	2.92 ± 0.34	3.43 ± 0.08	6.86 ± 0.01	st/t
10	4.04 ± 0.57	5.07 ± 0.10	1.10 ± 0.09	m					

中国蛤蜊的 19 对染色体分为 3 种类型，即 10 对中部着丝粒染色体，8 对亚中部着丝粒染色体和 1 对亚端部或端部着丝粒染色体，其核型公式为 2n = 20 m + 16 sm + 2 st/t，染色体臂数 NF = 74（见表 3，图 2 – c，图 2 – f），染色体总长度为 85.52 μm，染色体实际长度范围为 1.15 ~ 3.56 μm，平均长度为 2.25 μm。该种的染色体长度明显小于前 2 种。

在 3 种贝类的染色体中均未发现随体，也未见性染色体。

表 3　中国蛤蜊染色体的测量数据（平均值 ± 标准差，*n* = 10）

序号	染色体长度（μm）	相对长度	臂比	类型	序号	染色体长度（μm）	相对长度	臂比	类型
1	3.56 ± 0.03	8.18 ± 0.34	1.45 ± 0.44	m	11	2.86 ± 0.05	6.69 ± 0.36	1.90 ± 0.44	sm
2	3.13 ± 0.03	7.16 ± 0.15	1.65 ± 0.50	m	12	2.69 ± 0.03	6.16 ± 0.06	2.25 ± 0.18	sm
3	2.99 ± 0.03	6.86 ± 0.12	1.57 ± 0.14	m	13	2.45 ± 0.04	5.60 ± 0.07	1.87 ± 0.44	sm
4	2.87 ± 0.03	6.58 ± 0.14	1.58 ± 0.11	m	14	2.22 ± 0.05	5.04 ± 0.20	1.79 ± 0.57	sm
5	2.57 ± 0.04	5.86 ± 0.12	1.50 ± 0.86	m	15	1.91 ± 0.04	4.34 ± 0.15	1.81 ± 0.46	sm
6	2.22 ± 0.05	5.04 ± 0.19	1.24 ± 0.56	m	16	1.83 ± 0.04	4.16 ± 0.16	1.87 ± 0.59	sm
7	2.10 ± 0.05	4.76 ± 0.24	1.38 ± 0.22	m	17	1.58 ± 0.03	3.60 ± 0.07	1.71 ± 0.32	sm
8	1.97 ± 0.04	4.50 ± 0.13	1.44 ± 0.07	m	18	1.47 ± 0.02	3.36 ± 0.07	1.71 ± 0.08	sm
9	1.70 ± 0.03	3.86 ± 0.11	1.64 ± 0.21	m	19	1.15 ± 0.01	2.62 ± 0.19	6.20 ± 0.40	st/t
10	1.49 ± 0.02	3.40 ± 0.06	1.63 ± 0.10	m					

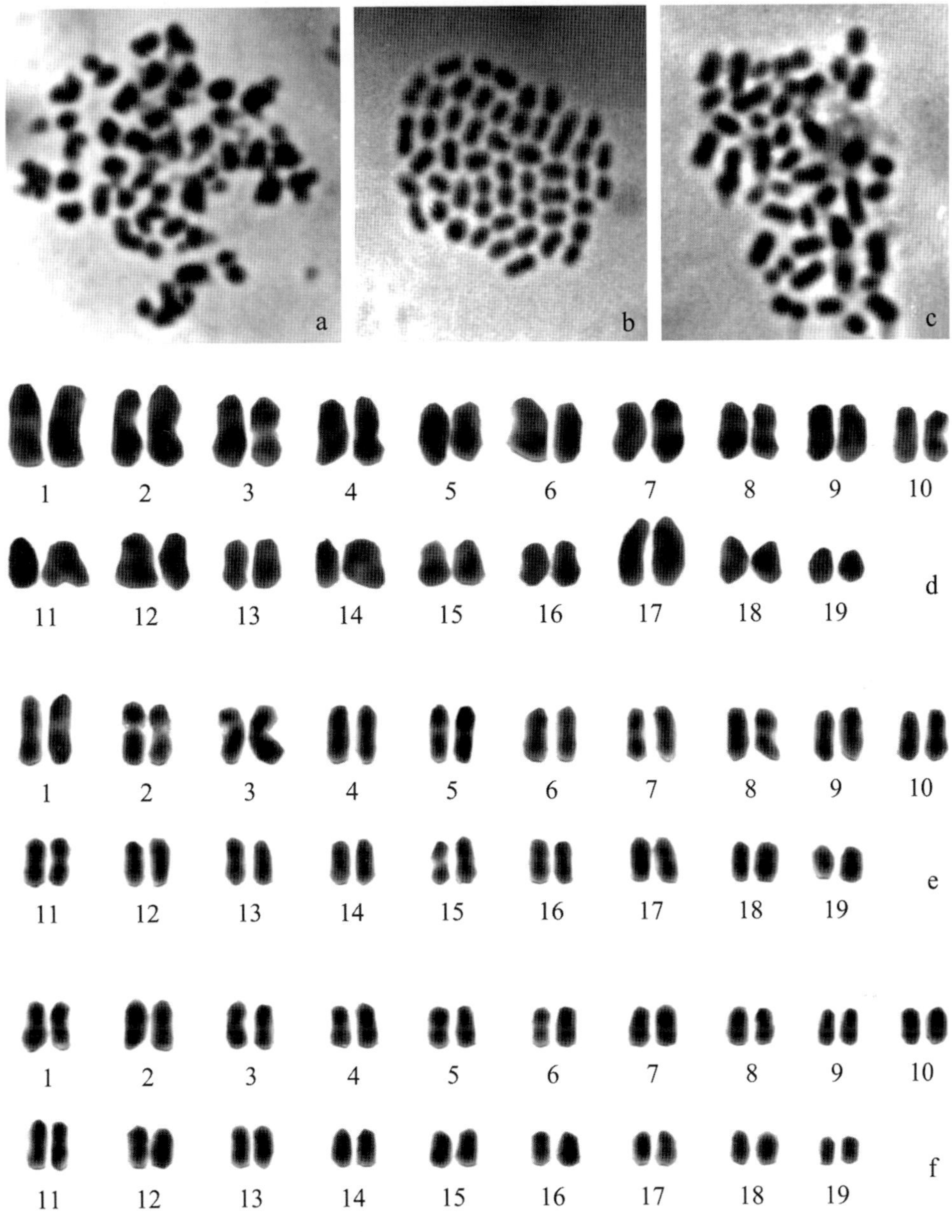

图 2　3 种贝类染色体的中期分裂相和核型

a. 大竹蛏鳃细胞的中期分裂相；b. 紫石房蛤鳃细胞的中期分裂相；c. 中国蛤蜊鳃细胞的中期分裂相；d. 大竹蛏的核型；e. 紫石房蛤的核型；f. 中国蛤蜊的核型

3　讨论

研究结果显示，3 种贝类的染色体数目完全相同，但核型上存在一定差异。如果以双臂（m，sm）和单臂（st，t）染色体为标准划分，三者均以双臂染色体居多。大竹蛏有 16 对双臂染色体，3 对单臂染色体；紫石房蛤有 17 对双臂染色体，2 对单臂染色体；中国蛤蜊有 18 对双臂染色体，1 对单臂染色体。显示出 3 种核型特征的相似性，也反映了双壳类染色体数目的保守性。据郑小东等[7]的综述，迄今为止，双壳类已有约 157 种动物报道了染色体数目及核型，其中有 66 种染色体数目为 2n =38，约占 42%，是双壳类最常见的染色体数目。

试验还对 3 种贝类的染色体相对长度做了比较，大竹蛏染色体相对长度最大为 7.47，最小为 3.72，两者比值为 2.01；紫石房蛤染色体相对长度最大为 7.31，最小为 3.43，两者比值为 2.13；中国蛤蜊染色体相对长度最大为 8.18，最小为 2.62，两者比值为 3.12。由此可以看出，大竹蛏、紫石房蛤的染色体长度变化范围较小，二者的核型特征差异小，都是较为对称的核型；而中国蛤蜊则是较不对称的核型。由此推测，很可能在中国蛤蜊的核型演化形成过程中，个别染色体发生过移位等结构重排。虽然移位可改变染色体的长度和臂比，但染色体的平均长度和臂比值是恒定的[8]。在文中平均相对长度和平均臂比值大竹蛏分别为 5.25 和 1.47，紫石房蛤分别为 5.23 和 1.93，中国蛤蜊分别为 5.15 和 1.90，显示了三者核型的类同特征。

虽然在染色体制片过程中，各种处理因素都可能引起染色体不同程度的收缩，所测得的染色体长度往往不能真实反映染色体的长度特征，但各染色体的臂比值和相对长度，则能较为真实地体现染色体的长度特征。试验在前处理条件（包括注射药物、低渗、固定）相同的情况下，采用了滴片法和压片法两种制片方法。从结果看，这两种方法对染色体长度并无明显影响。

迄今国内仅报道了竹蛏科长竹蛏和缢蛏两个种的核型，其二倍体染色体数目均为 38，长竹蛏的核型为 30 m + 6 sm + 2 t，NF = 74，缢蛏的核型为 26 m + 8 sm + 2 st + 2 t，NF = 72[5,9]。试验得出的大竹蛏染色体数目与上述报道相同，但核型略有差异。在竹蛏科的核型中，都有 1 ~ 2 对端部着丝粒染色体（t）。在动物的进化过程中，小的端部着丝粒染色体是原始类型，而较大的中部着丝粒染色体是衍生类型[10]。由此可见，竹蛏科在进化过程中，核型中仍保留了一小部分原始类型染色体，这与该科形态特征中的某些特点似乎相吻合。

帘蛤科的染色体数目有 2n = 28，30，38 三种类型[7,11,12]，其中最多的仍为 2n = 38（表 4）。王金星等[13]认为，双壳类原始二倍体类型可能是 2n = 28，在核型演化中，二倍体数目向两个方向演化，或者增加其染色体数目，或者减少其染色体数目。与该科其他已报道种类相比较，紫石房蛤与菲律宾蛤仔的染色体数目（2n = 38）相同，但与日本镜蛤（2n = 30）不同。从染色体的臂数看，菲律宾蛤仔的核型全部由双臂染色体构成，NF = 76，紫石房蛤为 17 对双臂染色体，2 对单臂染色体，NF = 72，而日本镜蛤为 11 对双臂染色体，4 对单臂染色体，NF = 52。有趣的是，紫石房蛤在形态上与菲律宾蛤仔更为接近，而与日本镜蛤相差较大。

结合核型分析结果看，可能暗示石房蛤属在演化过程中与蛤仔属的亲缘关系较近，而与镜蛤属较远。

表4　帘蛤目部分种的染色体数目、核型及臂数

种名	二倍体染色体数	核型	臂数/NF
竹蛏科 Solenidae			
长竹蛏 *Solen strictus*	38	30 m+6 sm+2 t	74
大竹蛏 *Solen grandis*	38	26 m+6 sm+2 st+4 t	70
缢蛏 *Sinonovacula constricta*	38	26 m+8 sm+2 st+2 t	72
帘蛤科 Veneridae			
菲律宾蛤仔 *Ruditapes philippinarum*	38	28 m+10 sm（18 m+20 sm）	76
紫石房蛤 *Saxidomus purpuratus*	38	32 m+2 sm+4 st/t	72
日本镜蛤 *Phacosoma japonica*	30	10 m+12 sm+8 st/t	52
蛤蜊科 Mactridae			
中国蛤蜊 *Mactra chinensis*	38	20 m+16 sm+2 st/t（18 sm+20 st）	74（56）
四角蛤蜊 *Mactra veneriformis*	38	14 m+14 sm+10 st/t	66

Wada等[14]曾报道了栖息于日本沿海的中国蛤蜊染色体数为2n=38，核型为18 sm+20 st，NF=56；阙华勇等[11]报道了四角蛤蜊的染色体数为2n=38，核型为14 m+14 sm+10 st/t，NF=66。试验中对中国蛤蜊染色体数目的研究与上述报道相同，但核型不同。同一种类染色体数目相同而核型不一致的现象，在有关毛蚶、贻贝等[15-17]贝类的核型研究中也有报道，产生这种差异的原因可能是各研究者制片时的处理条件不同，或是因地域差异造成的同种异体之间的染色体核型多态现象[18]。

致谢　烟台师范学院生物科学与技术系张萍副教授、王仲礼副教授为试验提供显微摄影装置及热心帮助，在此表示衷心的感谢！

参考文献

[1]　齐钟彦，马绣同，王祯瑞，等．黄渤海的软体动物［M］．北京：农业出版社，1989：180-222.

[2]　魏利平，王宝钢，唐芳．紫石房蛤立体采苗及中间育成技术的研究［C］//贝类学论文集（第5至第6辑）．青岛：青岛海洋大学出版社，1995：127-131.

[3]　王子臣，刘吉明，朱岸，等．鸭绿江口中国蛤蜊生物学初步研究［J］．水产学报，1984，

8 (1): 33 - 44.

[4] 孙振兴. 一种观察贝类染色体的制片法 [J]. 动物学杂志, 1991, 26 (4): 34 - 35.

[5] 王金星, 赵小凡, 周岭华, 等. 三种贝类的核型分析 [J]. 海洋学报, 1998, 20 (2): 102 - 107.

[6] Levan A, Fredga K, Sandberg A A. Nomenclature for centromeric position on chromosomes [J]. Hereditas, 1964, 52 (2): 201 - 220.

[7] 郑小东, 王昭萍, 王如才, 等. 双壳类动物染色体研究现状及进展 [J]. 黄渤海海洋, 2000, 18 (3): 101 - 108.

[8] 余先觉, 周 暾, 李渝成, 等. 中国淡水鱼类染色体 [M]. 北京: 科学出版社, 1989: 1 - 29.

[9] 王金星, 赵小凡, 周岭华, 等. 缢蛏的染色体研究 [J]. 海洋与湖沼, 1998, 29 (2): 191 - 196.

[10] 小島吉雄. 魚類细胞遺传学 [M]. 東京: 水交社, 1983: 24 - 64.

[11] 阙华勇, 齐秋贞, 邱文仁. 帘蛤目 (瓣鳃纲) 四个种类的核型研究 [C] //贝类学论文集 (第8辑). 北京: 学苑出版社, 1999: 75 - 85.

[12] Borsa P, Thiriot - Quiévreux C. Karyogical and allozymic characterization of *Ruditapes philippinarum*, *R. aureus* and *R. decussatus* (Rivalvia, Veneridae) [J]. Aquaculture, 1990, 90 (3): 209 - 227.

[13] 王金星, 赵小凡, 周岭华, 等. 中国海洋贝类细胞遗传学研究 [C] //相建海, 主编. 海洋动物细胞和种群生化遗传学. 济南: 山东科学技术出版社, 1999: 44 - 56.

[14] Wada K T, Komaru A. Karyotype of the Chinese Macrea clam, *Mactra Chinensis* (Bivalvia: Mactridae) [J]. Venus, 1993, 52 (1): 63 - 68.

[15] 郑家声, 王梅林, 郭丹红, 等. 三种蛤染色体组型的比较研究 [J]. 海洋学报, 1996, 18 (3): 78 - 85.

[16] Ahmed M, Sparks A K. Chromosome number, structure and autosomal polymorphism in the marine mussel *Mytilus edulis* and *Mytilus californianus* [J]. The Biology Bulletin, 1970, 138 (1): 1 - 13.

[17] Moynihan E P, Mahon G A T. Quantitative karyotype analysis in the mussel *Mytilus edulis* L [J]. Aquaculture, 1983, 33 (1): 301 - 309.

[18] 王琼, 童裳亮. 贻贝 (*Mytilus edulis*) 核型及染色体带型分析 [J]. 动物学报, 1994, 40 (3): 309 - 316.

Karyotypes of three species of the marine Veneroida molluscs

Sun Zhenxing[1], Guo Shengchao[1], Shao Yanqun[1], Qin Yan[1], Yang Aiguo[2]

(1. *Department of Biological Science and Biotechnology, Yantai Normal University, Yantai* 264025; 2. *Yellow Sea Fisheries Research Institute, Chinese Academy of Fishery Sciences, Qingdao* 266071)

Abstract: The karyotypes of three species of marine Veneroida molluscs, *Solen grandis* Dunker, *Saxidomus purpuratus* Sowerby and *Mactra chinensis* Philippi were studied by using the adult gill tissues. The chromosomes were prepared through injection of phytohemagglutinin (PHA) and colchicine, hypotonic treatment, chopping air - dry, and squashing technique. The results show that the diploid chromosome numbers of the three Veneroida species are the same as 2n = 38. The karyotype of *Solen grandis* is 26 m + 6 sm + 2 st + 4 t, NF = 70, of *Saxidomus purpuratus* is 32 m + 2 sm + 4 st/t, NF = 72, of *Mactra chinensis* is 20 m + 16 sm + 2 st/t, NF = 74. Satellite and sex chromosome were not found among the chromosomes of three species.

Key words: *Solen grandis* Dunker; *Saxidomus purpuratus* Sowerby; *Mactra chinensis* Philippi; chromosome; karyotype

中国海洋贝类染色体研究进展[①]

孙振兴

（烟台师范学院生命科学学院，烟台 264025）

摘要：概括总结了我国已报道的40种海洋贝类的染色体组型研究结果，腹足纲的染色体数目有2n＝30，34，36和60；双壳纲的染色体数目有2n＝20，22，28，32，34和38等几种类型。分析了贝类染色体制备的特点，预先向活贝体内注射PHA，可有效地增加中期分裂相。产生核型差异的原因可能是制片时的处理条件不同或因染色体结构重排以及地域差异造成的同种异体之间的核型多态。双壳纲和绝大多数腹足纲贝类都没有性染色体，而非整倍体是染色体畸变的结果。最后介绍了显带技术和荧光原位杂交技术在贝类染色体研究中的应用现状，认为FISH技术将为贝类染色体的鉴定提供有效的方法。

关键词：贝类；染色体；核型；带型；荧光原位杂交

染色体研究包括核型分析和带型分析，核型分析不仅有助于阐明物种的亲缘关系、系统分类、群体遗传结构等，而且也是育种学的基础；带型分析可以明确鉴别一个核型中的任何一条染色体或某个易位片段，有助于探讨物种的核型进化关系及可能的进化机制，带型分析与荧光原位杂交（fluorescence in situ hybridization，FISH）技术结合还可用于染色体基因定位，提高基因定位的准确性。近年发展起来的染色体显带微切割技术，已成为细胞遗传学与分子遗传学之间的重要联系纽带。

世界上现存软体动物11万余种，已知染色体数目的仅有800余种[1]。我国已知的软体动物约4 000余种，其中相当一部分是海洋贝类，但有染色体研究报道的海洋贝类仅有几十种。随着近年来海洋贝类育种的发展，作为其细胞遗传学基础的染色体研究也日益受到人们的重视。笔者根据已有文献报道，对我国海洋贝类染色体的研究状况加以概述，以期为今后的深入研究提供参考。

1 贝类染色体的制备

20世纪50年代以前，受研究方法的局限，加上贝类染色体比植物和昆虫的

---

① 本文原载《海洋通报》，2004年12月，第23卷第6期，77－83页。

资助项目：山东省自然科学基金项目（Y2002D12）。

染色体小，有关贝类染色体的研究一直进展缓慢，大多是有关染色体数目的研究报道。50 年代之后，随着人类染色体技术的应用，促进了贝类染色体的研究。近年来，试验材料和制片方法得到不断改进，使染色体制片获得了比较令人满意的效果。

制备贝类染色体的材料，大多采用繁殖期的精巢[2-6]、卵裂或囊胚阶段的早期胚胎[7-12]、孵化的担轮幼虫[13,14]及成贝的鳃组织[15-26]，此外，也可利用成贝的外套膜、触手等[27,28]，这些细胞具有分裂旺盛、容易观察到分裂相的优点，其中尤以早期胚胎和担轮幼虫的分裂相更为理想。因此，在贝类多倍体育种时，往往采用胚胎和担轮幼虫制备染色体的方法，确定早期的倍性。但利用生殖腺、胚胎、幼虫制备染色体，都要受到繁殖季节的制约；利用鳃或外套膜等组织则无季节限制，但分裂相则相对较少。

制片方法采用秋水仙素活体预处理、低渗、滴片、空气干燥、染色，或染色、压片法，均可观察到清晰的分裂相。采用恒温电热干燥法，滴片时染色体易分散，便于观察[29]。植物血球凝集素（phytohemagglutinin，PHA）是从红菜豆等豆类植物中提取的一种糖蛋白，具有刺激细胞有丝分裂的作用，是脊椎动物常用的一种有丝分裂原。用贝类鳃组织等制备染色体时，预先用 PHA 注射或浸泡活体，可有效地增加细胞的分裂相[20-22,24,25,28]。

2 贝类染色体组型

2.1 染色体数目

我国学者已研究过染色体的海洋贝类集中在腹足纲和双壳纲，据统计，迄今共报道了 14 科 26 属 40 种，其中有核型报道的 36 种（表 1）。在这些贝类中，染色体数目最少的是牡蛎科，2n = 20；最多的是香螺，2n = 60。从染色体数目可以看出，同一个科的种类，染色体数目相同的居多，如玉螺科、蚶科、贻贝科、珍珠贝科、牡蛎科、蛤蜊科和竹蛏科等。这在一定程度上反映了近缘种之间染色体特征的相似性，也说明贝类演化过程中染色体数目变化的保守性。

但在蛾螺科、扇贝科和帘蛤科，不同属或种之间的染色体数目存在着较大差异。如蛾螺科的水泡蛾螺 2n = 30，香螺 2n = 60，这可能是香螺的染色体多倍化，在祖先核 n = 30 的基础上加倍而形成的。某些贝类染色体数目的变化，可能是罗伯逊易位（Robertsonian translocation）引起的，如珍珠贝科的长耳珠母贝 2n = 22，黑珠母贝和射肋珠母贝 2n = 28，但三者的 NF 均为 32，可能是 2n = 28 的祖先核在染色体演化过程中存在着罗伯逊易位，即 12 对单臂染色体通过着丝粒融合形成了 6 对双臂染色体，这恰好是长耳珠母贝的染色体数目[30]。

2.2 核型多态现象

在一些贝类的近缘种之间，普遍存在染色体数目相同但核型不同的现象，这可能与染色体演化过程中的结构重排有关，如玉螺科均为2n=34，但染色体臂数为64或66，可能有一对染色体结构重排[30]。同一种贝类的核型差异可能有以下几方面的原因：① 各研究者采用的试验方法不同。如秋水仙素浓度，低渗液的种类、浓度及处理时间等，均可对染色体的形态和长度产生影响[29]。Komaru 等发现，以同一种贝类的不同组织为材料，即使同样方法制片后的染色体长度也有变化[31]；② 由于着丝粒融合或断裂、结构重排等引起的同种异体核型多态现象；③ 由于地域差异形成的不同地理种群之间的核型多态现象[8]。

沈亦平等在近江牡蛎染色体中还观察到一些核型多态现象：一是个别分裂相中出现一条亚端部着丝粒染色体；二是个别分裂相的一对染色体上出现随体[32]。这与食用牡蛎的某些中部着丝粒染色体变成端部着丝粒染色体的现象相类似，可能是牡蛎核型分化的迹象[33]。

表1 若干种海洋贝类的染色体组型

分类地位及种名	2n	核型	NF	试验材料	研究者及年份
腹足纲 Gastropoda					
原始腹足目 Archaeogastropoda					
鲍科 Haliotidae					
皱纹盘鲍 *Haliotis discus hannai*	36	22 m + 14 sm	72	鳃	王桂云等，1988 [15]
马蹄螺科 Trochidae					
锈凹螺 *Chlorostoma rusticum*	36	24 m + 12 sm	72	精巢	马庆惠等，1988 [2]
中腹足目 Mesogastropoda					
玉螺科 Naticidae					
紫口玉螺 *Natica janthostoma*	34	18 m + 14 sm + 2 st	66	精巢	王桂云，1995 [3]
拟紫口玉螺 *Natica janthostomaides*	34	20 m + 10 sm + 2 st + 2 t	64	精巢	王桂云，1995 [3]
扁玉螺 *Neverite didyma*	34	16 m + 16 sm + 2 st	66	精巢	王桂云，1995 [3]
微黄镰玉螺 *Lunatia gilva*	34	20 m + 12 sm + 2 st	66	精巢	王桂云，1995 [3]
新腹足目 Neogastropoda					
蛾螺科 Buccinidae					
水泡蛾螺 *Buccinum pemphigum*	30	16 m + 10 sm + 4 st	56	精巢	王先志等，1990 [4]
褶纺锤螺 *Plicifusus scissuratus*	34	20 m + 10 sm + 4 st	64	精巢	王先志等，1990 [4]
香螺 *Neptunea cumingi*	60	30 m + 22 sm + 8 st	112	精巢	王先志等，1990 [4]

续表

分类地位及种名	2n	核型	NF	试验材料	研究者及年份
双壳纲 Bivalvia					
蚶目 Arcoida					
蚶科 Arcidae					
泥蚶 *Tegillarca granosa*	38	28 m + 10 sm	76	鳃	郑家声等，1996 [16]
毛蚶 *Scapharca subcrenata*	38	14 m + 22 sm + 2 st	74	鳃	郑家声等，1996 [16]
	38	18 m + 16 sm + 2 st + 2 t	72		王金星等，1998a [22]
魁蚶 *Scapharca bronghtonii*	38	12 m + 20 sm + 6 st	70	鳃	郑家声等，1996 [16]
贻贝目 Mytiloida					
贻贝科 Mytilidae					
厚壳贻贝 *Mytilus coruscus*	28	12 m + 10 sm + 6 st	50	卵裂胚胎	卞小庄，1984 [7]
贻贝 *Mytilus edulis*	28	12 m + 10 sm + 6 st	50	卵裂胚胎	王琼等，1994 [8]
	28	10 m + 12 sm + 6 st	50	鳃、精巢	王金星等，1996 [17]
珍珠贝目 Pterioidae					
珍珠贝科 Pteriidae					
合浦珠母贝 *Pinctada martensii*	28	14 m + 6 sm + 6 st + 2 t	48	卵裂胚胎	姜卫国等，1986 [9]
大珠母贝 *Pinctada maxima*	28	16 m + 4 sm + 6 st + 2 t	48	卵裂胚胎	姜卫国等，1986 [9]
珠母贝 *Pinctada marguritifera*	28	14 m + 6 sm + 8 st	48	卵裂胚胎	姜卫国等，1986 [9]
长耳珠母贝 *Pinctada chemnitzi*	22	8 m + 2 sm + 2 st + 10 t	32	卵裂胚胎	姜卫国等，1986 [9]
黑珠母贝 *Pinctada nigra*	28	4 m + 4 st + 20 t	32	卵裂胚胎	姜卫国等，1986 [9]
射肋珠母贝 *Pinctada radiata*	28	4 m + 4 st + 20 t	32	卵裂胚胎	姜卫国等，1986 [9]
扇贝科 Pectinidae					
栉孔扇贝 *Chlamys farreri*	38	6 m + 10 sm + 22st	54	鳃	王梅林等，1990 [18]
华贵栉孔扇贝 *Chlamys nobilis*	32			鳃、胚胎 担轮幼虫	曾志南等，1995 [19]
虾夷扇贝 *Patinopeten yessoensis*	38			精巢	相建海等，1991 [5]
海湾扇贝 *Argopecten irradians*	32			生殖腺	相建海等，1991 [5]
牡蛎科 Ostreidae					
僧帽牡蛎 *Ostrea cucullata*	20	12 m + 8 sm	40	精巢	林加涵，1986 [6]
	20	18 m + 2 sm	40	鳃	陈木等，1995 [20]
大连湾牡蛎 *Ostrea talienwhanensis*	20			卵裂胚胎	董宝华等，1992 [10]
太平洋牡蛎 *Crassostrea gigas*	20	20 m	40	担轮幼虫	许伟定等，1992 [13]
近江牡蛎 *Crassostrea rivularis*	20	20 m	40	担轮幼虫	余建贤等，1993 [14]

续表

分类地位及种名	2n	核型	NF	试验材料	研究者及年份
帘蛤目 Veneroida					
帘蛤科 Veneridae					
文蛤 *Meretrix meretrix*	38	18 m+20 sm	76	卵裂胚胎	常建波等，1996 [11]
	38	18 m+14 sm+6 t	70	鳃	吴萍等，2002 [21]
菲律宾蛤仔 *Ruditapes philippinarum*	38	28 m+10 sm	76	鳃	王金星等，1998 [22]
日本镜蛤 *Phacosoma japonica*	30	10 m+12 sm+8 st/t	52	鳃	阙华勇等，1999 [23]
紫石房蛤 *Saxidomus purpuratus*	38	32 m+2 sm+4 st/t	72	鳃	孙振兴等，2003 [24]
蛤蜊科 Mactridae					
四角蛤蜊 *Mactra veneriformis*	38	14 m+14 sm+10 st/t	66	鳃	阙华勇等，1999 [23]
中国蛤蜊 *Mactra chinensis*	38	20 m+16 sm+2 st/t	74	鳃	孙振兴等，2003 [24]
西施舌 *Coelomactra antiquata*	38	14 m+16 sm+8 st	68	囊胚胚胎	饶小珍等，2003 [12]
紫云蛤科 Psammobiidae					
中国紫蛤 *Hiatula chinensis*	30	6 m+16 sm+8 st/t	52	鳃	阙华勇等，1999 [23]
竹蛏科 Solenidae					
缢蛏 *Sinonovacula constricta*	38	26 m+8 sm+2 st+2 t	72	鳃	王金星等，1998 [25]
长竹蛏 *Solen strictus*	38	30 m+6 sm+2 t	74	鳃	王金星等，1998 [22]
大竹蛏 *Solen grandis*	38	26 m+6 sm+2 st+4 t	70	鳃	孙振兴等，2003 [24]
海螂目 Myoida					
海螂科 Myidae					
砂海螂 *Mya arenaria*	34	24 m+10 sm	68	鳃	郑家声等，2001 [26]

2.3 关于性染色体和非整倍体

迄今为止，国内已报道过的贝类染色体中均未发现异形的性染色体。国外报道仅在腹足类中发现有 XO 型或 XY 型性染色体[34]，这似乎与腹足纲贝类一般具有第二性征（交接器官）、而双壳纲贝类无第二性征的形态学特点相吻合。由此可见，贝类染色体属于较原始的类型，即使存在性染色体分化的种类，其性染色体与常染色体之间的差异也很细微，需借助高分辨率显带方法观察；没有性染色体分化的种类，其性别决定机制很可能不在染色体水平上，而是发生在基因水平上。

非整倍体是染色体畸变的结果。一般认为，人类染色体的非整倍体是由于着丝粒结构或功能改变、NOR 活性异常增强等，使染色体异常或非均等分离而造成的，它是人类染色体疾病、胎儿畸形、新生儿智力低下等的主要原因[35]。但贝类非整倍体的形成机制及其对个体生长发育的影响，与高等动物有很大不同。Thiriot - Quievreux 等在太平洋牡蛎（*Crassostrea gigas*）正常二倍体的养殖群体中发现，生长缓慢的个体中有一定比例的非整倍体，认为海域水质污染是造成染色体畸变、产生非整倍体的原因[36]。Guo 等在人工诱导太平洋牡蛎多倍体时观察到，由于受精卵的第一极体被抑制后改变了染色体的正常分离方式，而形成大量的非整倍体，其中 7 种类型的非整倍体可以存活，并且这些非整倍体未表现出明显的生长缺陷[37]。

3 贝类染色体带型

染色体显带技术已在脊椎动物中得到广泛应用，但国内外有关贝类带型的报道仍较少，国内仅报道了贻贝的 G 带、C 带、Ag - NOR 带[8]，缢蛏的 C 带、Ag - NOR 带[25]以及太平洋牡蛎的 G 带和 Ag - NOR 带[38]。

用胰酶法显示 G 带，在贻贝和太平洋牡蛎中都获得了清晰、稳定的带纹[8,38]，说明脊椎动物的 G 带显带法也适用于软体动物。

C 带主要显示着丝粒结构异染色质和其他染色体区段的异染色质部分。脊椎动物染色体的 C 带通常是异染色质位于着丝粒区域（着丝粒带），但贝类的 C 带与脊椎动物不同。国内学者的观察显示，贻贝的 C 带位于第 3 对和第 5 对染色体长臂的末端[8]；缢蛏共有 7 对染色体具有异染色质，而且异染色质均位于染色体臂的末端（端带），个别分裂相的异染色质位于染色体臂中间（居间带），未发现着丝粒带[25]。Martinez 等对 3 种贻贝 C 带的观察结果也表明，3 种贝类都只有少量异染色质，表现为端带和居间带，着丝粒带非常少见[39]。

Ag - NOR 带的重要特征是数目和形态的多态性，通过银染法观察到的核仁组织区（NORs）是具有转录活性的核糖体 RNA 基因（rDNA）簇，它通常分布在不同的染色体上。研究显示，贻贝的染色体上有 4 个 NORs[8]，缢蛏的 2 个 NORs 位于一对中部着丝粒染色体上[25]，而太平洋牡蛎的染色体上有 2 个 NORs[38]。NORs 的数目、位置和大小不仅是染色体的一个重要形态标志，而且可以作为育种的遗传标记。

贝类染色体显带技术较之哺乳类和鱼类还相当薄弱，今后有必要进一步开展这方面的研究。利用细胞培养和人工同步化技术可获得大量处于细胞周期同一时相的细胞群体，随着贝类组织和细胞培养技术的日益完善，将有助于进行贝类染色体高分辨率显带的研究。

4 FISH 技术在贝类染色体研究中的应用

荧光原位杂交（FISH）技术是一种灵敏、快速和准确有效的遗传学技术，它通过将 DNA 序列直接杂交到染色体上并显示 DNA 片段在染色体上的位置，可以为贝类染色体的鉴定提供有效的方法。尽管FISH技术在人类和哺乳类染色体的原位杂交显带、基因定位等研究中已得到了广泛的应用，但在海洋贝类中的应用还很少，这主要由于适合FISH分析的高质量贝类染色体制片难度较大和缺乏探针。

Clabby等[40]利用FISH技术在太平洋牡蛎中定位了一种高度重复序列卫星DNA，该序列每一重复单位含有170 bp，因此被命名为*Cg* 170，但作者并未指明定位的特异染色体。后来，王永平等[41]将该卫星序列重新定位在高质量的染色体上，发现该卫星序列分布在太平洋牡蛎染色体的着丝粒处，而在美洲牡蛎（*Crassostrea virginica*）的染色体上未检测到荧光信号，认为该卫星序列是一着丝粒序列，在贝类中*Cg* 170可能是第一个定位到牡蛎着丝粒区域的卫星序列。

利用FISH技术研究核糖体rDNA的定位，具有很高的灵敏度。银染法只能检测具有转录活性的核仁组织区（NORs），而FISH对有无转录活性的NORs位点都能检测到，还能检测到一些只含几个拷贝数的rDNA位点，而这些小位点是银染法无法检测的。用FISH技术，已将核糖体rDNA定位到太平洋牡蛎的第10对染色体和美洲牡蛎的第2对染色体上[42]。

虽然目前FISH技术在贝类中的应用还不多，但随着高质量染色体制备、探针制备等技术的发展，将会为贝类染色体的鉴定提供有效的方法。

参考文献

[1] Nakamura H K. A review of molluscan cytogenetic information based on the CISMOCH—computerized index system for molluscan chromosomes. Bivalvia, Polyplacophora and Cephalopoda [J]. Venus, 1985, 44 (3): 193-225.

[2] 马庆惠，王先志，王桂云．锈凹螺染色体制备及核型研究［J］．海洋科学，1988，(3)：62-63.

[3] 王桂云．玉螺科四种螺类核型的观察［C］//贝类学论文集（第5-6辑）．青岛：青岛海洋大学出版社，1995：77-80.

[4] 王先志，王桂云，马庆惠，等．蛾螺科三种螺的核型观察［J］．动物学研究，1990，11 (3)：259-262.

[5] 相建海，陈俅．海湾扇贝、栉孔扇贝和虾夷扇贝杂交育种可行性研究［C］//中国科学院海洋研究所实验海洋生物学开放研究实验室研究年报．青岛：青岛海洋大学出版社，1991：137-139.

[6] 林加涵．僧帽牡蛎染色体组型研究［J］．福建水产，1986 (1)：16-19.

[7] 卞小庄．厚壳贻贝的染色体组型［J］．动物学研究，1984，5 (3) 增刊：57-60.

[8] 王琼，童裳亮．贻贝核型及染色体带型分析［J］．动物学报，1994，40 (3)：309-316.

[9] 姜卫国，魏贻尧．珍珠贝科珠母贝属六种珠母贝染色体组型的研究［C］//贝类学论文集（第2辑）．北京：科学出版社，1986：58-64.

[10] 董宝华，党志超，林泰禧．大连湾牡蛎的染色体数目［J］．青岛海洋大学学报，1992，22（3）：54－56.

[11] 常建波，魏利平，杨建敏，等．文蛤染色体核型及三倍体诱导的初步研究［J］．水产学报，1996，20（3）：269－274.

[12] 饶小珍，许友勤，陈寅山，等．西施舌的核型分析［J］．动物学杂志，2003，38（2）：2－5.

[13] 许伟定，胡庆明，隋锡林，等．太平洋牡蛎染色体核型的研究［J］．水产科学，1992，11（2）：14－15.

[14] 余建贤，熊志尧，童旺东，等．近江牡蛎的染色体组型［J］．湛江水产学院学报，1993，13（1）：27－29.

[15] 王桂云，马庆惠，王先志．皱纹盘鲍的染色体研究［J］．动物学研究，1988，9（2）：171－174.

[16] 郑家声，王梅林，郭丹红，等．三种蚶染色体组型的比较研究［J］．海洋学报，1996，18（3）：78－85.

[17] 王金星，赵小凡，周岭华，等．贻贝的核型与减数分裂［J］．海洋科学，1996（2）：44－47.

[18] 王梅林，郑家声，余海．栉孔扇贝染色体核型［J］．青岛海洋大学学报，1990，20（1）：81－85.

[19] 曾志南，陈木，林琪，等．僧帽牡蛎和华贵栉孔扇贝染色体的制作［J］．福建水产，1995（3）：1－4.

[20] 陈木，林琪，曾志南．僧帽牡蛎染色体核型［J］．福建水产，1995（1）：1－4.

[21] 吴萍，董建萍，倪建国，等．文蛤染色体的研究［J］．上海水产大学学报，2002，11（2）：106－109.

[22] 王金星，赵小凡，周岭华，等．三种贝类的核型分析［J］．海洋学报，1998，20（2）：102－107.

[23] 阙华勇，齐秋贞，邱文仁．帘蛤目（瓣鳃纲）四个种类的核型研究［C］//贝类学论文集（第8辑）．北京：学苑出版社，1999：75－85.

[24] Sun Z，Shao Y，Guo S，et al. Karyotypes of three species of the marine Veneroida mollusks［J］. ACTA Oceanologica Sinica，2003，22（4）：671－678.

[25] 王金星，赵小凡，周岭华，等．缢蛏的染色体研究［J］．海洋与湖沼，1998，29（2）：191－196.

[26] 郑家声，郑大海，王梅林．砂海螂核型［J］．青岛海洋大学学报，2001，31（5）：735－738.

[27] 沈亦平，王孝举，马文涛，等．合浦珠母贝成贝外套膜染色体制备技术［J］．武汉大学学报（自然科学版），1993（5）：121－122.

[28] 李雅娟，毛连菊，李霞，等．三倍体皱纹盘鲍活体倍性鉴定－用上足触手、外套膜活体组织制备染色体标本［J］．遗传学报，2002，29（6）：514－518.

[29] 孙振兴．一种观察贝类染色体的制片法［J］．动物学杂志，1991，26（4）：34－35.

[30] 王金星，赵小凡，周岭华，等．中国海洋贝类细胞遗传学研究［C］//相建海，主编．海洋动物细胞和种群生化遗传学．济南：山东科学技术出版社，1999：44－56.

[31] Komaru A, Wada K T. Karyotypes of four species in the Pectinidae (Bivalvia: Pteriomorphia) [J]. Venus, 1985, 44 (4): 249－259.

[32] 沈亦平，刘汀，姜海波，等．近江牡蛎染色体核型的研究［J］．武汉大学学报（自然科学版），1994（4）：102－106.

[33] Thiriot－Quiévreux C. Analyse compare des karyotypes Ostreidae (Bivalvia) [J]. Cahiers de Biologie Marine, 1984, 25 (4): 407－418.

[34] Inaba A. Chromosomes of mollusca [J]. Heredity, 1974, 28 (7): 25－31.

[35] Hassold T, Abruzzo M, Adkins K, et al. Human aneuploidy: incidence, origin, and etiology [J]. Environmental and Molecular Mutagenesis, 1996, 28 (3): 167－175.

[36] Thiriot－Quiévreux C, Noël T, Bougrier S, et al. Relationships between aneuploidy and growth rate in pair mating of the oyster *Crassostrea gigas* [J]. Aquaculture, 1988, 75 (1): 89－96.

[37] Guo X, Allen Jr S K. Viable tetraploids in the Pacific oyster (*Crassostrea gigas* Thunberg) produced by inhibiting polar body 1 in eggs from triploids [J]. Molecular Marine Biology and Biotechnology, 1994, 3 (1): 42－50.

[38] 郑小东，王昭萍，王如才，等．太平洋牡蛎染色体G带和Ag－NORs研究［J］．中国水产科学，1999，6（4）：104－105.

[39] Martínez－Lage A, González－Tizón A, Méndez J. Chromosomal markers in three species of the genus *Mytilus* (Mollusca: Bivalvia) [J]. Heredity, 1995, 74 (4): 369－375.

[40] Clabby C, Goswami U, Flavin F, et al. Cloning, characterization and chromosomal location of a satellite DNA from the Pacific oyster, *Crassostrea gigas* [J]. Gene, 1996, 168 (2): 205－209.

[41] 王永平，郭希明．FISH技术在贝类分子生物学研究中的应用［J］．生命科学研究，2001，5（4）：283－289.

[42] Xu Z, Guo X, Gaffney P M, et al. Chromosomal location of the major ribosomal RNA genes in *Crassostrea virginica* and *Crassostrea gigas* [J]. Veliger, 2001, 44 (1): 86－90.

Progress on the chromosome study of marine mollusks in China

Sun Zhenxing

(*School of Life Sciences, Yantai Normal University, Yantai* 264025)

Abstract: The karyotypes of 40 species of marine mollusks in China are reviewed in this paper. There are four types of chromosome numbers of Gastropoda, i. e. 2n = 30, 34, 36 and 60. There are six types of chromosome numbers of Bivalvia, i. e. 2n = 20, 22, 28, 32, 34 and 38. Analyzed the characteristics of chromosome preparation in the mollusks. PHA was injected in vivo of mollusks beforehand, which is good for increasing metaphase chromosomes. The difference of karyotype may be caused by different sample treatments or allogenic polymorphism of chromosome karyotype due to chromosomal configuration rearrangement and regional diversities. Neither Bivalvia nor most Gastropoda have heterosome. Aneuploid was the aftermath of the chromosome aberrance. Finally, the current application of chromosome banding technique and fluorescence in situ hybridization (FISH) on the mollusks are introduced, and we think FISH will provide an effective method for chromosome identification in the mollusks.

Key words: mollusks; chromosome; karyotype; banding; fluorescence in situ hybridization

两种双壳贝类染色体的观察研究①

李　鹏②，孙振兴

（鲁东大学生命科学学院，烟台 264025）

摘要： 以等边浅蛤和江户布目蛤的鳃组织为研究材料，用植物血球凝集素和秋水仙素对两种双壳贝类的鳃组织进行处理后，采用滴片－空气干燥法制片并观察其染色体数目。通过观察两种贝类的中期分裂相细胞，发现等边浅蛤染色体众数为 36 的分裂相细胞，占全部计数细胞的 55.0%，表明其染色体数目 2n ＝36；江户布目蛤染色体众数为 30 的分裂相细胞，占全部计数细胞的 58.8%，表明江户布目蛤的染色体数目 2n ＝30。从细胞水平上看，日本镜蛤（2n ＝30）和江户布目蛤有较密切的亲缘关系，而青蛤（2n ＝36）和等边浅蛤也有较密切的亲缘关系。上述结果为贝类的细胞遗传学研究提供了基础资料。

关键词： 等边浅蛤；江户布目蛤；染色体

随着对双壳贝类开发利用范围的不断扩大，作为遗传基础的染色体研究，近年来也日益受到重视[1-4]。等边浅蛤（*Gomphina veneriformis*）属帘蛤科（Veneridae）、浅蛤属（*Gomphina*），是分布于日本、朝鲜、东南亚和我国南北沿海的广温种，其肉味鲜美，具有发展人工养殖的前景[5]，其繁殖周期[6]和生长特性[7]等已有报道。江户布目蛤（*Protothaca jedoensis*）属于帘蛤科、布目蛤属（*Protothaca*），分布于我国黄渤海和俄罗斯、日本、朝鲜沿海，是一种食用[5]和药用[8]贝类。有关等边浅蛤和江户布目蛤的染色体研究，尚未见报道。笔者对其染色体进行了初步观察，以期为贝类的细胞遗传学提供基础资料。

1　材料与方法

1.1　材料

等边浅蛤采自烟台海滨，江户布目蛤购自农贸市场，活体放入实验室水族箱内

---

①　本文原载《安徽农业科学》，2008 年 4 月，第 36 卷第 12 期，5012－5013 页。

资助项目：山东省高校实验技术项目（2005－396）；鲁东大学研究生教育项目（YD05007）。

②　第一作者简介：李鹏（1982－），男，硕士研究生，研究方向海洋动物生物学。通讯作者：孙振兴。

暂养，每种贝取 8 ~ 10 只活力旺盛的个体供试验用。

1.2 方法

染色体标本的制备方法参照已有的报道[1]，但由于等边浅蛤和江户布目蛤的个体较小，注射处理的难度较大，因此进行适当改进：先将活贝置于含有 100 μg/mL PHA 的海水中滤水 24 h，再放入含有 50 μg/mL 秋水仙素的海水中滤水 4 ~ 6 h。解剖活贝、剪取鳃丝，经 KCl 低渗，Carnoy 液固定，滴片 - 空气干燥法制片，10% 的 Giemsa 染色后镜检并显微摄影。每种贝分别选取 80 个分散适度的细胞中期分裂相，观察并统计染色体数目。

2 结果与分析

两种贝类中期分裂相的统计结果如表 1 所示。等边浅蛤染色体众数为 36 的分裂相细胞，占全部计数细胞的 55.0%，由此确定等边浅蛤的染色体数目为 2n ＝36（图 1 - a）。

江户布目蛤染色体众数为 30 的分裂相细胞，占全部计数细胞的 58.8%，由此确定江户布目蛤的染色体数目为 2n ＝30（图 1 - b）。

表 1　等边浅蛤和江户布目蛤的染色体数目统计

等边浅蛤（*Gomphina veneriformis*）			江户布目蛤（*Protothaca jedoensis*）		
染色体数/2n	细胞个数	百分率（%）	染色体数/2n	细胞个数	百分率（%）
≤31	4	5.00	≤26	4	5.00
32	3	3.75	27	2	2.50
33	1	1.25	28	5	6.25
34	7	8.75	29	3	3.75
35	8	10.00	30	47	58.75
36	44	55.00	31	6	7.50
37	5	6.25	32	4	5.00
38	2	2.50	33	3	3.75
39	2	2.50	34	3	3.75
≥40	4	5.00	≥35	3	3.75

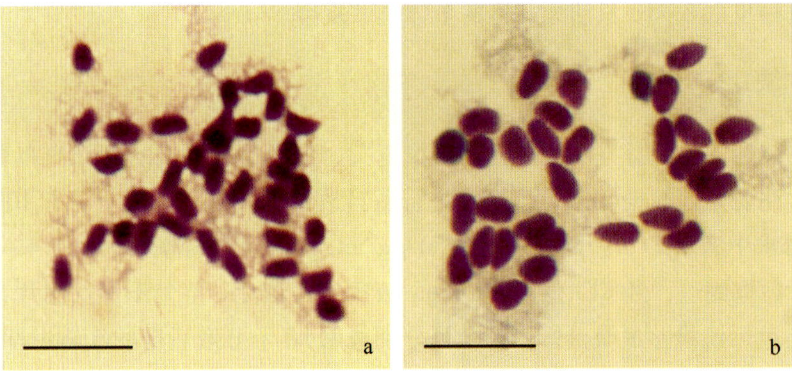

图1　等边浅蛤（a）和江户布目蛤（b）二倍体的染色体（标尺长度均为 10 μm）

3　讨论

3.1　关于双壳贝类染色体的数目

已报道的双壳贝类染色体二倍体数目范围为 20～38[9]，帘蛤科贝类中有 2n = 30（如日本镜蛤 *Dosinia japonica*）[10]、2n = 36（如青蛤 *Cyclina sinensis*）[11] 和 2n = 38 等几种类型，其中 2n = 38 的约占 83%[2]。试验观察的两种贝类均属于帘蛤科，江户布目蛤为 2n = 30，等边浅蛤为 2n = 36。从染色体数目看，与目前已知的帘蛤科贝类的染色体数目相吻合。但从传统形态学分类地位看，日本镜蛤（镜蛤属）、江户布目蛤（布目蛤属）、青蛤（青蛤属）、等边浅蛤（浅蛤属）分别属于 4 个不同的属[5]，属间差异主要表现为贝壳形态和铰合齿构造的细微不同；从栖息环境来看，上述 4 种贝类都生活在潮间带的泥沙中。对于同科不同属的近缘种，在传统的贝类分类学中，并没有属与属之间亲缘关系的描述。但从细胞水平看，显然 2n = 30 的日本镜蛤和江户布目蛤有着较为密切的亲缘关系，而 2n = 36 的青蛤和等边浅蛤也有着较密切的亲缘关系。由此可见，通过染色体分析，有助于了解近缘种之间的亲缘关系，弥补传统形态学分类的某些不足。

王金星等认为，双壳类原始二倍体类型可能是 2n = 38，在核型演化中，二倍体数目向两个方向演化，或者增加其染色体数目，或者减少其染色体数目[12]。从已知的帘蛤科贝类染色体数目的几种类型来看，2n = 38 是染色体进化过程中的原始类型，2n = 30 则可能是较为进化的类型，而 2n = 36 是介于二者之间的过渡类型，染色体演化的主要方向是染色体数目减少。研究结果为探讨双壳贝类的染色体演化途径提供了有益的线索。

3.2　关于贝类染色体的制备

制备双壳贝类染色体时的取材，在很大程度上影响着染色体的制备效果。用早期胚胎或担轮幼虫制备的染色体效果较好，但必须在繁殖期利用成熟的亲贝，获得受精卵发育至胚胎或幼虫才能用于制备染色体，所以操作较繁琐。利用成贝的鳃组织，虽然取材不受季节限制，但由于成贝的鳃组织只有极少数细胞的死亡更替，以鳃为材料制备染色体标本时分裂相较少[13]，如果不用秋水仙素处理，难以获得较多的中期分裂相；但经秋水仙素处理后染色体又极易收缩。因此，秋水仙素的质量浓度和处理时间直接影响到试验结果，质量浓度过低或处理时间过短，染色体分裂相少；质量浓度过高或处理时间过长，则会造成染色体收缩。试验中还发现，不同贝类的成体鳃组织对秋水仙素处理的敏感程度不同。试验中分别采用含有 100 μg/mL、50 μg/mL、25 μg/mL 秋水仙素的海水处理成贝，100 μg/mL 时染色体收缩严重，25 μg/mL时则分裂相较少，50 μg/mL 时虽然获得了较多的分裂相，但染色体收缩仍然较明显。由于着丝粒位置不够清晰，所以仅对染色体数目进行了观察，而未能分析核型。关于这两种贝类的核型，有待今后的进一步分析。

参考文献

[1] 孙振兴，郭胜超，邵雁群，等．三种海产帘蛤目贝类的核型研究［J］．海洋学报，2004，26（1）：88－94.

[2] 郑小东，张涛，黄水英，等．硬壳蛤的核型研究［J］．海洋科学，2005，29（8）：71－74.

[3] 陆荣茂，张永普，林志华，等．小荚蛏的核型分析［J］．海洋科学，2007，31（9）：34－37.

[4] 潘英，苏以鹏．大獭蛤的核型研究［J］．海洋科学，2007，31（9）：87－90.

[5] 齐钟彦，马绣同，王祯瑞，等．中国经济软体动物［M］．北京：中国农业出版社，1998：255－263.

[6] 尤仲杰，王一农，叶雄会，等．等边浅蛤的繁殖周期［J］．台湾海峡，1991，10（4）：356－363.

[7] 王铁杆，倪小英，邓赛舟，等．等边浅蛤数量性状参数的相关分析［J］．温州师范学院学报（自然科学版），2006，27（5）：37－40.

[8] 董振国，刘琦，赵东辉，等．江户布目蛤的生药鉴定［J］．吉林中医药，1996，(6)：32.

[9] 孙振兴．中国海洋贝类染色体研究进展［J］．海洋通报，2004，23（6）：77－83.

[10] 阙华勇，齐秋贞，邱文仁．帘蛤目（瓣鳃纲）四个种类的核型研究［C］//贝类学论文集（第 8 辑）．北京：学苑出版社，1999：75－85.

[11] 王立新，相建海，周令华．青蛤的染色体研究［J］．西北农林科技大学学报（自然科学版），2001，29（1）：94－96.

[12] 王金星，赵小凡，周令华，等．中国海洋贝类细胞遗传学研究［C］//相建海，主编．海洋动物细胞和种群生化遗传学．济南：山东科学技术出版社，1999：44－56.

[13] 贾志良，李智盈，包振民，等. 增加贝类染色体分裂相的方法初探 [J]. 青岛海洋大学学报，2001，31 (2)：232－236.

Observation on the chromosomes in two species of bivalve

Li Peng, Sun Zhenxing

(*School of Life Science, Ludong University, Yantai* 264025)

Abstract: With gill tissues of *Gomphina veneriformis* and *Protothaca jedoensis* as research materials, after the gill tissues of two species of bivalve were treated with phytohemagglutinin and colchicine, specimens were prepared by using dripping tablets and air drying method to observe the chromosome number. Through observing the metaphases of two species of shellfish, it was found that the dividing cells in *G. veneriformis* with the chromosome mode of 36 occupied 55.0% in all counted cells, which indicated that its chromosome number was 2n = 36. The dividing cells in P. jedoensis with the chromosome mode of 30 occupied 58.8% all counted cells, which indicated that its chromosome number was 2n = 30. At the cellular level, Dosinia japonica (2n = 30) had closer genetic relationship with P. jedoensis, while Cyclina sinensis (2n = 36) had closer genetic relationship with G. veneriformis. All these results provide a basis for the cytogenetic study of shellfish.

Key words: *Gomphina veneriformis*; *Protothaca jedoensis*; chromosome

聚类分析在双壳贝类染色体研究中的应用①

孙振兴

（鲁东大学生命科学学院，烟台 264025）

摘要： 探讨了利用染色体参数进行聚类分析，以期在细胞水平上对双壳贝类进行分类。根据染色体相对长度、臂比，以及它们的平均值、方差、极差、标准差等参数，计算了13种双壳贝类之间的核型似近系数（λ），用UPGMA法对它们的亲缘关系进行了聚类分析。结果显示，贻贝科、扇贝科的 λ >0.980 0，蛤蜊科的 λ >0.950 0，聚类结果与传统的形态学分类相吻合；帘蛤科的文蛤、菲律宾蛤仔和紫石房蛤三者聚为一类，而它们与青蛤、日本镜蛤的亲缘关系较远。表明聚类分析法可以弥补传统形态学分类的某些不足，有助于人们了解近缘种之间的亲缘关系，为研究双壳贝类的系统演化和数值分类，提供了有效的手段。

关键词： 染色体；聚类分析；双壳贝类

研究染色体对揭示物种的遗传背景，在细胞水平上进行分类以及遗传育种有着重要的意义。迄今，国内已有核型报道的双壳贝类近30种[1]，但从染色体聚类分析角度研究亲缘关系则未见报道。利用核型似近系数（karyotype resemblance - near coefficient）进行染色体聚类分析，在鱼类[2]、昆虫[3]、鸟类[4]等已有诸多报道。本文应用核型似近系数的聚类分析方法，对13种具有经济价值的双壳贝类的亲缘关系进行了比较研究，以期为多方位探讨贝类的系统演化提供资料。

1 材料与方法

1.1 材料

13种双壳贝类的核型数据分别引用了多位作者的报道[5-15]。将每种贝类各对染色体的相对长度、臂比，以及它们的平均值、方差、极差、标准差等44个参数作为计算核型似近系数的原始数据。

---

① 本文原载《安徽农业科学》，2008年9月，第36卷第26期，11357-11358页。

资助项目：鲁东大学研究生教育项目（YD05007）。

1.2 方法

核型似近系数的计算公式为[2]：

$$\lambda = \beta \cdot r$$

式中：λ 为核型似近系数；β 为接近系数；r 为相似系数。r 和 β 根据下式分别求出[2]：

$$r = \frac{\sum x_i \cdot x_j - (\sum x_i) \cdot (\sum x_j) \cdot \frac{1}{n}}{\sqrt{\sum (x_i - \overline{x_i})^2 \cdot \sum (x_j - \overline{x_j})^2}}$$

$$\beta = 1 - \frac{\sqrt{(\sum |x_i - x_j|) \cdot (|\sum x_i - \sum x_j|)}}{\sum x_i + \sum x_j}$$

式中，x_i，x_j 分别表示物种 i 和物种 j 对应的染色体参数值。

按上述公式，在 Excel 软件中分别计算每两种贝类之间的核型似近系数 λ 值，然后用 NTSYS（ver 2.20）软件中的非加权类平均法（unweighted pair – group method with arithmetic means，UPGMA）进行聚类分析。

2　结果与分析

核型似近系数是根据数值分类学原理，对物种染色体的多元观测数据进行相似性度量的一种统计学参数。当物种核型的形态结构用一定数目的指标来表示时，λ 值就可表征两个物种在染色体水平上的相近程度，这种相近程度反映了物种间在核型上的同源性或亲缘关系的远近。根据 λ 值的大小，可用聚类分析法对物种在核型水平上进行数值分类[3]。λ 值越大，说明两物种的核型越相近，亲缘关系越接近；反之，两个物种的核型差异越大，亲缘关系也越远。

13 种双壳贝类染色体的核型似近系数计算结果见表 1。根据核型似近系数进行 UPGMA 聚类的结果见图 1。为便于比较，将 13 种贝类的形态学分类地位[16]列于表 2。

从表 1 和图 1 中可以看出，贻贝科、扇贝科的核型似近系数大于 0.980 0，蛤蜊科的核型似近系数大于 0.950 0，反映了这几个科内的贝类有着非常接近的亲缘关系，聚类结果与传统的形态学分类相吻合。

帘蛤科的情形较为复杂，按形态学分类，本文涉及的帘蛤科的 5 种贝类分别属于 5 个不同的属（表 2），其中，文蛤、菲律宾蛤仔、紫石房蛤三者之间的核型似近系数均大于 0.930 0，而青蛤与它们三者的似近系数为 0.721 2 ~ 0.824 9，日本镜蛤与它们三者的似近系数仅为 0.462 0 ~ 0.564 4。在传统的贝类形态学分类中，对同一个科中的不同属，并没有属与属之间亲缘关系的描述。但从上述结果中可以看出，

表 1　13 种双壳贝类的核型似近系数

种名	贻贝	厚壳贻贝	栉孔扇贝	虾夷扇贝	文蛤	菲律宾蛤仔	青蛤	紫石房蛤	日本镜蛤	四角蛤蜊	中国蛤蜊	西施舌	砂海螂
贻贝	1.0000												
厚壳贻贝	0.9951	1.0000											
栉孔扇贝	0.6289	0.6274	1.0000										
虾夷扇贝	0.6306	0.6300	0.9803	1.0000									
文蛤	0.6658	0.6644	0.9473	0.9373	1.0000								
菲律宾蛤仔	0.5925	0.5920	0.8779	0.8648	0.9397	1.0000							
青蛤	0.8495	0.8550	0.8008	0.8076	0.8249	0.7212	1.0000						
紫石房蛤	0.6754	0.6765	0.8844	0.8793	0.9517	0.9729	0.7991	1.0000					
日本镜蛤	0.9041	0.9071	0.5215	0.5296	0.5459	0.4620	0.8085	0.5644	1.0000				
四角蛤蜊	0.7788	0.7807	0.8885	0.8883	0.9269	0.8864	0.9226	0.9309	0.6987	1.0000			
中国蛤蜊	0.7613	0.7631	0.8869	0.8860	0.9438	0.9030	0.9185	0.9454	0.9245	0.9526	1.0000		
西施舌	0.7469	0.7491	0.9159	0.9100	0.95417	0.8979	0.9245	0.9381	0.6612	0.9806	0.9855	1.0000	
砂海螂	0.8362	0.8382	0.8109	0.8117	0.8698	0.8366	0.8915	0.8969	0.7386	0.9267	0.9158	0.9117	1.0000

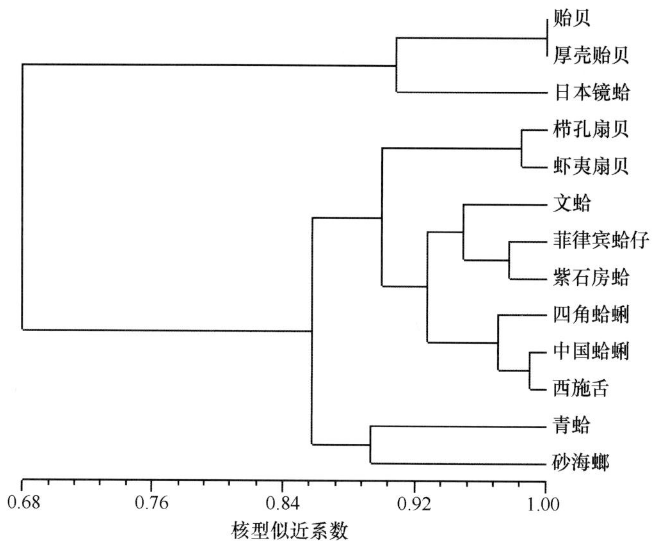

图1　13种双壳贝类核型似近系数的聚类图

文蛤属、蛤仔属、石房蛤属聚为一类，表明它们有较为密切的亲缘关系；而且它们与蛤蜊科的亲缘关系也较近，但与青蛤属、镜蛤属的亲缘关系较远。由此可见，利用核型似近系数进行聚类分析可弥补传统分类学的某些不足，有助于了解近缘种之间的关系。

已知的双壳纲贝类染色体数目范围为2n＝20～38[1]，一般认为，2n＝38可能是双壳贝类的原始二倍体类型，在核型演化过程中，二倍体数目向两个方向演化，或者增加其染色体数目，或者减少其染色体数目[10]。文中的13种贝类染色体数目2n变化在28～38之间（表2），从聚类结果中可以明显看出，2n＝38的聚在一起，2n为28和2n为30的，2n为34和2n为36的，则分别聚在一起。这在一定程度上暗示双壳贝类的核型演化方向可能是染色体数目逐渐减少。

表2　13种双壳贝类的形态学分类地位及其染色体数目

亚纲名	目名	科名	属名	种名	2n
翼形亚纲	贻贝目 Mytiloida	贻贝科 Mytilidae	贻贝属 *Mytilus*	贻贝 *Mytilus edulis*	28
Pterimorphia				厚壳贻贝 *Mytilus coruscus*	28
	珍珠贝目 Pterioidae	扇贝科 Pectinidae	栉孔扇贝属 *Chlamys*	栉孔扇贝 *Chlamys farreri*	38
			Patinopecten 属	虾夷扇贝 *Patinopecten yessoensis*	38
异齿亚纲	帘蛤目 Veneroida	帘蛤科 Veneridae	文蛤属 *Meretrix*	文蛤 *Meretrix meretrix*	38
Heterodonta			蛤仔属 *Ruditapes*	菲律宾蛤仔 *Ruditapes philippinarum*	38
			石房蛤属 *Saxidomus*	紫石房蛤 *Saxidomus purpuratus*	38
			青蛤属 *Cyclina*	青蛤 *Cyclina sinensis*	36

续表

亚纲名	目名	科名	属名	种名	2n
			镜蛤属 *Dosinia*	日本镜蛤 *Dosinia japonica*	30
		蛤蜊科 Mactridae	蛤蜊属 *Mactra*	四角蛤蜊 *Mactra veneriformis*	38
				中国蛤蜊 *Mactra chinensis*	38
			腔蛤蜊属 *Coelomactra*	西施舌 *Coelomactra antiquata*	38
	海螂目 Myoida	海螂科 Myidae	海螂属 *Mya*	砂海螂 *Mya arenaria*	34

作为统计学参数，核型似近系数的准确度取决于核型数据的来源和数据本身的多元性。由于不同学者制备染色体标本的方法和条件不同，加之核型数据的多元性还不够丰富，这些主观因素和客观因素，难免会对核型似近系数的大小产生一定程度的影响。这也是聚类结果有些与传统形态学分类不完全一致的原因所在。

3 小结

综上所述，核型似近系数的聚类分析方法，对研究双壳贝类的系统演化和数值分类，提供了有效的手段，它可以弥补传统形态学分类的某些不足，有助于人们了解科属以下近缘种之间的亲缘关系。聚类分析结果还揭示：双壳贝类的染色体数目逐渐减少，可能是其核型演化的主要方向。结合分子系统学方法，将为更加全面研究双壳贝类的系统演化提供新的途径。

参考文献

[1] 孙振兴．中国海洋贝类染色体研究进展［J］．海洋通报，2004，23（6）：77－83.

[2] 谭远德，吴昌谋．核型似近系数的聚类分析方法［J］．遗传学报，1993，20（4）：305－311.

[3] 姚世鸿，王景佑，周江，等．九种蝗虫核型似近系数的聚类分析研究［J］．昆虫学报，1998，41（2）：135－140.

[4] 尤平，尚建科．七种鸟类核型似近系数的聚类分析和进化距离的估计［J］．淮北师院学报，2000，21（4）：52－55.

[5] 王琼，童裳亮．贻贝核型及染色体带型分析［J］．动物学报，1994，40（3）：309－316.

[6] 卞小庄．厚壳贻贝的染色体组型［J］．动物学研究，1984，5（3）：57－60.

[7] 王梅林，郑家声，余海．栉孔扇贝染色体核型［J］．青岛海洋大学学报，1990，20（1）：81－85.

[8] Komaru A，Wada K T. Karyotypes of four species in the Pectinidae（Bivalvia：Pteriomorphia）［J］. Venus，1985，44（4）：249－259.

[9] 吴萍，董建萍，倪建国，等．文蛤染色体的研究［J］．上海水产大学学报，2002，11（2）：106－109.

[10] 王金星，赵小凡，周岭华，等．三种贝类的核型分析［J］．海洋学报，1998，20（2）：102－107.

[11] 王立新，相建海，周岭华．青蛤的染色体研究［J］．西北农林科技大学学报（自然科学版），2001，29（1）：94－96.

[12] 孙振兴，郭胜超，邵雁群，等．三种海产帘蛤目贝类的核型研究［J］．海洋学报，2004，26（1）：88－94.

[13] 阙华勇，齐秋贞，邱文仁．帘蛤目（瓣鳃纲）四个种类的核型研究［C］//贝类学论文集（第8辑）．北京：学苑出版社，1999：75－85.

[14] 饶小珍，许友勤，陈寅山，等．西施舌的核型分析［J］．动物学杂志，2003，38（2）：2－5.

[15] 郑家声，郑大海，王梅林．砂海螂核型［J］．青岛海洋大学学报，2001，31（5）：735－738.

[16] 齐钟彦，马绣同，王祯瑞，等．中国经济软体动物［M］．北京：中国农业出版社，1998：161－269.

Application of cluster analysis of the chromosome of bivalve

Sun Zhenxing

(*School of Life Sciences*, *Ludong University*, *Yantai* 264025)

Abstract: In the paper discussed the cluster analysis of chromosomes, so as to classify bivalve in the cell level. The karyotype resemblance－near coefficients (λ) among the thirteen bivalves were computed according to the relative length and arm ratio of chromosomes, their average, mean square, extreme margin and standard deviation. The kindredship of thirteen bivalves was analyzed with the method of UPGMA. The results indicate that $\lambda > 0.9800$ in the Mytilidae and Pectinidae, $\lambda > 0.9500$ in the Mactridae, the results of cluster analysis were consistent with the traditional morphological taxonomy. *Meretrix meretrix*, *Ruditapes philippinarum* and *Saxidomus purpuratus* of the Veneridae were in one group, but they estranged from *Cyclina sinensis* and *Dosinia japonica*. The method of cluster analysis could make up some deficiency of traditional morphological taxonomy, and would redound to find out consanguineous connection among the kindred species. The cluster analysis provided an effective method for the research on phylogenesis and numerical taxonomy of bivalve.

Key words: chromosome; cluster analysis; bivalve

第四部分

组织培养

菲律宾蛤仔鳃组织的原代培养①

孙振兴，张 晾，郝丽红，范旭阳，闫苗苗，张 伟

（烟台师范学院生命科学学院，烟台 264025）

摘要：以菲律宾蛤仔的鳃组织为材料，经除菌、剪碎后，将组织块接种到培养瓶中，分别用 E - MEM 和 M199 培养基进行了原代培养。结果表明，两种培养基均可满足菲律宾蛤仔鳃组织培养的要求，在 M199 培养基中添加0.5%的水解乳蛋白、10%的小牛血清、0.35%的 NaCl 和青 - 链霉素双抗液，可获得更好的培养效果，鳃细胞能正常迁出和增殖。

关键词：菲律宾蛤仔；鳃；组织培养；原代培养

动物组织培养技术广泛应用于细胞遗传学、细胞工程、病毒学、免疫学等研究领域，在哺乳动物和鱼类中已经建立了很多细胞系。在软体动物中，组织培养仅见于河蚌、珍珠贝、皱纹盘鲍、栉孔扇贝等少数种类，但至今尚无建立贝类细胞系的报道[1-4]。菲律宾蛤仔（*Ruditapes philippinarum* Adams et Reeve）是我国重要的海洋经济贝类之一，进行菲律宾蛤仔的组织和细胞培养研究，将为贝类育种、病害防治等提供有利的条件。本文报道了菲律宾蛤仔鳃组织原代培养的结果。

1 材料与方法

1.1 试验材料

供试的 1 ~2 龄菲律宾蛤仔购自烟台水产品市场，试验前将活贝放在室内有充气装置的水族箱内暂养 24 h，暂养海水中添加抗生素，以抑制细菌。

1.2 培养基

Eagle - MEM（E - MEM）和 M199 培养基为美国 Gibco 公司产品，小牛血清为浙江金华市清湖犊牛利用研究所产品。培养基及平衡盐溶液等按常规方法配制并灭菌[5]。

---

① 本文原载《水产科学》，2004 年 2 月，第 23 卷第 2 期，12 - 14 页。

资助项目：山东省自然科学基金项目（Y2002D12）。

1.3 试验方法

用解剖器具取出菲律宾蛤仔的鳃组织，用70%酒精棉球快速擦洗，再用含有双抗液（100 U/mL 青霉素和100 μg/mL 链霉素）的培养液漂洗10次，将组织块剪成1 mm^3 左右的小块，分散排布在细胞培养瓶内壁上，以组织块培养法进行封闭培养。12 h 后翻瓶添加培养液，以后每隔2～3天更换一次培养液。培养温度为25～27℃，pH 值为7.4左右。根据试验要求分别向培养基中添加L－谷氨酰胺、小牛血清、双抗液等。

2 结果

2.1 鳃细胞的生长特点

鳃组织在离体培养中较易贴附于培养瓶瓶壁，细胞增殖较快。鳃组织块培养24 h 后即有部分细胞从组织块中迁移出来，用倒置显微镜观察，可见鳃丝周围有密集的迁出细胞，这些细胞多呈圆形或椭圆形（图1－a）。以后，组织块周围逐渐形成生长晕。培养至第5天时，生长较好的鳃组织周围已形成致密的单层增生细胞（图1－b）。但此后细胞生长缓慢，并逐渐脱落，最长培养时间可持续至第10天。

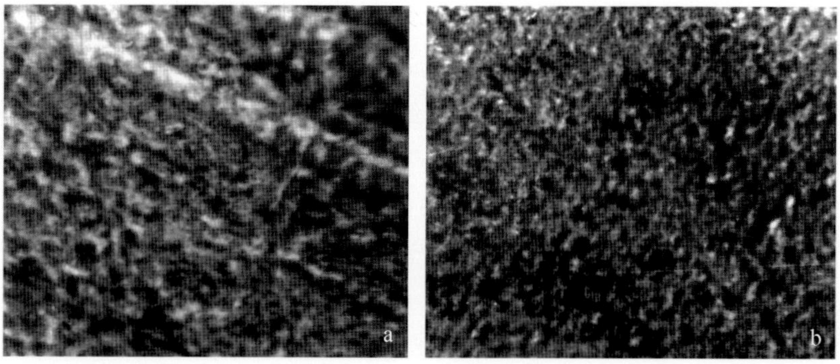

图1 培养1天（a）和5天（b）的菲律宾蛤仔鳃细胞（×400）

2.2 培养基的选择

试验中分别以E－MEM 和M199培养基作为基础培养基，并分别添加了L－谷氨酰胺、小牛血清、水解乳蛋白、无机盐等成分。结果表明，E－MEM 和M199培养基均可满足菲律宾蛤仔鳃组织培养的要求，贴壁的鳃组织在这两种培养基中均可培养成活。通过对添加各种不同成分培养基进行的多次比较试验，其最适宜的配方如下：M199培养基9.5 g，水解乳蛋白5.0 g，NaCl 3.5 g，小牛血清100 mL，青霉素100 mg，链霉素100 mg，双蒸水1 000 mL，使用前用7.4% $NaHCO_3$ 将pH 值调整到7.4左右。

3 讨论

选择鳃进行组织培养，是因为贝类的鳃组织是细胞分裂旺盛的部位，其分生速度较快，能在较短的时间内进行各种培养条件的比较；但另一方面，由于鳃细胞分生较快，老化也较快，在短时间内就会出现老化现象。因此，当细胞生长到形成致密的单层增生细胞时，就要转入传代培养，否则会因接触抑制，导致细胞贴壁性下降而脱落。

组织培养过程中，不仅要维持细胞的生存，而且要满足其生长和分裂的营养需求。试验中，在市售的E－MEM和M199培养基中不添加其他任何成分的情况下，鳃组织能贴壁并维持短时间存活。但由于市售M199培养基中已含有L－谷氨酰胺，所以培养效果略优于单纯的E－MEM培养基。这是由于L－谷氨酰胺不仅能为组织和细胞提供必要的碳源和氮源，而且可以促进组织和细胞吸收培养基中的其他氨基酸，从而利于细胞的生长和分裂。本试验在E－MEM培养基中添加0.3‰的L－谷氨酰胺，则两种培养基的效果大致相同。这与李霞等[3]用E－MEM培养基、崔龙波等[6]用E－MEM和M199培养基成功地培养了鲍的鳃组织的结果一致，说明分别以这两种培养基作为主要成分，也适合于蛤仔的鳃组织培养。水解乳蛋白是用乳蛋白经胰酶消化而制成的一种蛋白栋，含有充分的必需氨基酸，作为培养基的补充成分，能供给组织细胞更多的营养物质。小牛血清可促进细胞贴壁和生长，还可以保护细胞免受脂肪酸和金属离子蛋白酶等物质的损害，可增加一些特殊的营养成分，如糖类、氨基酸、维生素、矿物质离子及细胞生长因子等[7]。但由于小牛血清是一种成分复杂的混合物，许多成分尚不明确，而且软体动物的体液成分与哺乳动物相去甚远，如果用贝类自身的血淋巴液作为培养基添加物，可能获得更好的培养效果。

培养基所用的平衡盐溶液不仅直接影响组织块的贴壁状况，而且也影响组织细胞的生理活动。用蒸馏水配制的培养基渗透压通常适合于哺乳类和淡水动物细胞，由于海洋动物细胞的渗透压高于陆生哺乳类或淡水动物细胞，培养基中要添加一定浓度的NaCl才能满足海洋动物渗透压的需要。只有当组织与培养液处于等渗环境下，细胞才能正常贴壁生长并增殖。根据渗透压原理，如果单纯用蒸馏水配制培养液，海洋动物细胞处于低渗环境中，细胞会吸水膨胀直至破裂；若培养液渗透压高于培养细胞的渗透压，细胞又会失水而皱缩。试验中笔者曾用含2.472% NaCl的人工海水和含0.8% NaCl的Hank液作为平衡盐溶液，前者组织块虽能贴壁，但几乎不生长；后者组织块未出现生长晕，且易脱落。而在含0.35% NaCl的培养液中，组织块可正常贴壁生长并增殖。由此可见，调节渗透压对海洋贝类组织细胞培养是至关重要的。

除菌处理直接关系到组织培养的成败。双壳类软体动物的鳃既是呼吸器官，又是滤食器官，直接与海水接触，鳃表面有许多菌类和黏液物质，取材后用酒精棉球快速擦拭鳃组织表面，既可杀死细菌，又不至于损伤组织活性；但若酒精作用时间过长，会影响组织的贴壁性和增生能力。用含有双抗液的培养液漂洗，可达到进一步除菌的目的，对保证组织培养的顺利进行起到了关键作用。但试验过程中时有弧菌污染发生，采用双氯苯双胍己烷或二氯化汞对杀灭海洋弧菌类有明显的效果[3]，这有待今后加以改进。

参考文献

[1] 石安静．河蚌外套膜的组织培养［J］．水产学报，1983，7（2）：153－157.

[2] Awaji M，Suzuki T. The pattern of cell proliferation during pearl sac formation in the pearl oyster［J］．Fisheries Science，1995，61（5）：747－751.

[3] 李霞，刘淑范．皱纹盘鲍的组织培养［J］．水产学报，1997，21（2）：197－198.

[4] 朗刚华，王勇，刘万顺，等．栉孔扇贝外套膜组织原代培养的初步研究［J］．青岛海洋大学学报，2000，30（1）：123－126.

[5] 陈瑞铭．动物组织培养技术及应用［M］．北京：科学出版社，1998：77－85.

[6] 崔龙波，魏峰，陆瑶华．皱纹盘鲍鳃细胞培养适宜条件的研究［J］．海洋科学，2000，24（7）：17－18.

[7] 王宏伟，王安利，王维娜，等．对虾细胞培养研究概述［J］．生物学通报，2003，38（5）：5－7.

Primary culture of gill tissue of *Ruditapes philippinarum*

Sun Zhenxing，Zhang Liang，Hao Lihong，Fan Xuyang，Yan Miaomiao，Zhang Wei

（*School of Life Sciences*，*Yantai Normal University*，*Yantai* 264025）

Abstract：The primary culture of the sterilized and cut out treated gill tissues from clam *Ruditapes philippinarum* was in vitro conducted in a culture bottle with Eagle's minimum essential medium（E－MEM）and medium 199. The results showed that the two media were both the satisfied for tissue culture of gill from *Ruditapes philippinarum*. The better culture occurred in the medium 199 solution supplemented with 0.5% lactalbumin hydrolysate,

10% calf serum, 0.35% NaCl and Penicillin - Streptomycin compound. The gill cell could migrate and proliferated normally.

Key words: *Ruditapes philippinarum*; gill; tissue culture; primary culture

菲律宾蛤仔外套膜组织原代培养的初步研究①

孙振兴，张 晾，刘 雪，许昌磊

（烟台师范学院生命科学学院，烟台 264025）

摘要：用 E－MEM 培养基对菲律宾蛤仔（*Ruditapes philippinarum*）的外套膜组织进行了原代培养。试验结果表明，在 E－MEM 培养基中添加 L－谷氨酰胺、小牛血清、水解乳蛋白等成分，温度 26～27℃，pH 值为 7.4 的条件下，适合外套膜细胞的生长，培养 3 天时外套膜组织块周围出现迁出的细胞，培养至第 8 天时形成单层增殖细胞。

关键词：菲律宾蛤仔；外套膜；组织培养；原代培养

作为生物学领域中的一项重要技术，动物组织和细胞培养已广泛应用于哺乳动物和鱼类的研究中，并取得了丰硕成果。但由于水生无脊椎动物的细胞培养较困难，难以进行传代，因此至今未得到水生无脊椎动物的连续性细胞系[1]。在海洋贝类方面，国内外学者在鲍[2,3]、扇贝[4]、珍珠贝[5,6]等的组织培养方面进行了一些探索，但尚未见有关菲律宾蛤仔组织培养的研究报道。菲律宾蛤仔（*Ruditapes philippinarum* Adams et Reeve）广泛分布于我国南北方沿海，是一种重要的养殖经济贝类，作为细胞生物学的基础环节，笔者对菲律宾蛤仔外套膜组织的原代培养进行了初步研究，以期为建立蛤仔的组织细胞培养技术提供依据。

1 材料与方法

1.1 材料

试验用 1～2 龄菲律宾蛤仔购自烟台水产品市场，试验前将活贝放在室内有充气装置的水族箱内暂养 24 h，暂养海水中添加抗生素，以抑制细菌。Eagle－MEM（E－MEM）培养基为美国 Gibco 公司产品，L－谷氨酰胺为北京化学试剂公司进口分装，小牛血清为浙江金华市清湖犊牛利用研究所产品。培养基等按常规方法配制并灭菌[7]。

---

① 本文原载《海洋科学》，2004 年 3 月，第 28 卷第 3 期，79－81 页。

资助项目：山东省自然科学基金项目（Y2002D12）。

1.2 方法

用解剖器具取出菲律宾蛤仔的外套膜组织，用70%酒精棉球快速擦洗，再用含有双抗液（0.1 g/L青霉素和0.1 g/L链霉素）的培养液漂洗10次，将组织块剪成1 mm^3左右的小块，分散排布在细胞培养瓶内壁上，以组织块培养法进行封闭培养。12 h后翻瓶添加培养液，以后每隔2～3天更换一次培养液。培养温度为26～27℃，pH值为7.4左右。根据试验要求分别向培养基中添加L－谷氨酰胺、小牛血清等。

2 结果与讨论

2.1 培养基成分的筛选

培养基中不同添加物对菲律宾蛤仔外套膜组织的生存和细胞增生有很大影响。试验中，单纯用市售的E－MEM培养基进行培养，外套膜组织可以贴壁生长，但持续时间较短，一般存活不超过6天。用E－MEM培养基作为主要成分，并添加其他物质，可明显地改善培养条件。经多次比较试验，对菲律宾蛤仔外套膜原代细胞生长最为适宜的配方如下：E－MEM培养基9.4 g，L－谷氨酰胺0.3 g，水解乳蛋白5.0 g，小牛血清100 mL，NaCl 3.5 g，青霉素100 mg，链霉素100 mg，加三蒸水至1 000 mL，使用前用7.4% $NaHCO_3$将pH值调整到7.4左右。

对动物细胞来说，市售的合成培养基只能维持细胞的生存，要使细胞更好地生长和增殖，必须补充天然培养基。李霞等[2]在培养鲍外套膜时，在E－MEM培养基中添加0.3‰ L－谷氨酰胺和2.5‰胰岛素，郎刚华等[4]在培养扇贝外套膜时，在M199培养基中添加20%小牛血清。本试验中添加了L－谷氨酰胺、小牛血清、水解乳蛋白等补充成分，都说明了天然培养基对组织培养是不可缺少的。L－谷氨酰胺不仅能为组织和细胞提供必要的碳源和氮源，而且可以促进组织和细胞吸收培养基中的其他氨基酸，从而利于细胞的生长和分裂。水解乳蛋白是用乳蛋白经胰酶消化而制成的一种蛋白栋，含有充分的必需氨基酸，作为培养基的补充成分，能供给组织细胞更多的营养物质。小牛血清含有多种细胞生长因子，在哺乳动物细胞培养中得到广泛应用，但由于软体动物的体液成分与哺乳动物相去甚远，如果添加贝类自身的血淋巴液作为补充成分，可能获得更好的培养效果。在L－15合成培养基中添加10%胎牛血清和5%文蛤血淋巴，成功地培养了文蛤鳃组织[8]，就说明了这一点。

2.2 外套膜细胞的生长和增殖

在上述适宜培养基中，菲律宾蛤仔外套膜组织块的贴壁状况良好，培养至第3天时，在组织块周围出现增生的游离细胞，这些细胞多为圆形或椭圆形的透明细胞，其间夹杂少量上皮样细胞；在倒置显微镜下观察，细胞从组织块迁出后沿着组织块周围的黏液运动，并逐渐形成生长晕，靠近组织块周围的细胞密集，远离组织块处逐渐稀疏（图 1 – a），还可看到一些游离细胞出现分裂现象。培养至第 8 天时，形成致密的单层增殖细胞（图 1 – b）。

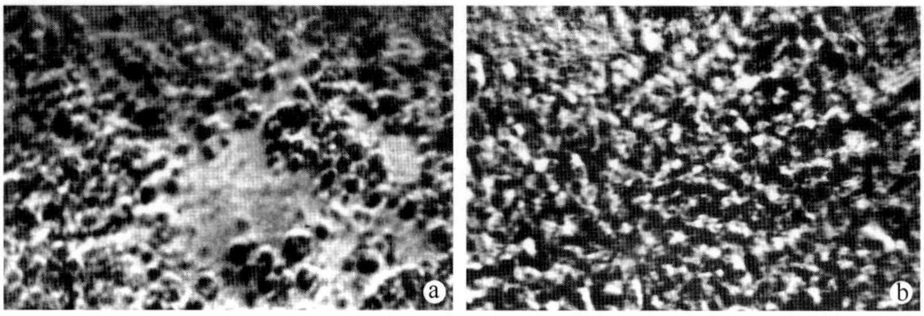

图 1　培养第 3 天（a）和第 8 天（b）的菲律宾蛤仔外套膜细胞（×400）

组织培养过程中，细胞的生长和增殖不仅取决于培养基的营养成分，还取决于培养环境的渗透压、温度、pH 值等因素。本试验中曾用含 2.472% NaCl 的人工海水和含 0.8% NaCl 的 Hank 液作为平衡盐溶液，但皆因渗透压过高，引起细胞失水皱缩，而造成脱落。改用 0.35% NaCl 作为平衡盐溶液，细胞与培养液的渗透压处于等渗环境下，组织块贴壁状态良好，细胞可正常生长和增殖。

适宜的温度是保证细胞在体外生存和正常生长的重要条件。从理论上讲，细胞或组织培养的适宜温度应是培养对象机体正常生理活动的温度，如人和哺乳动物细胞培养的最适温度为 36 ~ 37℃[7]。对水生变温无脊椎动物来说，其组织细胞培养温度也随培养对象的不同而异。虾类细胞培养温度一般以 25 ~ 28℃为宜[9]，贝类组织培养的最适温度范围为 26 ~ 27℃[10]。菲律宾蛤仔是广温性贝类，其生长水温为 5 ~ 35℃，最适生长水温为 18 ~ 30℃[11]。但作者等在进行菲律宾蛤仔鳃组织培养过程中发现，培养温度在 24℃时，细胞生长缓慢；27℃时细胞生长正常；30℃时细胞仍能贴壁生长；高于 33℃时细胞脱落。由此可见，菲律宾蛤仔组织培养的适宜温度较之其生长适温范围狭窄得多。

本试验采用封闭培养，随着细胞的生长和代谢活动的增强，细胞不断释放 CO_2，而使培养液的 pH 值降低，在培养液中添加 $NaHCO_3$ 以及定期更换培养液等措施，可维持 pH 值的相对稳定，但对细胞生长也有一定程度的影响。

参考文献

[1]　于淼，管华诗，郭华荣，等．鱼类细胞培养及其应用［J］．海洋科学，2003，27（3）：4 – 8.

[2]　李霞，刘淑范．皱纹盘鲍的组织培养［J］．水产学报，1997，21（2）：197 – 198.

[3]　崔龙波，魏峰，陆瑶华．皱纹盘鲍鳃细胞培养适宜条件的研究［J］．海洋科学，2000，24（7）：17 – 18.

[4] 朗刚华，王勇，刘万顺，等．栉孔扇贝外套膜组织原代培养的初步研究［J］．青岛海洋大学学报，2000，30（1）：123－126.

[5] Awaji M，Suzuki T. The pattern of cell proliferation during pearl sac formation in the pearl oyster［J］．Fisheries Science，1995，61（5）：747－751.

[6] Machii A. In vitro studies of pearl formation［J］．Applied Cell Biol，1998，15（1）：1－10.

[7] 陈瑞铭．动物组织培养技术及应用［M］．北京：科学出版社，1998：77－85.

[8] Collodi P. First international symposium on marine molecular biology held at the center of marine biotechnology，University of Maryland，Baltimore，Maryland on October 9－11，1988［J］．Cytotechnology，1989，2（3）：239－242.

[9] 王宏伟，王安利，王维娜，等．对虾细胞培养研究概述［J］．生物学通报，2003，38（5）：5－7.

[10] 朗刚华，王勇，刘万顺，等．贝类组织培养及其应用研究［J］．海洋科学，2000，24（4）：15－18.

[11] 孙振兴．海水贝类养殖［M］．北京：中国农业出版社，1995：147－152.

Primary culture of mantle of *Ruditapes philippinarum*

Sun Zhenxing，Zhang Liang，Liu Xue，Xu Changlei

(*School of Life Sciences*，*Yantai Normal University*，*Yantai* 264025)

Abstract：The mantle tissues of clam *Ruditapes philippinarum* were primary cultured in vitro with Eagle's minimum essential medium (E－MEM). The result showed that L－glutamine，calf serum and lactalbumin hydrolysate etc. appended to the E－MEM，at temperature 26 ～ 27℃ and pH 7.4 were appropriate condition for growth of mantle cells. On the 3rd day of the cultivation，the migrating cells appeared on the mantle tissue blocks. On the cultured 8th day，a layer of proliferation cells was formed.

Key words：*Ruditapes philippinarum*；mantle；tissue culture；primary culture

中国蛤蜊的组织培养①

孙振兴[1]，李 清[1]，唐锦秀[1]，王 健[2]

（1. 烟台师范学院生命科学学院，烟台 264025；2. 莱州市水产研究所，莱州 261400）

摘要： 用 RPMI－1640 培养基，对中国蛤蜊（*Mactra chinensis*）的鳃和外套膜组织进行了原代培养。试验结果表明，在温度 26～27℃、pH 值为 7.4、培养基中不添加小牛血清的条件下，中国蛤蜊的组织能正常生长。鳃组织培养 24 h 后即有游离细胞从组织块迁移出来，最长培养时间可持续至第 12 天；外套膜组织培养 48 h 后即出现游离细胞，最长培养时间可持续至第14 天。

关键词： 中国蛤蜊；鳃；外套膜；组织培养；原代培养

近年来由于海域环境污染、养殖结构不合理等因素，贝类养殖屡有病害发生，因而，防治贝类病害也引起了人们的高度重视。通过组织培养技术建立水产动物的细胞系，可以为分离与鉴定病毒性病原提供宿主细胞，培养细胞还是进行病理和免疫机理研究的良好素材，因此，组织培养技术对水产动物的疾病防治有着极为重要的意义。中国蛤蜊（*Mactra chinensis* Philippi）是我国南北方沿海的一种重要的养殖经济贝类，在海洋贝类的组织培养方面，国内外已进行了许多研究[1－6]，但尚未见有关中国蛤蜊组织培养的报道。开展中国蛤蜊组织培养的研究，不仅可以为防治病害提供有力的手段，而且可以为其他贝类的组织培养提供借鉴。

1 材料与方法

1.1 材料

试验用 1～2 龄中国蛤蜊购自烟台农贸市场，试验前将活贝放在室内水族箱中暂养 24 h，暂养海水中添加抗生素以抑制细菌。试验时用解剖器具剪取外套膜和鳃组织，用 70% 酒精冲洗组织块 2～3 次、再用含青－链霉素双抗的 RPMI－1640 培养液漂洗 10 次消毒。

---

① 本文原载《齐鲁渔业》，2005 年 6 月，第 22 卷第 6 期，1－2 页。

资助项目：山东省自然科学基金项目（Y2002D12）。

1.2 培养基配制

RPMI－1640 培养基（内含 L－谷氨酰胺）10.4 g，水解乳蛋白 5.0 g，青、链霉素各 100 mg，NaCl 3.5 g，$NaHCO_3$ 2.0 g，加双蒸水至 1 000 mL。用 1N NaOH 或 1N HCl 调整 pH 值，然后用 Nalgene 抽滤器经 0.22 μm 微滤膜过滤除菌后备用。

1.3 方法

整个操作过程在无菌室的超净工作台上进行。将组织块剪切成约 1 mm^3 的小块，均匀排布在 25 mL 的细胞培养瓶内壁上，每瓶接种 15 块，以组织块培养法置于恒温培养箱中封闭培养，培养温度为 26～27℃，pH 值为 7.4 左右。培养期间隔日更换 1 次培养液，每天在倒置显微镜下观察细胞的生长增殖状况。

2 结果

2.1 外套膜细胞的生长与增殖

在 RPMI－1640 培养基中，中国蛤蜊的外套膜组织块贴壁状况良好，培养 48 h 后，在组织块周围出现增生的游离细胞，这些细胞多为圆形和椭圆形的透明细胞；在倒置显微镜下观察，细胞从组织块迁出后沿着组织块周围运动，并逐渐形成生长晕，靠近组织块周围的细胞密集，远离组织块边缘处逐渐稀疏，培养至第 8 天时，形成致密的单层增殖细胞。其中大多数培养至第 9 天，有 2 瓶的存活时间长达 14 天，具体生长与增殖情况见表 1。

表 1　中国蛤蜊外套膜组织块的存活和生长状况

分组	接种组织块数	接种第 *n* 天后存活的组织块数							生长状况
		1	3	4	5	7	9	11	
M1	15	15	12	12	11	11	2	—	＋＋
M2	15	15	14	14	14	11	9	8	＋＋＋
M3	15	15	15	13	13	12	9	9	＋＋＋
M4	15	15	13	4	—	—	—	—	＋
M5	15	15	13	13	11	9	1	—	＋＋
M6	15	15	14	12	10	10	3	—	＋＋

注：＋＋＋表示组织块生长良好，无菌丝污染，单层增殖细胞形成致密的生长晕；＋＋表示组织块增殖较好，但有少量菌丝污染；＋表示组织块增殖少，有明显污染现象，增生细胞易脱落。表 2 同。

2.2 鳃细胞的生长与增殖

鳃组织在离体培养中较易贴壁，细胞增殖较快。鳃组织块培养 24 h 后即有部分细胞从组织块中迁移出来，倒置显微镜下观察，可见鳃丝周围有密集的迁出细胞，以后组织块周围逐渐形成生长晕。培养至第 5 天时，生长良好的鳃组织周围已形成致密的单层增生细胞，但此后细胞生长缓慢，培养时间最长可持续至第 12 天(表2)。

表 2 中国蛤蜊鳃组织块的存活和生长状况

分组	接种组织块数	接种第 n 天后存活的组织块数目						生长状况
		1	3	4	5	7	9	
G1	15	13	7	1	—	—	—	+
G2	15	15	15	14	12	12	3	+ +
G3	15	15	15	12	11	11	9	+ + +

3 讨论

3.1 体外培养细胞的增生能力

鳃和外套膜组织是贝类细胞分裂旺盛的部位，其分生速度快，能在较短的时间内出现增生细胞，便于进行组织和细胞培养。从试验结果看，鳃细胞的增生速度比外套膜细胞更快一些，较早出现增生的游离细胞，并较早形成单层增生细胞，但培养持续的最长时间却比外套膜细胞短。这是因为鳃细胞增生速度快，形成致密单层增生细胞所需的时间也短，老化也较快，如果单层增生细胞不及时转入传代培养，就会因接触抑制，导致细胞贴壁性下降而老化脱落。

此外，消毒灭菌方法对细胞的增生能力也有明显影响。与哺乳动物的组织不同，海洋贝类的许多组织都是暴露在海水中，直接接触到的细菌等微生物较多。比较而言，贝类的鳃由于滤食和呼吸的需要，大量过滤海水，鳃丝上黏附的微生物更多一些。所以，用同样的方法对鳃和外套膜组织块进行消毒灭菌时，可能附着在鳃丝之间的微生物未被彻底杀灭，所以鳃组织在培养过程中往往较易出现菌丝污染现象，而影响细胞的正常增生。

3.2 培养基对细胞增生的影响

培养基中含有细胞生长所需的各种营养物质，是进行组织细胞培养的基础。但合成培养基通常只含有细胞生长必需的氨基酸、维生素等基础物质，实践中常常添加一些辅助营养成分，而添加小牛血清尤为普遍。小牛血清含有多种细胞生长因子，可提供一些特殊的营养成分，促进细胞贴壁和生长，在哺乳动物等细胞培养中被广泛采用。笔者等也曾进行过菲律宾蛤仔外套膜和鳃的组织培养[1,2]，在 Eagle－MEM 和 M199 培养基中添加小牛血清，获得了良好的培养效果。

但小牛血清也是一种成分复杂、不稳定的混合物，存在许多不确定的未知因子。使用含有小牛血清的培养基，往往由于小牛血清的来源和生产批次等不同，不便于控制和提供标准化的细胞体外培养环境。因此，近年来在合成培养基中添加各种生长因子、激素和纤粘素等基质成分的无血清培养基，也被人们较多地采用。贝类组织细胞培养中，采用无血清培养基的报道尚不多见[3－6]，本试验也仅仅是在这方面进行了初步的探索，但表明采用无血清培养基进行贝类组织培养是可行的。

参考文献

[1] 孙振兴，张晾，郝丽红，等．菲律宾蛤仔鳃组织的原代培养［J］．水产科学，2004，23（2）：12－14.

[2] 孙振兴，张晾，刘雪，等．菲律宾蛤仔外套膜组织原代培养的初步研究［J］．海洋科学，2004，28（3）：79－81.

[3] 崔龙波，魏峰，陆瑶华．皱纹盘鲍鳃细胞培养适宜条件的研究［J］．海洋科学，2000，24（7）：17－18.

[4] 王爱民，苏琼，阎冰，等．马氏珠母贝外套膜组织培养［J］．广西科学，2000，7（2）：135－139.

[5] 朗刚华，王勇，刘万顺，等．栉孔扇贝外套膜组织原代培养的初步研究［J］．青岛海洋大学学报，2000，30（1）：123－126.

[6] Machii A. In vitro studies of pearl formation［J］. Applied Cell Biol，1998，15（1）：1－10.

Tissue culture of clam *Mactra chinensis*

Sun Zhenxing[1]，Li Qing[1]，Tang Jinxiu[1]，Wang Jian

（1. *School of Life Sciences*，*Yantai Normal University*，*Yantai* 264025；2. *Laizhou Fisheries Research Institute*，*Laizhou* 261400）

Abstract：The gill and mantle tissues of clam *Mactra chinensis* were primary cultured in vitro with Medium RPMI－1640. The results indicated that the tissues of *Mactra chinensis* could normally growth at the temperature 26 ~ 27℃, pH 7.4 and absence of calf serum in the medium. The dissociation cells of gill were appeared from the gill tissue block on the after 24 hours of the cultivation, the most lasting times of cultivation could continue to 12th day. The dissociation cells of mantle were appeared from the mantle tissue block on the after 48 hours of the cultivation, the most lasting times of cultivation could continue to 14th day.

Key words: *Mactra chinensis*; gill; mantle; tissues culture; primary culture

几个因素对菲律宾蛤仔组织培养的影响①

李云玲[1②]，孙振兴[1]，陈丽媛[1]，李 田[1]，徐晓波[1]，张明青[2]

（1. 烟台师范学院生命科学学院，烟台 264025；2. 青岛高利来食品有限公司，青岛 266555）

摘要：研究了不同消毒剂和培养基对菲律宾蛤仔组织培养的影响。结果表明，在术必泰主要成分醋酸氯己定（$C_{26}H_{36}O_4N_{10}C_{12}$）的有效浓度为 100 ~ 200 μg/mL、或复方新洁尔灭主要成分苯扎溴铵（$C_{21}H_{38}BrN$）的有效浓度为 300 ~ 600 μg/mL 时，既能有效杀灭黏附在组织块上的细菌，又能保持细胞活性而不影响细胞生长。在 D – MEM、M199 和 RPMI – 1640 三种培养基中，蛤仔的外套膜和鳃细胞均能正常生长，其中 D – MEM、M199 的培养效果优于 RPMI – 1640。

关键词：菲律宾蛤仔；组织培养；消毒剂；培养基

水生无脊椎动物的组织培养不仅可以为分离与检测病毒提供宿主细胞，而且在细胞遗传学、免疫学、毒理学等方面也有很大的应用价值。因此，建立连续性细胞系，无论对基础理论研究还是实际应用都有着重要意义。菲律宾蛤仔（*Ruditapes philippinarum* Adams et Reeve）广泛分布于我国南北方沿海，是一种重要的养殖经济贝类。为建立其细胞系，作者曾进行过菲律宾蛤仔鳃和外套膜的组织培养[1,2]，证实了原代培养的可行性。但水生无脊椎动物的组织培养较之哺乳动物困难得多[3]，除了两者的细胞生长特性不同之外，影响水生无脊椎动物组织培养的关键因素诸如组织的除菌净化、适宜的培养基等问题尚未得到根本解决。基于此原因，笔者探讨了不同消毒剂和不同培养基对菲律宾蛤仔组织培养的影响，以期为蛤仔的传代培养及建立细胞系打下基础。

---

① 本文原载《湖北农业科学》，2006 年 3 月，第 45 卷第 2 期，232 – 235 页。

资助项目：山东省自然科学基金项目（Y2002D12）。

② 第一作者简介：李云玲（1982—），女，硕士研究生，研究方向海洋动物生物学。通讯作者：孙振兴。

1 材料与方法

1.1 材料

试验用1～2龄菲律宾蛤仔购自烟台农贸市场，平均壳长2.5 cm，平均个体鲜重9.5 g。试验前将活贝放入有充气装置的水族箱内暂养数小时以吐净泥沙，暂养海水中添加适量抗生素以抑制细菌。

1.2 培养基及其添加成分

RPMI－1640，Dulbecco－MEM（D－MEM）和M199三种基础培养基均为美国Gibco公司产品，小牛血清为浙江金华市清湖犊牛利用研究所产品。各种培养基均按说明书用三蒸水配制，三种培养基的添加成分相同，即每1 000 mL培养基中包括NaCl 3.5 g，小牛血清100 mL，水解乳蛋白5.0 g，L－谷氨酰胺0.3 g，植物血球凝集素（phytohemagglutinin，PHA）5 mg[4]，青霉素0.8×10^5 U，链霉素1.0×10^5 U，pH值调至7.4，用Nalgene抽滤器经0.22 μm微孔滤膜过滤除菌后4℃保存备用。Hanks液等按常规方法配制灭菌，贴壁物质采用自制的鼠尾胶原[5]。

1.3 消毒剂的配制

市售术必泰液为北京朝阳北郊消毒用品厂产品，主要成分为0.5%（W/V）醋酸氯己定，用三蒸水分别稀释成10倍、20倍、25倍、33.3倍、50倍和100倍溶液供试验使用。复方新洁尔灭液为山东利尔康消毒科技有限公司产品，主要成分为3.0%（W/V）苯扎溴铵，用无菌过滤海水（煮沸10 min充分冷却数小时后使用，盐度为31.26）分别稀释成10倍、20倍、25倍、33.3倍、50倍和100倍溶液供试验使用。青－链霉素双抗液用无菌过滤海水配制，其中青霉素为4 000 U/mL，链霉素为5000 U/mL[6]。

1.4 方法

将蛤仔贝壳用70%的酒精棉球擦净后，用解剖器具取出蛤仔的外套膜和鳃组织，用无菌海水冲净组织表面的黏液，将冲洗好的外套膜和鳃置于不同消毒液中，按照试验设计的时间浸泡消毒，再用Hanks液反复冲洗灭菌后的组织块，以去除多余的消毒液。将组织块剪成1 mm^3左右的小块，分散排布在涂有胶原的25 cm^2培养瓶内壁上，4～6 h后翻瓶添加培养液，以后每隔3天更换一次培养液，以组织块培养法进行封闭培养。培养温度26℃，pH值7.4左右，培养期间每天用倒置显微镜观察拍照。在不同消毒剂试验中，以无菌海水浸泡处理的组织块作为对照，各试验组均使用D－MEM培养基。在不同培养基试验中，组织块消毒均采用双抗液浸泡20 min。

2 结果

2.1 不同消毒剂的除菌效果

不同稀释倍数的术必泰对菲律宾蛤仔外套膜的除菌效果如表1所示，当醋酸氯己定有效浓度大于等于100 μg/mL时，可有效抑制细菌，细胞迁出正常（图1-1）；但有效浓度大于等于250 μg/mL时，则组织块贴壁率明显下降，且影响细胞的迁出。

表1 不同浓度术必泰对菲律宾蛤仔外套膜的除菌效果

编号	稀释倍数	醋酸氯己定含量（μg/mL）	处理时间（s）	贴壁率（%）	细胞迁出时间（h）	48 h后是否染菌
1	1:10	500	30	40.0	未迁出	-
2	1:20	250	30	33.3	9.0	-
3	1:25	200	30	66.7	7.5	-
4	1:33.3	150	30	77.8	6.5	-
5	1:50	100	30	85.7	5.0	-
6	1:100	50	30	80.0	—	+
16	对照	0	30	71.4	—	+

注：贴壁率=贴壁的组织块数÷接种的组织块总数；-表示未污染，+表示细菌污染，表2同。

不同稀释倍数的新洁尔灭对菲律宾蛤仔外套膜的除菌效果如表2所示，当苯扎溴铵有效浓度为300～1 500 μg/mL时，均可有效抑制细菌，细胞迁出正常（图1-3），但随着有效浓度增加，细胞迁出时间延长；有效浓度为3 000 μg/mL时对组织块损伤严重，虽然仍可贴壁，但其边缘发黑变薄，已不能正常迁出细胞，随着时间的延长，组织块逐渐从瓶壁脱落。

表2 不同浓度新洁尔灭对菲律宾蛤仔外套膜的除菌效果

编号	稀释倍数	苯扎溴铵含量（μg/mL）	处理时间（s）	贴壁率（%）	细胞迁出时间（h）	48 h后是否染菌
10	1:10	3 000	30	50.0	未迁出	-
11	1:20	1 500	30	80.0	7.5	-
12	1:25	1 200	30	75.0	6.0	-
13	1:33.3	900	30	66.7	5.5	-

续表

编号	稀释倍数	苯扎溴铵含量（μg/mL）	处理时间（s）	贴壁率（%）	细胞迁出时间（h）	48 h 后是否染菌
14	1:50	600	30	60.0	4.0	-
15	1:100	300	30	83.3	3.0	-
16	对照	0	30	71.4	—	+

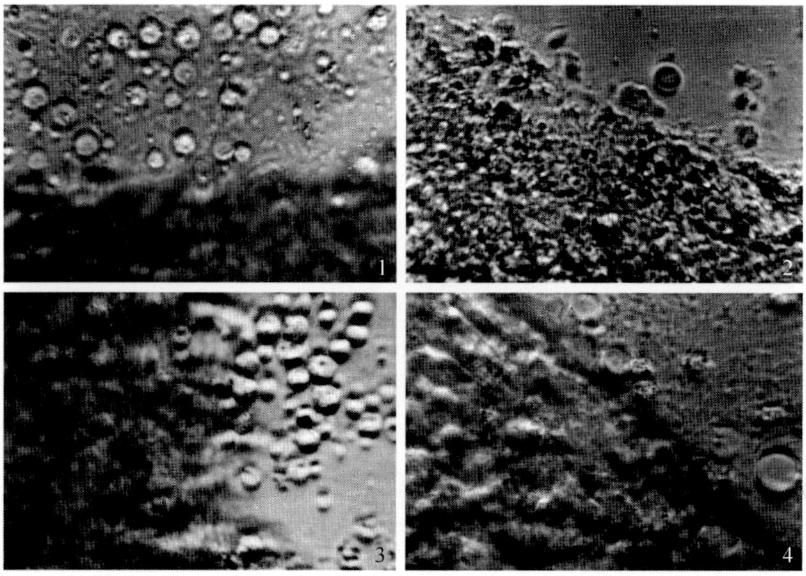

图 1　不同消毒剂处理后的外套膜和鳃细胞生长状况

1. 醋酸氯己定有效浓度 100 μg/mL 处理 30 s 后的外套膜组织，D－MEM 培养 20 h，示细胞迁出正常，×400；2. 双抗液处理 20 min 后的鳃组织，M199 培养 20 h 的增生细胞，×400；3. 苯扎溴铵有效浓度 300 μg/mL 处理 30 s 后的外套膜组织，D－MEM 培养 20 h，示细胞迁出正常．×400；4. 双抗液处理 20 min 后的外套膜组织，RPMI－1640 培养 20 h，示细胞生长正常，×400

同时，还分别用上述两种消毒剂的不同稀释倍数处理菲律宾蛤仔鳃组织 30 s。在同样处理条件下，对鳃的除菌效果要比外套膜略差。这是由于鳃组织有大量的鳃丝，在滤食的同时鳃丝表面也黏附了很多细菌，所以除菌比外套膜困难。对鳃组织除菌效果较好的试验组有：醋酸氯己定有效浓度 100 μg/mL、苯扎溴铵有效浓度 300 μg/mL，表明低浓度的消毒剂对组织块的损伤较小，细胞增殖快，迁出的细胞形状规则，数量也较多。

2.2　鳃和外套膜组织在不同培养基中的生长状况

组织块在不同培养基中的生长状况主要根据细胞开始迁出的时间、迁出数量以及迁出细胞的形态进行评价，此外，相同来源组织块在不同培养基中的贴壁率，也是衡量培养基适合与否的一个方面。

培养 5 h 后观察鳃组织的生长情况，在 D－MEM 和 M199 培养基中已有增生细胞迁出，但在 RPMI－1640 培养基中无迁出细胞；20 h 后观察，D－MEM 和 M199 培养基中的迁出细胞数量较多（图 1－2），而 RPMI－1640 培养基中迁出细胞较少；培养 48 h 后迁出细胞数量逐渐增多，三种培养基差别不明显。鳃组织块在培养 7 h、24 h 和 48 h 时的贴壁率如图 2 所示，对鳃组织而言，D－MEM 和 M199 的效果优于 RPMI－1640，但前两者差异不大。

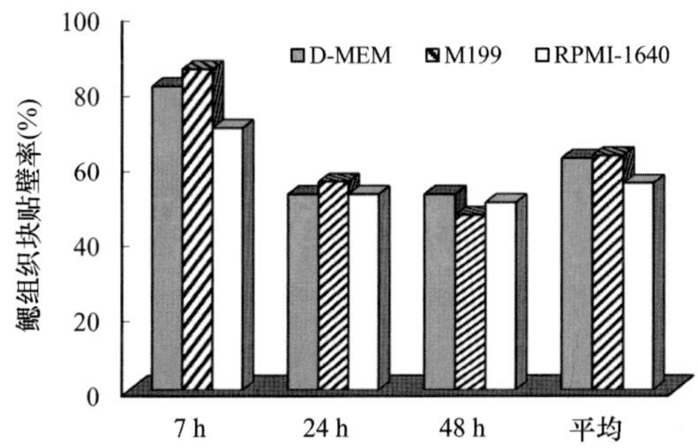

图 2　不同培养基中鳃组织块的贴壁率比较

培养 10 h 后观察外套膜组织的生长情况，在 D－MEM 和 M199 培养基中已有增生细胞迁出，但在 RPMI－1640 培养基中细胞迁出极少；20 h 后观察，细胞迁出数量依次为 D－MEM > M199 > RPMI－1640，迁出细胞多为圆形或椭圆形的透明细胞，胞质均匀、透亮（图 1－4）。培养 48 h 后迁出细胞数量增多，在前两种培养基中的迁出细胞数量稍多于 RPMI－1640 培养基。外套膜组织块在培养 5 h、24 h 和 48 h 时的贴壁率如图 3 所示，从总体上看，D－MEM 的效果优于 M199 和 RPMI－1640 培养基，培养的细胞最长可成活 14 天。

3　讨论

3.1　消毒剂的选择及其对菲律宾蛤仔组织培养的影响

哺乳动物的脏器不直接与外界接触，而海洋贝类的大多数器官组织都直接与外界海水接触，加之埋栖型贝类生活在泥沙底质中，因而其组织表面有大量的细菌、真菌等，如果除菌不彻底，在组织培养时极易造成污染。组织块的除菌消毒效果，在很大程度上决定了组织培养能否成功。因此，选择适宜的消毒剂并确定其杀菌浓度，是极为重要的。

术必泰是一种由多种抗菌剂、表面活性剂及增效剂合成的复合型速效消毒剂，

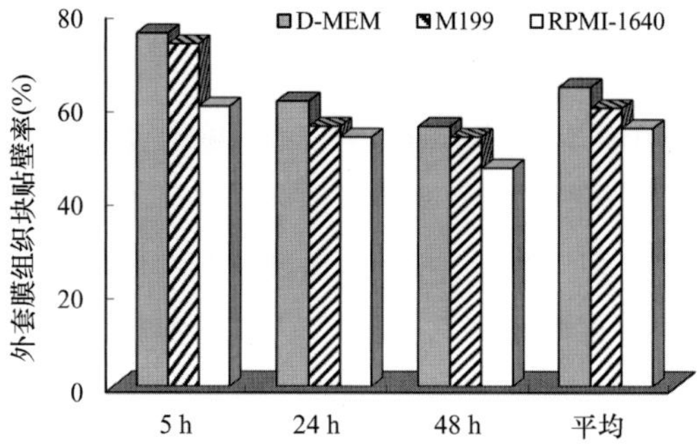

图 3　不同培养基中外套膜组织块的贴壁率比较

其主要杀菌成分为醋酸氯己定（$C_{26}H_{36}O_4N_{10}Cl_2$）、异噻唑啉酮等，具有高效、广谱、迅速及持久的杀菌作用，不仅对细菌有效，而且对真菌等也有效，此外，还具有性能稳定、无毒、无着色，pH 值为中性等特点，主要用于医院手术前的皮肤消毒等。

复方新洁尔灭属于季铵盐类化合物中的阳离子表面活性剂，其主要成分为苯扎溴铵（$C_{21}H_{38}BrN$），还含有咪唑磷等。苯扎溴铵可改变细菌质膜的通透性，使菌体内的物质外渗，阻碍细菌的代谢而使其死亡。咪唑磷是两性离子表面活性剂，在水中可解离出阳离子、阴离子及两性离子，能增加对带电荷细菌的穿透性，从而增强杀菌力。复方新洁尔灭的特点是易溶于水、无色、无刺激性、无腐蚀性、无毒性，性能稳定，对革兰阳性菌作用较强；但其杀菌谱较窄，对革兰阴性菌的作用差，对一些杆菌和芽孢无效，是一种低效消毒剂[7]。

在使用以上两种消毒剂时，考虑到渗透压对组织培养的影响，试验中采用无菌过滤海水稀释消毒剂，但由于术必泰易与海水中的某些离子作用形成絮状沉淀，所以改用三蒸水稀释术必泰。高浓度的消毒剂虽然能彻底杀菌，但对细胞的损伤也很大，影响组织块的成活及细胞的生长，这是由于贝类外套膜、鳃的组织学特点与哺乳动物皮肤不同的缘故，加上取样部位的组织很薄，即使短暂的数十秒浸泡也会导致贝类组织完全死亡。试验结果表明，在术必泰中醋酸氯己定的有效浓度为 100 ~ 200 μg/mL、或复方新洁尔灭中苯扎溴铵的有效浓度为 300 ~ 600 μg/mL，处理时间 30 s 的情况下，即能有效杀菌，又能保持细胞活性而不影响细胞增生。高于上述浓度，即使组织块贴壁成活，但细胞迁出时间延迟，这可能是由于消毒剂对细胞的副作用所致。

使用青霉素和链霉素可有效地抑制细菌、降低污染率，这在细胞与组织培养中已被广泛证实。但由于青、链霉素对许多海洋弧菌不起作用，加上一些细菌的耐药性，仅仅使用抗生素往往难以达到满意的除菌效果，因此采用消毒剂除菌是必要的。

3.2 培养基成分对菲律宾蛤仔组织培养的影响

离体组织培养过程中为了使细胞能正常生长和繁殖，必须创造适宜的条件，尽量接近细胞原来生长的环境，包括培养基、培养温度、pH 值、渗透压和氧气等，其中，培养基是关键因素。用于动物细胞和组织培养的人工合成培养基有 MEM，D－MEM，L－15，RPMI－1640，M199 等，为了促进细胞的生长，人们通常在合成培养基的基础上添加一些成分，例如在疣鲍（*Haliotis tuberculata*）血细胞培养时添加了表皮生长因子[8]；在皱纹盘鲍外套膜组织培养时添加了胰岛素[6]；在马氏珠母贝外套膜组织培养时添加了鸡组织提取物[9]等，都取得了较好的效果。PHA 是从豆科植物中提取的一种糖蛋白，其主要成分为 D－甘露糖、氨基葡萄糖酸衍生物所构成的低聚糖辅基与蛋白质的复合物，是脊椎动物细胞培养中常用的一种有丝分裂原，具有促进细胞分裂的功能。但 PHA 浓度超过 200 μg/mL 时可能会抑制细胞 DNA 合成，使细胞增殖发生障碍[10]。本试验在培养基中添加了 5 μg/mL PHA，对促进菲律宾蛤仔细胞增殖起到了一定的作用，由于其浓度低，所以不会对细胞产生副作用。

试验所用 3 种培养基均能使菲律宾蛤仔外套膜和鳃细胞正常生长，其中 D－MEM、M199 的培养效果总体上优于 RPMI－1640。但应当指出，贝类的组织细胞培养至今仍沿用着经典的陆地哺乳动物的细胞培养基，由于贝类等水生无脊椎动物与哺乳动物的代谢途径有很大差异，对各种营养因子的需求也不同，因此，对贝类适宜的培养基和添加成分，有必要从贝类细胞基础代谢的角度深入研究。

参考文献

[1] 孙振兴，张晾，郝丽红，等．菲律宾蛤仔鳃组织的原代培养［J］．水产科学，2004，23（2）：12－14.

[2] 孙振兴，张晾，刘雪，等．菲律宾蛤仔外套膜组织原代培养的初步研究［J］．海洋科学，2004，28（3）：79－81.

[3] 于森，管华诗，郭华荣，等．鱼类细胞培养及其应用［J］．海洋科学，2003，27（3）：4－8.

[4] 张卓然．培养细胞学与细胞培养技术［M］．上海：上海科学技术出版社，2004：29－37.

[5] 程宝鸾．动物细胞培养技术［M］．广州：华南理工大学出版社，2000：30－54.

[6] 李霞，刘淑范．皱纹盘鲍的组织培养［J］．水产学报，1997，21（2）：197－200.

[7] 张玮，朱玉玲，孙燕晓，等．复方新洁尔灭消毒剂杀菌效果及毒性试验观察［J］．医学动物防制，2004，20（12）：720－724.

[8] Lebel J M，Giard W，Favrel P，et al. Effects of different vertebrate growth factors on primary cultures of hemocytes from the gastropod mollusc，*Haliotis tuberculata*［J］．Biology of the Cell，1996，86（1）：67－72.

[9] 刘汀，沈亦平，郑俊英，等．马氏珠母贝外套膜组织培养基的设计［J］．武汉大学学报（自然科学版），1998，44（2）：221－224.

[10] 范红，李曼军，黄敏，等．PHA 对日本血吸虫成虫细胞鸟氨酸脱羧酶活性作用的研究［J］．湖北预防医学杂志，2001，12（12）：1－2.

Several factors in tissue culture for *Ruditapes philippinarum*

Li Yunling[1], Sun Zhenxing[1], Chen Liyuan[1], Li Tian[1], Xu Xiaobo[1], Zhang Mingqing[2]

(1. *School of Life Sciences*, *Yantai Normal University*, *Yantai* 264025; 2. *Gaolilai Foodstuff Limited Corporation*, *Qingdao* 266555)

Abstract: The influences of different disinfectant and culture medium were studied to the tissue culture of *Ruditapes philippinarum*. The results showed: When the effective concentration of $C_{26}H_{36}O_4N_{10}Cl_2$ was 100 ~ 200 μg/mL on the Shubitai disinfectant, or effective concentration of $C_{21}H_{38}BrN$ was 300 ~ 600 μg/mL on the compound bromo geramine, they could effective kill the bacterium adhered to tissue blocks as well as could keep the activation of cells, not influence made the growth of cells. In the three kind media of the D－MEM, M199 and RPMI－1640, the cells of mantle and gill of clam all could grow normally, effect of D－MEM and M199 were both excelled RPMI－1640.

Key words: *Ruditapes philippinarum*; tissue culture; disinfectant; culture medium

金属离子对皱纹盘鲍组织培养的影响①

孙振兴，李 清，张 莉，马运超，张 媛

（鲁东大学生命科学学院，烟台 264025）

摘要： 采用 3 因素 3 水平 L_9（3^4）的正交设计，以组织块增殖百分率作为评价指标，研究了在 M199 和 RPMI－1640 培养基中分别添加 Ca^{2+}，Mg^{2+}，Zn^{2+} 金属离子对鲍的外套膜和上足触手组织培养的影响。结果显示，添加 Ca^{2+} 和 Zn^{2+} 对细胞增殖具有明显的促进作用，Mg^{2+} 的作用不明显；对上足触手细胞生长最好的组合为添加 5 g/L 的 Ca^{2+}、1 g/L 的 Mg^{2+} 和 20 μg/L 的 Zn^{2+}；对外套膜细胞生长最好的组合为添加 1 g/L 的 Ca^{2+}、1 g/L 的 Mg^{2+} 和 60 μg/L 的 Zn^{2+}。

关键词： 皱纹盘鲍；外套膜；上足触手；组织培养；金属离子

皱纹盘鲍（*Haliotis discus hannai*）是我国北方沿海重要的经济贝类之一，近年来鲍的养殖业发展迅速，但由于病毒等引起的疾病严重地影响了鲍的养殖成活率和经济效益。进行鲍的组织和细胞培养研究，旨在建立鲍的连续细胞系，以便为病毒性疾病研究提供宿主细胞，为防治鲍的疾病奠定基础。有关鲍的组织培养研究虽有一些报道[1－2]，但至今尚未获得细胞系。

在细胞生命过程中必不可少的金属元素被称为生命金属[3]。在生物体内，大多数微量金属离子是酶体系或其他蛋白质的关键成分，它们常参与构成酶的活性中心，对酶的活性及构象起着稳定作用，以利于底物接近，并通过酶－金属离子－底物三者的诱导应变配合，抑制或激活酶的活性，促进细胞的代谢和生长繁殖，生命金属缺乏或过量都会对细胞生命活动产生不利的影响。因此，研究生命金属对细胞的生物学效应，有着重要的理论和实践意义。在培养基中加入钙和镁有助于体外培养的对虾肝胰腺细胞贴壁生长[4]，但有关金属离子在贝类组织和细胞培养中的作用，尚未见报道。本文研究了在培养基中添加 Ca^{2+}、Mg^{2+} 和 Zn^{2+} 三种金属离子对鲍外套膜和上足触手细胞生长的影响，以期为建立鲍的细胞系提供依据。

---

① 本文原载《鲁东大学学报（自然科学版）》，2006 年 9 月，第 22 卷第 3 期，224－227 页。
资助项目：山东省自然科学基金项目（Y2002D12）。

1 材料与方法

1.1 供试动物

供试动物为人工养殖的 2 龄皱纹盘鲍，壳长 4.0 ~ 5.0 cm。试验前将健康活鲍放入室内有充气装置的水族箱内暂养 24 h，暂养海水中添加抗生素，以抑制细菌。

1.2 培养基

基础培养基 M199 和 RPMI - 1640 均为美国 Gibco 公司产品，其他试剂为国产分析纯。培养基按常规方法配制，经 Nalgene 抽滤装置灭菌后使用，pH 值调整为 7.4 ~ 7.5。Ca^{2+} 和 Mg^{2+} 分别用 $CaCl_2$ 和 $MgCl_2$ 配制成 100 g/L 的母液，Zn^{2+} 用 $ZnSO_4$ 配制成 2 mg/L 的母液，使用时用微量移液器添加至培养基中。

1.3 试验设计

采用 3 因素 3 水平 L_9（3^4）的正交设计，3 种金属离子的添加浓度各设 3 个水平，Ca^{2+} 添加浓度（A）设 1 g/L、3 g/L、5 g/L；Mg^{2+} 添加浓度（B）设 1 g/L、3 g/L、5 g/L；Zn^{2+} 添加浓度（C）设 20 μg/L、60 μg/L、100 μg/L。共 9 个试验组，每组均为 2 个平行重复。

1.4 培养方法

将外套膜和上足触手组织块接种于培养瓶中进行封闭培养[5]，接种 12 h 后翻瓶添加培养液，以后每天更换培养液一次，培养温度 26℃ ± 0.5℃，pH 值为 7.4 ~ 7.5。每次更换培养液时，根据试验要求分别向培养基中添加不同量的 Ca^{2+} 、Mg^{2+} 、Zn^{2+} 溶液。

1.5 细胞增殖评价指标与数据处理

以培养第 7 天时，接种组织块周缘有 1/2 以上出现增生细胞的组织块数量占全部接种组织块数量的百分率作为评价细胞增殖的指标。分别计算 3 因素各水平之和（k 值）与极差（R），并进行直观分析。

2 结果

2.1 上足触手组织块的增生

鲍上足触手组织块增生的正交试验及结果直观分析见表 1。从表 1 可以看出，增生率以第 8 组最高，各因素水平为 $A_3B_2C_1$，其次为第 1 组，其组合为 $A_1B_1C_1$；从 R 值看，3 因素对上足触手组织块增生率的影响大小依次为 Zn^{2+}、Ca^{2+}、Mg^{2+}，而且各因素的 R 值均大于空列 Re 值，说明 3 因素对组织块增生率的影响显著。

表 1　鲍上足触手组织块增生结果及直观分析

试验号	A	B	C	D	组织块增生率（%）		
	Ca^{2+}（g/L）	Mg^{2+}（g/L）	Zn^{2+}（μg/L）	空列	X_1	X_2	$X = X_1 + X_2$
1	1（1）	1（1）	1（20）	1	66.7	81.8	148.5
2	1	2（3）	2（60）	2	37.5	53.3	90.8
3	1	3（5）	3（100）	3	57.1	50.0	107.1
4	2（3）	1	2	3	62.5	50.0	112.5
5	2	2	3	1	30.0	30.0	60.0
6	2	3	1	2	66.7	63.6	130.3
7	3（5）	1	3	2	50.0	77.8	127.8
8	3	2	1	3	75.0	91.7	166.7
9	3	3	2	1	58.3	83.3	141.6
k_1	115.47	129.60	148.50	116.70			
k_2	100.93	105.83	114.97	116.30			
k_3	145.37	126.33	98.30	128.77			
R	44.43	23.77	50.20	12.47			

注：括号内数字表示各金属离子的添加浓度，表 2 同。

分析 k 值变化可以看出，5 g/L 的 Ca^{2+}（A_3）、1 g/L 的 Mg^{2+}（B_1）、20 μg/L 的 Zn^{2+}（C_1）时，k 值最大，即各因素的最佳水平组合为 $A_3B_1C_1$，这与增生率的直观分析结果基本一致。培养第 7 天时鲍上足触手细胞的增殖状况见图 1 – a。

2.2　外套膜组织块的增生

鲍外套膜组织块增生的正交试验及结果直观分析见表 2。从表中可以看出，增生率以第 1 组最高，各因素水平为 $A_1B_1C_1$，其次为第 2 组，其组合为 $A_1B_2C_2$；从 R 值看，3 因素对外套膜组织块增生率的影响大小依次为 Ca^{2+}、Zn^{2+}、Mg^{2+}，而且各因素的 R 值均大于空列 Re 值，说明 3 因素对组织块增生率的影响显著。

表 2　鲍外套膜组织块增生结果及直观分析

试验号	A	B	C	D	组织块增生率（%）		
	Ca^{2+}（g/L）	Mg^{2+}（g/L）	Zn^{2+}（μg/L）	空列	X_1	X_2	$X = X_1 + X_2$
1	1（1）	1（1）	1（20）	1	80.0	33.3	113.3
2	1	2（3）	2（60）	2	66.7	28.6	95.3
3	1	3（5）	3（100）	3	25.0	18.2	43.2
4	2（3）	1	2	3	60.0	0	60.0
5	2	2	3	1	23.5	12.5	36.0
6	2	3	1	2	7.7	0	7.7
7	3（5）	1	3	2	20.0	22.2	42.2
8	3	2	1	3	46.7	33.3	80.0
9	3	3	2	1	33.3	33.3	66.6
k_1	83.93	71.83	67.00	71.97			
k_2	34.57	70.43	73.97	48.40			
k_3	62.93	39.17	40.47	61.07			
R	49.37	32.67	33.50	23.57			

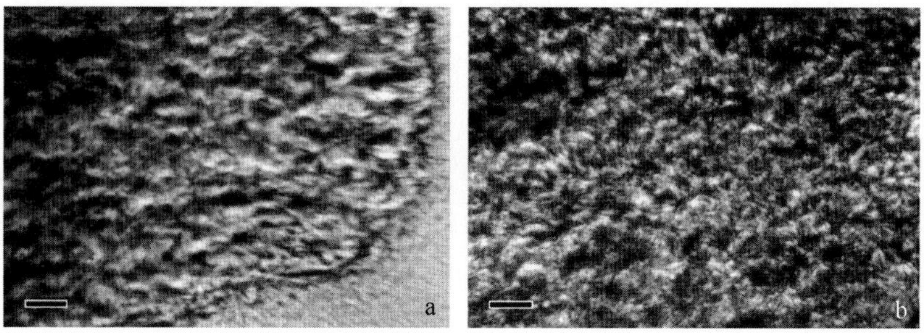

图 1　培养第 7 天时鲍上足触手和外套膜细胞的增殖状况

a. 上足触手细胞（添加 Ca^{2+} 5 g/L、Mg^{2+} 3 g/L 和 Zn^{2+} 20 μg/L），标尺 = 10 μm；

b. 外套膜细胞（添加 Ca^{2+} 1 g/L、Mg^{2+} 1 g/L 和 Zn^{2+} 20 μg/L），标尺 = 40 μm

分析 k 值变化可以看出，在 1 g/L 的 Ca^{2+}（A_1）、1 g/L 的 Mg^{2+}（B_1）、60 μg/L的 Zn^{2+}（C_2）时，k 值最大，即各因素水平的最优组合为 $A_1B_1C_2$，这与增生率的直观分析结果是基本吻合的。培养第 7 天时鲍外套膜细胞的增殖状况见图 1－b。

3 讨论

Ca^{2+}是细胞生命活动中必不可少的营养元素，参与生物体内的代谢调节、肌肉收缩、神经信号的传递、酶促反应、细胞离子交换等重要生理过程，因此，Ca^{2+}的含量将对细胞的生长和增殖产生重要影响。体外培养细胞的贴壁生长与微丝形成的应力纤维有密切关系，在培养基中添加适量Ca^{2+}，有利于细胞吸收Ca^{2+}，促进应力纤维的形成[3]。试验中，Ca^{2+}为1 g/L时，外套膜细胞生长最好；Ca^{2+}为5 g/L时，上足触手细胞生长最好。前者虽然与培养日本对虾肝胰腺细胞加入1 g/L的Ca^{2+}时生长最好的结果[4]相类似，但也说明不同组织对Ca^{2+}的需求是不同的。

试验结果表明，20～60 μg/L的Zn^{2+}即可促进培养细胞的生长，说明Zn^{2+}对皱纹盘鲍细胞生长的影响是极为明显的。锌是生物体的必需元素，参与DNA的复制、RNA的转录及细胞内的各种生命活动，它主要以Zn^{2+}的形式与蛋白质结合存在于机体中。Zn^{2+}是酶的激活剂，对细胞的增殖作用可能与其参与构成多种酶和辅酶有关。Zn^{2+}也可作为某些酶的辅酶参与生物体内的代谢，通过结合到质膜上或通过金属催化的脂质过氧化反应使质膜处于稳定状态，对维持细胞膜的结构和功能起重要作用。但Zn^{2+}浓度过高会对细胞产生毒性，这是由于核酸内切酶中存在着相同的Zn^{2+}、Ca^{2+}结合位点，当细胞内Zn^{2+}浓度较高时，Zn^{2+}和Ca^{2+}与核酸内切酶竞争性结合，从而抑制了DNA酶的活性[6]。Kim等[7]曾报道，当Zn^{2+}浓度达30 μmol/L以上时，培养24 h的哺乳动物神经元因DNA降解而发生凋亡。

Mg^{2+}能激活细胞中的许多酶，对DNA复制和蛋白质的生物合成至关重要，Mg^{2+}对维持体液和细胞内电荷平衡有着重要作用，还对某些酶、蛋白质的构象起稳定作用[3]。试验证明，Mg^{2+}浓度为0.3～1.0 mmol/L时，对体外培养的人内皮细胞增殖有明显的促进作用[8]。本试验中，Mg^{2+}对鲍细胞增殖的促进作用不如Ca^{2+}和Zn^{2+}明显，表明不同细胞生长对金属离子的需求是不同的。

金属离子对细胞增殖具有促进作用，是因为这些元素在各种金属蛋白和金属酶中承担重要的功能，但如果这些元素出现在不适当的时机和位置，就会对机体中的其他生物分子产生毒性，导致蛋白质聚集，或者受到金属催化引起分子的氧化损伤或失活等，因此这些金属离子在生物体内必须处于严格的内稳态控制中[9]。有关水生生物与水体中金属离子相互作用的机理还有待深入研究[10]。

参考文献

[1] 李霞，刘淑范．皱纹盘鲍的组织培养［J］．水产学报，1997，21（2）：197－198.

[2] 崔龙波，魏峰，陆瑶华．皱纹盘鲍鳃组织培养适宜条件的研究［J］．海洋科学，2000，24（7）：17－18.

[3] 萨克林 C J. 酶化学：影响与应用［M］. 金道森，童林荟，姚钟麒，等译. 北京：科学出版社，1991：40－108.

[4] 王宏伟，王安利，王维娜，等. 金属离子对培养日本对虾肝胰腺细胞的影响［J］. 动物学杂志，2003，38（5）：6－10.

[5] 孙振兴，张晾，刘雪，等. 菲律宾蛤仔外套膜组织原代培养的初步研究［J］. 海洋科学，2004，28（3）：79－81.

[6] 罗琦，王建华，王远亮，等. 金属离子在细胞凋亡中的调控作用［J］. 重庆大学学报，2003，26（8）：97－101.

[7] Kim Y H，Kim E Y，Gwag B J，et al. Zinc－induced cortical neuronal death with features of apoptosis and necrosis：mediation by free radicals［J］. Neuroscience，1999，89（1）：175－182.

[8] 吕晓华，王瑞叙. 镁对人脐静脉内皮细胞增殖活力的影响［J］. 中国公共卫生，2001，17（9）：807－808.

[9] 黄仲贤. 金属蛋白研究中几个值得注意的动向［J］. 化学进展，2002，14（4）：318－322.

[10] 刘彬，王维，邓南圣. 水生生物与金属离子相互作用机理研究现状［J］. 水生生物学报，2002，26（6）：697－703.

Effects of metal ions on tissue culture of *Haliotis discus hannai*

Sun Zhenxing，Li Qing，Zhang Li，Ma Yunchao，Zhang Yuan

（*School of Life Science*，*Ludong University*，*Yantai* 264025）

Abstract：The effects of three metal ions on the cultured tissue from mantle and epipodial tentacle of *Haliotis discus hannai* with Ca^{2+}，Mg^{2+} and Zn^{2+} ions which are added into the M199 and RPMI－1640 medium are studied respectively. The experiment is projected according to orthogonal design L_9（3^4），the proliferation percent of tissue blocks is estimated as the indicator of growth. The results show that the Ca^{2+} and Zn^{2+} have an obvious effect on accelerating the proliferation of cultured cells，but the effect of the Mg^{2+} is not evident. When the concentration of Ca^{2+} is 5 g/L，Mg^{2+} is 1 g/L and Zn^{2+} is 20 μg/L，the growth of cells of epipodial tentacle is the best. But the best growth conditions of the mantle cells are that the concentration of Ca^{2+} is 1 g/L，Mg^{2+} 1 g/L and Zn^{2+} 60 μg/L.

Key words：*Haliotis discus hannai*；mantle；epipodial tentacle；tissue culture；metal ions

体外培养菲律宾蛤仔外套膜细胞的增殖①

李云玲②，孙振兴

（鲁东大学生命科学学院，烟台 264025）

摘要： 以 D－MEM 和 M199 为基础培养基，对菲律宾蛤仔的外套膜进行了细胞培养，并以 RNA/DNA 比值作为评价细胞增殖的指标。结果表明，外套膜细胞增殖的主要形式是从组织块中迁出，培养前期细胞分泌旺盛，细胞在体外生长可达 15 天；外套膜细胞在 D－MEM 中的生长优于 M199；RNA/DNA 指标与直观观察的细胞生长状况相吻合，利用这一指标，有助于客观评价体外培养菲律宾蛤仔细胞的增殖特性。

关键词： 菲律宾蛤仔；细胞培养；外套膜

菲律宾蛤仔（*Ruditapes philippinarum*）是一种重要的水产养殖经济贝类，笔者对体外培养的菲律宾蛤仔外套膜细胞的增殖特性进行了试验观察，并利用 RNA/DNA 比值评价了培养细胞的增殖状况，以期为细胞培养条件的优化和建立细胞系提供依据。

1 材料与方法

1.1 材料

试验用 1～2 龄菲律宾蛤仔（以下简称蛤仔）购自山东省烟台市农贸市场，平均壳长 3.0 cm，平均体重 9.5 g。试验前将活贝放入有充气装置的水族箱内暂养数小时以吐净泥沙，暂养海水中添加青－链霉素双抗（20 mg/L）以抑制细菌产生。

1.2 培养基与消毒剂

基础培养基分别为 Gibco 公司生产的 Dulbecco－MEM（D－MEM）和 M199，并适量添加一些补充成分[1]，Hanks 液等按常规方法配制灭菌，贴壁物质采用多聚赖

---

① 本文原载《安徽农业科学》，2007 年 2 月，第 35 卷第 5 期，1375－1376 页。

资助项目：鲁东大学研究生创新基金项目（Ycx0611）。

② 第一作者简介：李云玲（1982—），女，硕士研究生，研究方向海洋动物生物学。通讯作者：孙振兴。

氨酸。消毒剂用过滤的 Hanks 液配制，各成分和质量浓度分别为青霉素 4 000 U/mL，链霉素 5000 U/mL，制霉菌素 400 μg/mL，醋酸氯己定 5 μg/mL。

1.3 细胞培养方法

培养方法采用组织块培养法[1]，培养过程中用倒置显微镜进行观察。

1.4 RNA/DNA 比值的测定

参考 Buckley 的方法[2]略加改进。取培养一定时间的细胞加入适量经预冷的 0.05 mol/L Tris－HCl 缓冲液（pH 值为 7.4），用匀浆器匀浆；取 0.7 mL 匀浆液，加入冷的 0.6 mol/L $HClO_4$ 液 0.35 mL，在冰上冷却 15 min；在 0～4℃的条件下，12 000 r/min 离心 10 min，弃上清液；在沉淀中加入 1.0 mL 冷的 0.2 mol/L $HClO_4$ 液，离心 10 min，弃上清液；向沉淀中加入 0.3 mol/L KOH 液 0.56 mL，37℃水浴 1 h后，在冰上冷却 30 min，离心后取上清液，用分光光度计测出 260 nm 下的 RNA 吸光值。然后在沉淀中加入 0.2 mol/L 冷的 $HClO_4$ 液 1.0 ml，离心后弃上清液，再向沉淀中加入 0.6 mol/L $HClO_4$ 液 1.1 mL，置于 85℃水浴 15 min 后，在冰上冷却 15 min，离心 10 min 后，取上清液，测出 260 nm 下的 DNA 吸光值。根据两者吸光值计算 RNA/DNA 比值。测定时按照不同培养时间取样，各时间段均取样 3 次，每次测定 2 个平行样品取平均值。

2 结果与分析

2.1 细胞增殖状况的直观观察

在 D－MEM 培养基中，培养 12 h 后即有细胞迁出（图 1－1），迁出的细胞圆而亮，呈透明状（图 1－2）。随着培养时间的延长，细胞数量不断增多，培养 60～108 h 细胞生长状况最好，细胞由内而外迁出，沿组织块周围排列，形状规则，多呈圆形或椭圆形，靠近组织块周围细胞密集，远离组织块处则细胞稀疏，组织块周围有大量增生细胞，逐渐形成生长晕（图 1－3，图 1－4）。此后组织块周围的细胞数目无明显增加，但生长状况发生了变化，一些细胞的形状变得不规则，培养基中也出现了破碎细胞的残留物，它们往往粘连在一起（图 1－5，图 1－6）。当培养至第 8 天前后时，组织块周围的细胞逐渐开始脱落，细胞的生长状况有所恶化，在培养液中出现大量的细胞碎片，培养液变得混浊，外套膜组织在体外生长可达 15 天。

在 M199 培养基中，细胞生长状况比 D－MEM 略差，主要表现为细胞迁出速度稍慢，细胞数量比同期的 D－MEM 培养基中略少。但两种培养基中细胞增殖的基本趋势大致相似，M199 中培养的细胞开始迁出时间比 D－MEM 晚，20～24 h 细胞才开始从组织块中迁出；随着培养时间的延长，细胞迁出也越来越多，但从组织块周

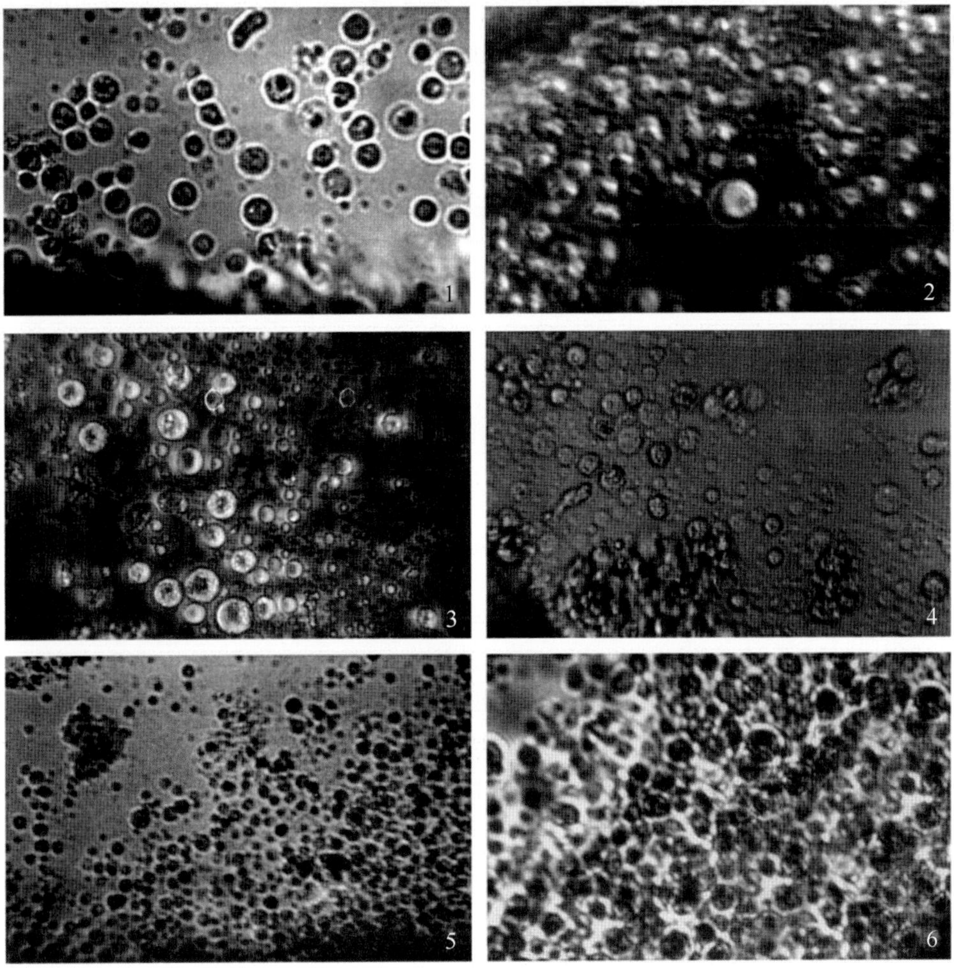

图 1　蛤仔外套膜细胞在不同培养时间的增殖状况（D－MEM 培养基）

1. 培养 12 h，示新迁出的细胞，×250；2. 培养 24 h，示透明状细胞，×250；3. 培养 48 h，示大量迁出的细胞，×250；4. 培养 72 h，示细胞生长良好，×250；5. 培养 108 h，示迁出细胞的分布，×100；6. 培养 120 h，示出现破碎细胞，×250

围的细胞数量来看，M199 中的细胞不如 D－MEM 中的多。培养 80～108 h，细胞生长状态最好，组织块边缘集聚了大量细胞，此后细胞生长状况与 D－MEM 中的细胞相似。

2.2　培养细胞的 RNA/DNA 比值变化

蛤仔的外套膜细胞在 D－MEM 和 M199 培养基中，随着培养时间的不同，细胞的 RNA/DNA 比值呈现规律性的变化。在 D－MEM 培养基中，培养 60～108 h，RNA/DNA 比值较高，此后逐渐下降；而在 M199 培养基中，前期 RNA/DNA 比值较低，随着培养时间的延长，培养 108 h，RNA/DNA 比值达到最大，此后也出现下降趋势（表 1）。从图 2 可见，RNA/DNA 平均比值的变化，在 D – MEM 培养基中，前期较为平缓；而在 M199 培养基中，前期呈陡然上升趋势，两者在 108 h 后均呈下降趋势。

表 1　蛤仔外套膜细胞在 2 种培养基中的 RNA/DNA 比值

培养时间（h）	D – MEM			M199		
	最大值	最小值	平均值	最大值	最小值	平均值
36	37.00	5.26	17.41	8.25	7.05	7.68
60	45.00	10.38	24.09	13.50	12.27	12.87
84	40.42	10.76	23.67	16.20	11.20	14.42
108	38.43	12.06	24.45	23.00	13.63	19.25
132	22.12	13.60	16.95	20.43	6.88	15.02
156	19.36	13.00	15.21	11.44	7.49	9.44

3　讨论

RNA/DNA 比值是反映生物新陈代谢活动的指标之一，在蛋白质合成体系中，mRNA 和 tRNA 是重要的参与者，RNA 含量与蛋白质合成速度之间呈正相关，而蛋白质合成越多，表明细胞生长越旺盛。因此，很多学者将 RNA/DNA 比值作为评价鱼类生长[3,4]和虾类体外培养细胞生长状况的指标[5,6]。

Leslie 认为，当外界环境适宜鱼的生长时，鱼体内的蛋白质合成速度加快，鱼体中的 RNA 含量增加[7]，因此，RNA 含量在某种意义上可以反映生物的生长状况。而细胞中 DNA 含量对环境条件的变化并不敏感，RNA/DNA 是一个比单一 RNA 含量更能准确反映新陈代谢活动的指标，这个比值不受样品中细胞数量的影响[3]。赵振山等研究表明，鱼类肌肉中的 RNA/DNA 比值是一个能非常灵敏地反映鱼类生长和蛋白质含量的指标，生长良好的鱼，RNA/DNA 比值较大；生长差的鱼，RNA/DNA 比值较小[8]。王宏伟等在进行虾类细胞体外培养时[5,6]，用 RNA/DNA 比值作为评价培养细胞生长状况的指标，并认为这一指标可以更为客观地反映体外培养细胞的生长。从本试验的结果来看，体外培养的蛤仔外套膜细胞在生长状况良好时，RNA/DNA 比值也较高；生长状况差时，这一比值也较低，而且与倒置显微镜下直观观察的结果相吻合。由此表明，RNA/DNA 比值能较为灵敏地反映出体外培养蛤仔细胞的实际生长状况。与哺乳动物的细胞培养相比，水生贝类体外培养细胞的增殖速率较慢，测定生长曲线或分裂指数较困难，而利用 RNA/DNA 比值法则可以弥补这一缺陷。

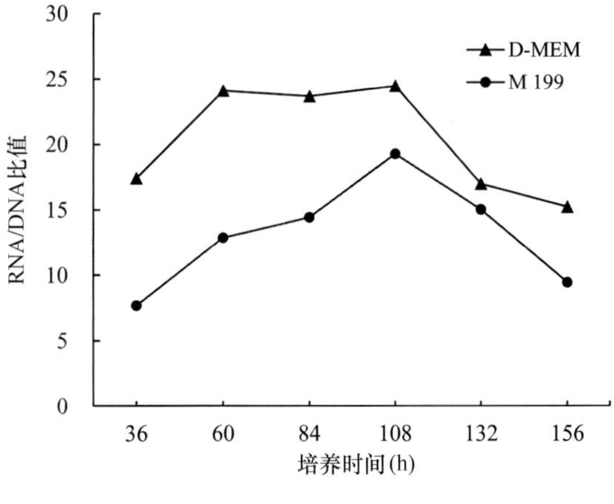

图 2　蛤仔外套膜细胞培养过程中 RNA/DNA 比值的变化

由图 2 可见，蛤仔外套膜细胞在 D – MEM 培养基中的生长优于 M199 培养基，这与笔者此前的试验结果[1]是一致的，表明不同组织的细胞对培养基具有选择性。

贝类的外套膜由内表皮、外表皮、缘膜、结缔组织及少量肌纤维构成，外表皮主要是单层上皮细胞，内表皮由单层上皮细胞、腺细胞和颗粒状腺细胞等构成[9]。贝类的外套膜具有很强的分泌功能，缘膜的生壳突起分泌形成贝壳最外面的角质层，缘膜背面的表皮细胞分泌棱柱层，外表皮细胞分泌珍珠质[10]。在体外培养的外套膜中，上皮细胞、颗粒细胞从外套膜组织块中大量迁出，是体外培养的外套膜细胞增殖的主要形式。从本试验的结果看，外套膜上皮细胞基本不分裂，细胞增殖途径主要靠培养早期的细胞迁出，而且持续时间较短，所以在图 2 中看不到像哺乳动物细胞生长曲线那样持续稳定的平台期。除了细胞自身的生长特性外，影响体外培养细胞增殖的因素是多方面的[11]，利用 RNA/DNA 比值这一指标，有助于更加客观地评价贝类细胞的增殖特性，从而寻求最佳的培养条件。

参考文献

[1]　李云玲，孙振兴，陈丽媛，等．几个因素对菲律宾蛤仔组织培养的影响［J］．湖北农业科学，2006，45（2）：232 – 235.

[2]　Buckley L J. Relationships between RNA – DNA ratio, prey density and growth rate in Atlatic cod (*Gadus morhua*) larvae［J］. Journal of the Fisheries Board of Canada, 1979, 36 (12): 1497 – 1502.

[3]　Bullow F J. RNA – DNA ratio as indicator of rcccnt growth rates of a fish［J］. Journal of the Fisheries Board of Canada, 1970, 27 (12): 2343 – 2349.

[4]　司亚东，金有坤，周洪琪，等．鲤鱼白肌中的 RNA/DNA 值与其生长的关系［J］．上海水

产大学学报，1992，13（4）：159－166.

［5］ 王宏伟，王安利，王维娜，等．金属离子对培养日本对虾肝胰腺细胞的影响［J］．动物学杂志，2003，38（5）：6－10.

［6］ 王宏伟，孟翠丽，刘晋，等．不同 pH 值条件下日本对虾肝胰腺及血的细胞培养［J］．动物学杂志，2005，40（1）：88－91.

［7］ Leslie I. The nucleic acid content of tissues and cells［J］. The Nucleic Acids，1955，2：1－50.

［8］ 赵振山，林可椒，张益明，等．用 RNA/DNA 比率评定鲤鱼的生长状况及其配合饲料的营养价值［J］．水产学报，1994，18（4）：257－264.

［9］ 李霞，刘淑范，王琦．皱纹盘鲍外套膜的组织学研究［J］．大连水产学院学报，1993，7（4）：43－46.

［10］ 蔡英亚，张英，魏若飞．贝类学概论（修订版）［M］．上海：上海科学技术出版社，1995：12－14.

［11］李云玲，孙振兴，张明青．虾贝类细胞培养及其应用［J］．江苏农业科学，2006，（3）：145－148.

Proliferation characteristic of mantle cells of the clam *Ruditapes philippinarum* in vitro culture

Li Yunling，Sun Zhenxing

（*School of Life Science*，*Ludong University*，*Yantai* 264025）

Abstract：The mantle tissues of clam *Ruditapes philippinarum* were primary cultured in vitro with Dulbecco's Modified Eagle Medium（D－MEM）and Medium 199（M199）. RNA/DNA ratio was used to evaluate the proliferation of cells. Result showed that the proliferation of mantle cells mostly migrated out from the tissue block，and cells secreted exuberantly in prophase. The culture of mantle cells could maintain 15 days. The effect of D－MEM exceeded M199 in the growth of mantle cells. Moreover，RNA/DNA ratio was consistent with the result observed by microscope. Therefore，RNA/DNA ratio was a good external index to evaluate the proliferation characteristic of clam cells in vitro culture.

Key words：clam *Ruditapes philippinarum*；cell culture；mantle

第五部分

群体遗传

皱纹盘鲍遗传多样性的 RAPD 分析①

李　莉[1②]，常林瑞[2]，孙振兴[2]，李云玲[2]，张明青[3]

（1. 上海水产大学生命科学与技术学院，上海 200090；2. 烟台师范学院生命科学学院，烟台 264025；3. 青岛高利来食品有限公司，青岛 266555）

摘要： 对采自山东长岛和辽宁大连海域的两个自然群体皱纹盘鲍的遗传多样性进行了 RAPD 分析。16 个随机引物在两群体中共检测到 179 个位点，其中，长岛和大连群体中的多态位点数分别为 88 个和 91 个，两群体的多态位点百分率分别为 49.16% 和 50.84%；Shannon's 多样性指数（*Ho*）分别为 0.249 6 和 0.266 8。有 70% 以上的遗传变异来自群体内，显示两群体内均有较高程度的遗传变异。研究结果表明，长岛和大连的皱纹盘鲍群体已出现了明显的遗传分化。

关键词： 皱纹盘鲍；遗传多样性；RAPD

皱纹盘鲍（*Haliotis discus hannai*）主要分布在我国辽宁、山东沿海，是鲍科贝类在我国北方的唯一种，也是我国重要的养殖贝类之一。但随着近年来人工养殖规模的日益扩大，外来种的引入以及对自然资源的过度采捕等，导致皱纹盘鲍自然群体的数量日趋减少，种质资源也受到了一定程度的破坏，因此有必要对皱纹盘鲍的遗传背景进行研究。随机扩增多态 DNA（random amplified polymorphic DNA，RAPD）技术为分析生物群体间和个体间的遗传差异、评估其遗传多样性水平提供了可能，并被广泛应用于鱼、虾、贝类等水生经济动物的遗传多样性研究（孟宪红等，2000；Islam et al，2004；刘萍等，2000；庄志猛等，2001；华丹等，2003）。

RAPD 技术在鲍研究方面的应用，主要侧重对杂交后代遗传结构的分析（万俊芬等，2001；张国范等，2002）和不同种间亲缘关系的判断方面（李太武等，2003；邢荣莲等，2003），对于鲍自然隔离群体的种内基因变化情况尚未见报道。本文利用 RAPD 技术对我国山东和辽宁海域的两个皱纹盘鲍自然群体进行了遗传多样性分析，以期为皱纹盘鲍的种质资源保护等提供理论依据。

---

① 本文原载《海洋水产研究》，2006 年 2 月，第 27 卷第 1 期，59 - 63 页。

资助项目：山东省自然科学基金项目（Y2002D12）。

② 第一作者简介：李莉（1980—），女，硕士研究生，研究方向水产动物遗传育种。通讯作者：孙振兴。

1 材料与方法

1.1 供试动物与试剂

试验用皱纹盘鲍于2004年12月分别采自山东长岛海域（以下简称长岛群体）和辽宁大连獐子岛海域（以下简称大连群体），根据形态学特征确认样品为野生鲍，活体运回实验室后置于-74℃冰箱中保存，长岛群体取22只、大连群体取14只用于试验。

随机引物为美国Operon公司产品，其他PCR试剂均购自北京鼎国生物技术有限公司。

1.2 基因组DNA的制备

参照萨姆布鲁克等（1992）的方法略加改进，取足肌约100 mg切碎并溶于裂解液中，加入蛋白酶K至终浓度为100 μg/mL，充分混匀后37℃消化4~5 h。加入RNase至终浓度100 μg/mL，充分混匀后60℃作用30 min。向样品中依次加入等体积的饱和酚、酚/氯仿/异戊醇（25:24:1）和氯仿/异戊醇（24:1）抽提蛋白，然后以2倍体积的冰冷无水乙醇沉淀，DNA干燥后加入适量TE溶解，4℃保存。用UNIC-2100型紫外分光光度计测定DNA纯度及估计模板浓度，并用琼脂糖凝胶电泳检测DNA分子量。

1.3 RAPD扩增

使用PE-9600型PCR扩增仪，反应总体积为25 μL，其中包括10×PCR缓冲液，2 mmol/L Mg^{2+}，0.2 mmol/L引物，0.2 mmol/L dNTP，2U *Taq*酶，20 ng模板DNA。PCR反应程序为95℃预变性5 min，94℃变性45 s，36℃复性45 s，72℃延伸90 s，30个循环后，72℃延伸10 min，4℃保存。每次PCR反应均设不含模板DNA的空白对照。扩增产物以1.2%琼脂糖凝胶电泳分离，溴化乙锭染色，在BioRad-Gel-700TM凝胶成像系统下观察并拍照记录。

1.4 数据处理

将RAPD电泳谱带位点上有扩增位点的记为1，无扩增位点的记为0，建立原始数据矩阵，用PopGene（ver 1.32）软件进行数据统计。群体的多态位点百分率P = 100%×扩增的多态位点数/扩增的总位点数。群体遗传多态度用Shannon's多样性指数（H_o）表示，按照Wachira等（1995）的公式，Shannon's多样性指数$H_o = -\sum X_i \ln (X_i/n)$，式中，$X_i$为位点$i$在某一群体中出现的频率，$n$为该群体检测到的位点总数；$H_o$可以分解为群体内遗传多态度$H_{pop}$和群体遗传多态度总量$H_{sp}$，其中，$H_{pop} = \sum H_o/n$（$n$ 为所检测的群体数）；$H_{sp} = -\sum X$（X 为 n 个群体的综合表型频率）。

2 结果

从 40 个随机引物中筛选出 16 个引物，这些引物在两个群体的 36 只个体中共扩增出 179 个位点，长岛群体和大连群体中的多态位点数分别为 88 个和 91 个（表 1），两群体的多态位点比例分别为 49.16% 和 50.84%。每个引物均显示出不同程度的多态性，平均每个引物扩增出 11.19 个位点，扩增产物的分子量在 300 bp ~ 3000 bp 之间。图 1 所示为引物 OPA11 和 OPA20 对两个群体扩增的电泳图谱。

表 1 RAPD 引物序列及其扩增结果

引物	引物序列（5′-3′）	总位点数	多态位点数	
			长岛群体	大连群体
OPA 03	AGTCAGCCAC	15	5	4
OPA 08	GTGACGTAGG	9	7	6
OPA 09	GGGTAACGCC	16	6	5
OPA 11	CAATCGCCGT	17	7	8
OPA 13	CAGCACCCAC	14	7	5
OPA 14	TCTGTGCTGG	10	3	3
OPA 15	TTCCGAACCC	5	1	2
OPA 17	GACCGCTTGT	9	6	6
OPA 18	AGGTGACCGT	10	5	6
OPA 20	GTTGCGATCC	9	6	4
OPI 06	AAGGCGGCAG	11	3	5
OPI 07	CAGCGACAAG	10	7	8
OPI 09	TGGAGAGCAG	12	9	9
OPI 12	AGAGGGCACA	11	8	10
OPI 14	TGACGGCGGT	10	3	4
OPI 20	AAAGTGCGGC	11	5	6
小计		179	88	91

Shannon's 多样性指数统计结果（表 2）显示，长岛群体遗传多态度（H_o）为 0.249 6，大连群体遗传多态度（H_o）为 0.266 8；群体内遗传多态度（H_{pop}）为 0.258 2，遗传多态度总量（H_{sp}）为 0.339 8。H_{pop}/H_{sp} 是群体内遗传变异比例，

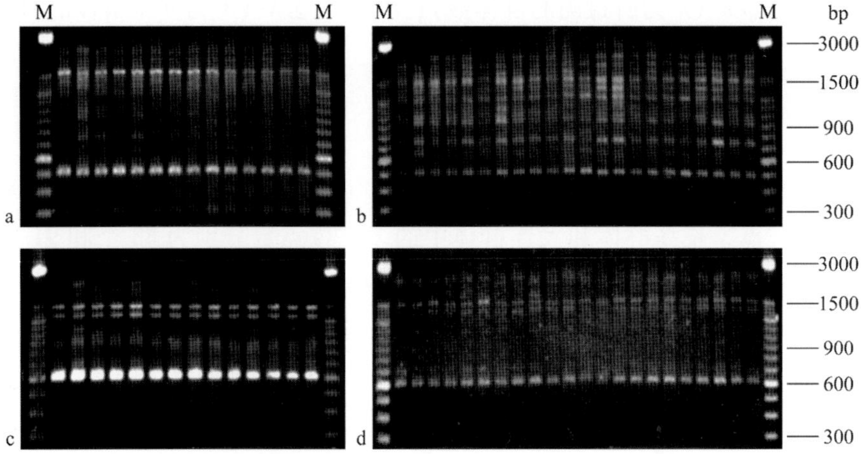

图 1　引物 OPA11 和 OPA20 对皱纹盘鲍大连和长岛群体扩增的电泳图谱

a，b. OPA11 对大连（a）、长岛（b）群体的扩增结果；c，d. OPA20 对大连（c）、长岛（d）群体的扩增结果

$1-(H_{pop}/H_{sp})$是群体间遗传变异比例（Chalmers et al，1991），前者为 0.764 9，后者为 0.235 1，即皱纹盘鲍发生的遗传变异有 76.49% 存在于群体内，23.51% 的变异存在于群体间。群体内的这种高度变异，是导致群体间分化的重要因素；而群体间的变异表明两群体已经出现了明显的遗传分化。

表 2　皱纹盘鲍两个群体内和群体间 Shannon's 多样性指数的分布

引物	各群体遗传多态度 H_o		群体内遗传多态度 H_{pop}	遗传多态度总量 H_{sp}	群体内遗传多态度比例 H_{pop}/H_{sp}	群体间遗传多态度比例 $1-(H_{pop}/H_{sp})$
	长岛群体	大连群体				
OPA 03	0.180 7	0.147 3	0.164 0	0.217 3	0.754 7	0.245 3
OPA 08	0.419 0	0.310 7	0.364 9	0.478 3	0.762 8	0.237 2
OPA 09	0.130 8	0.185 8	0.158 3	0.208 9	0.757 8	0.242 2
OPA 11	0.176 1	0.240 8	0.208 5	0.264 8	0.787 2	0.212 8
OPA 13	0.277 9	0.222 4	0.250 1	0.329 9	0.758 2	0.241 8
OPA 14	0.092 2	0.108 5	0.100 4	0.116 9	0.858 4	0.141 6
OPA 15	0.122 4	0.147 4	0.134 9	0.176 6	0.763 9	0.236 1
OPA 17	0.343 2	0.358 1	0.350 7	0.470 5	0.745 3	0.254 7
OPA 18	0.253 5	0.280 0	0.266 8	0.354 5	0.752 5	0.247 5
OPA 20	0.328 7	0.241 2	0.285 0	0.381 9	0.746 1	0.253 9
OPI 06	0.141 3	0.225 3	0.183 3	0.240 3	0.762 8	0.237 2

续表

引物	各群体遗传多态度 H_o		群体内遗传多态度 H_{pop}	遗传多态度总量 H_{sp}	群体内遗传多态度比例 H_{pop}/H_{sp}	群体间遗传多态度比例 $1-(H_{pop}/H_{sp})$
	长岛群体	大连群体				
OPI 07	0. 296 0	0. 408 7	0. 352 4	0. 461 5	0. 763 5	0. 236 5
OPI 09	0. 340 5	0. 374 5	0. 357 5	0. 463 5	0. 771 3	0. 228 7
OPI 12	0. 444 3	0. 496 7	0. 470 5	0. 629 4	0. 747 5	0. 252 5
OPI 14	0. 183 2	0. 258 0	0. 220 6	0. 295 5	0. 746 5	0. 253 5
OPI 20	0. 264 3	0. 263 5	0. 263 9	0. 347 5	0. 759 4	0. 240 6
平均	0. 249 6	0. 266 8	0. 258 2	0. 339 8	0. 764 9	0. 235 1

3 讨论

遗传多样性是物种适应多变的生存环境而得以维持生存、发展和进化的基础。保护遗传多样性，实质上就是要保护群体的基因组合体系，也是持续利用种质资源的前提和基础。而遗传多样性的降低会导致物种的适应能力下降、有害隐性基因增加、性状衰退甚至物种的退化；丰富的遗传多样性则意味着物种有较高的适应生存潜力和遗传改良潜力（孟宪红等，2000）。多态位点百分率是衡量物种遗传多样性的重要指标之一，与其他用 RAPD 方法研究过的贝类进行横向比较（表 3）可以看出，皱纹盘鲍群体的遗传多样性低于多数海洋双壳贝类，仅与李太武等（2003）报道的杂色鲍多态位点百分率 53. 05% 接近，表明鲍的遗传多样性不够丰富，也说明有必要利用 RAPD 等分子标记手段加强对鲍种质资源的监测。

表 3　RAPD 方法研究不同贝类的多态位点百分率的比较

种名	多态位点百分率（%）	参考文献
皱纹盘鲍 *Haliotis discus hannai*	49. 16 ~ 50. 84	本文
杂色鲍 *Haliotis diversicolor*	53. 05	李太武等，2003
栉孔扇贝 *Chlamys farreri*	73. 47 ~ 75. 82	宋林生等，2002
文蛤 *Meretrix meretrix*	80. 00	沈怀舜等，2003
马氏珠母贝 *Pinctada martensii*	76. 70 ~ 87. 50	丁小雷等，2003
缢蛏 *Sinonovacula constricta*	55. 24 ~ 72. 38	李成华等，2004

从表 2 的 Shannon's 多样性指数分布看，山东长岛和辽宁大连獐子岛的皱纹盘鲍群体已出现了明显的遗传分化。产生这种遗传分化的原因当然是多方面的，但对鲍

而言，笔者认为以下几个方面可能是重要因素：第一，鲍是匍匐生活的软体动物，其爬行速度和迁移范围都很小，加之两地直线地理距离200 km以上，两地的鲍缺乏基因交流；第二，鲍的生活史中仅有3 d的浮游生活阶段，其余时间皆为匍匐生活，在鲍的自然繁殖期，黄、渤海域季风主要是东南风，而獐子岛的地理位置在长岛的东北方向，短暂的浮游期和不利的季风，很难想象鲍的浮游幼虫能远距离漂浮。刘必谦等（1998）也认为，牡蛎通过浮游幼虫进行基因交流的观点是站不住脚的。由于基因流受到地理隔离、生殖隔离以及生态环境、迁移行为等因素的限制，使物种分化为不同的地理群体。

此外，人工养殖鲍的逃逸个体或放流增殖鲍的移动，对自然海域鲍的遗传结构也会产生一定程度的影响。因为在我国北方辽宁和山东沿海，鲍的养殖和放流增殖从20世纪80年代至今已有20多年的历史，这一过程中养殖或增殖群体与自然群体之间的遗传渐渗是不容忽视的。结合前述多态位点百分率较低的现象综合考虑，表明人为因素等已开始对皱纹盘鲍自然群体的遗传多样性水平产生了影响，但由于没有上述海域皱纹盘鲍遗传参数的历史资料进行比较，尚不能判断这种影响的程度，由此也显示出进行鲍种质资源保护的重要性和紧迫性。

参考文献

丁小雷，邓凤姣，王爱民，等. 2003. 野生马氏珠母贝子一代的遗传多样性［J］. 动物学杂志，38（1）：2－7.

华丹，顾若波，白云飞，等. 2003. RAPD分析野生和养殖三角帆蚌的遗传多样性［J］. 水产学报，27（6）：540－544.

李成华，李太武，宋林生，等. 2004. 4个缢蛏群体遗传结构的RAPD分析［J］. 水产科学，23（12）：26－28.

李太武，杨文新，宋林生，等. 2003. 皱纹盘鲍和杂色鲍遗传多样性的RAPD研究［J］. 海洋与湖沼，34（4）：444－449.

刘必谦，戴继勋，喻子牛. 1998. RAPD标记在大连湾牡蛎种群研究中的应用［J］. 青岛海洋大学学报，28（1）：82－87.

刘萍，孔杰，石拓，等. 2000. 中国对虾黄、渤海沿岸地理群的RAPD分析［J］. 海洋学报，22（5）：88－93.

孟宪红，孔杰，庄志猛，等. 2000. 真鲷自然群体和人工繁殖群体的遗传多样性［J］. 生物多样性，8（3）：248－252.

萨姆布鲁克J，弗里奇E F，曼尼阿蒂斯T. 1992. 分子克隆实验指南（第2版）［M］. 金冬雁，黎孟枫，译. 北京：科学出版社，464－467.

沈怀舜，朱建一，丁亚平，等. 2003. 我国沿海三个文蛤地理群的RAPD分析［J］. 海洋学报，25（5）：97－102.

宋林生，李俊强，李红蕾，等. 2002. 用 RAPD 技术对我国栉孔扇贝野生种群与养殖群体的遗传结构及其遗传分化的研究［J］. 高技术通讯，(7)：83 – 86.

万俊芬，汪小龙，潘洁，等. 2001. 日本盘鲍 × 皱纹盘鲍子代杂种优势的 RAPD 分析［J］. 青岛海洋大学学报，31（4）：502 – 512.

邢荣莲，丁君，滕利平，等. 2003. 3 种鲍基因组 DNA 多态性的 RAPD 分析［J］. 大连水产学院学报，18（3）：191 – 196.

张国范，王继红，赵洪恩，等. 2002. 皱纹盘鲍中国群体和日本群体的自交与杂交 F_1 的 RAPD 标记［J］. 海洋与湖沼，33（5）：484 – 491.

庄志猛，孔杰，石拓，等. 2001. 日本对虾野生和养殖群体遗传多样性的 RAPD 分析［J］. 自然科学进展，11（3）：250 – 255.

Chalmers K J, Waugh R, Sprent J I, et al. 1992. Detection of genetic variation between and within populations of *Gliricidia sepium* and *G. maculata* using RAPD markers [J]. Heredity, 69: 465 – 472.

Islam M S, Alam M S. 2004. Randomly amplified polymorphic DNA analysis of four different populations of the Indian major carp, *Labeo rohita* (Hamilton) [J]. Journal of Applied Ichthyology, 20 (5): 407 – 412.

Wachira F N, Waugh R, Powell W, et al. 1995. Detection of genetic diversity in tea (*Camellia sinensis*) using RAPD markers [J]. Genome, 38 (2): 201 – 210.

Genetic diversity of *Haliotis discus hannai* as revealed by RAPD

Li Li[1], Chang Linrui[2], Sun Zhenxing[2], Li Yunling[2], Zhang Mingqing[3]

(1. *College of Life Science and Technology, Shanghai Fisheries University, Shanghai* 200090; 2. *School of Life Science, Yantai Normal University, Yantai* 264025; 3. *Gaolilai Foodstuff Limited Corporation, Qingdao* 266555)

Abstract: Random amplified polymorphic DNA (RAPD) technique was applied to detecting the DNA polymorphism of two wild populations of abalone *Haliotis discus hannai* from the seawaters in Changdao of Shandong province and Dalian of Liaoning province. Using 16 random primers in amplifying the genomic DNA of the two populations. 179 RAPD loci in all were obtained, Changdao population having 88 polymorphic loci and Dalian population having 91. The percentages of polymorphic loci of the two populations were 49.16% and 50.84%, and the genetic diversity qualified by Shannon's index (*Ho*) were 0.249 6 and

0. 266 8, respectively. More than 70% genetic variations came from the inside of the populations, indicating that the genetic variation within the two populations was relatively high. Based on the results, obvious genetic differentiation had appeared in the two populations of abalone.

Key words: *Haliotis discus hannai*; genetic diversity; RAPD

用微卫星标记分析皱纹盘鲍群体的遗传变异①

李　莉[1,2]②，孙振兴[1]，杨树德[1]，常林瑞[1]，杨立红[1]

（1. 鲁东大学生命科学学院，烟台 264025；2. 上海水产大学生命科学与技术学院，上海 200090）

摘要： 利用微卫星标记技术，对皱纹盘鲍山东长岛和辽宁獐子岛的两个野生群体以及山东崆峒岛一个养殖群体的遗传变异进行了分析。对 6 个微卫星基因座的多态性进行了评估，各基因座的多态信息含量（*PIC*）值均大于 0.5，适合对鲍群体遗传结构的分析。结果表明，这 6 个基因座在 3 个皱纹盘鲍群体中共获得 57 个等位基因，等位基因数（*A*）平均为 9.50，有效等位基因数（N_e）平均为 5.857 2，平均杂合度观测值（H_o）和期望值（H_e）分别为 0.692 5 和 0.796 6；两个野生群体的杂合度观测值（H_o）和期望值（H_e）均高于养殖群体。上述结果为保护和利用皱纹盘鲍的遗传多样性提供了依据。

关键词： 皱纹盘鲍；微卫星基因座；遗传变异

鲍是海洋贝类中最具经济价值的种类之一，由于其营养丰富和可观的市场价格，世界上许多国家都开展了鲍的增养殖与渔业生产。皱纹盘鲍（*Haliotis discus hannai* Ino）是鲍科贝类在我国北方的唯一种，主要分布于我国的辽宁、山东沿海及日本北部沿海，自 20 世纪 80 年代以来，鲍的人工养殖已成为我国水产养殖的又一新兴产业。但由于近年来海洋环境污染、种质退化等导致鲍的病害频发、抗逆性减退，使鲍养殖业受到了极大的影响。因此，培育抗病性强、生产性状优良的鲍新品种，已成为当务之急。进行遗传多样性研究能够为品种改良和育种提供理论指导，分子标记技术的发展无疑为此提供了一种有效的手段。

微卫星（microsatellite）标记近年来在鱼虾类等水生动物的研究中也逐渐得到了应用[1-3]。在鲍的研究方面，国外报道了鲍微卫星 DNA 的分离[4,5]以及利用微卫星标记研究鲍的遗传多样性等[6-8]，但国内包括鲍在内的水生贝类中仅有零星报道[9]，对鲍的群体遗传研究主要集中在等位酶[10]、RAPD[11,12]和 AFLP 标记[13]等，迄今尚

---

① 本文原载《遗传》，2006 年 12 月，第 28 卷第 12 期，1549 - 1554 页。

资助项目：山东省自然科学基金项目（Y2002D12）。

② 第一作者简介：李莉（1980—），女，硕士研究生，研究方向水产动物遗传育种。通讯作者：孙振兴。

未见国内有关微卫星研究鲍遗传多样性的报道。本文以我国皱纹盘鲍主产地的两个野生群体和一个养殖群体为对象，用微卫星标记对其遗传变异进行了分析，现报道如下。

1 材料与方法

1.1 材料

供试验用的皱纹盘鲍各群体的样品来源详见表1，活体运回实验室后置于-74℃冰箱中保存备用。

1.2 DNA提取、微卫星标记的选择和引物设计

基因组DNA的提取参照李莉等[12]的方法。根据文献[4,7,8]报道的皱纹盘鲍微卫星标记及其引物序列，从中选择了8对等位基因数目多、多态性丰富的微卫星引物，另外参照GenBank已公布的皱纹盘鲍相关序列，用引物设计软件Primer Premier (ver 5.0) 自行设计了6对引物，所有14对引物由上海生工生物工程技术服务有限公司合成；经过预试验筛选，最后选用6对较为理想的微卫星引物，这6对引物的特性见表2。

表1 试验用皱纹盘鲍样品的来源

代码	群体名称	样品采集地	纬度，经度	取样个体数	采样年月
DW	辽宁大连野生群体	辽宁獐子岛海域	39°04′N，122°45′E	14	2004-12
CW	山东长岛野生群体	长岛砣矶岛海域	38°12′N，120°42′E	22	2004-12
KC	山东崆峒岛养殖群体	山东崆峒岛海域	37°36′N，121°23′E	22	2004-12

1.3 PCR反应条件

PCR反应总体积为25 μL，其中包括10×PCR缓冲液，1.5 mmol/L的Mg^{2+}，正、反向引物各0.2 μmol/L，0.2 mmol/L的dNTP，1.5U *Taq*酶，40 ng模板DNA。在PE-9600型PCR仪上进行扩增，反应程序为95℃预变性5 min，94℃变性45 s，复性45 s，72℃延伸90 s，40个循环后，72℃延伸10 min，4℃保存。

表 2 6 个微卫星标记的核心序列、引物序列及其 PCR 参数

基因座	核心重复序列	引物序列（5′-3′）	复性温度（℃）	片段长度（bp）	GenBank 注册号
Hd535[8]	$(CTCA)_{14}$	F：TTTAACTCTACATGCCGAAG R：TACTGTCAGTCCACATAGGAT	58	160 ~ 240	AB178065
Hd601[8]	$(CGCA)_5$ $(CA)_9$	F：TTGCTCCCAAAGGAAAGAAC R：ATGTTTACAAATCTGTATGTTCAGCT	58	140 ~ 210	AB178069
Hd724[8]	$(TC)_7T_2A$ $(CT)_{14}$	F：TAAAGTCTTGAAACAGATAT R：GACATCGCCTTTAATTAGTC	58	170 ~ 230	AB178076
Hdd114B[4]	$(CA)_{13}$ $(CGCA)_{11}$	F：ACCTGACAGCGAAACGTTGTTCT R：TGTGACGGCGGTCTGTAAATTATCTA	61	190 ~ 240	AB025387
Hd-13	$(GAGT)_8$	F：GACGGCATTTCCTCCAAC R：CAGGTACGATTCCCCACAT	63	160 ~ 220	
Hd-20	$(CA)_8$ $(CG)_5$	F：AGGAACAAGTTGGCTCTGAT R：GAAATTGGGTTTTGCGTC	61	240 ~ 320	

1.4 扩增产物的电泳检测和基因型的判定

PCR 扩增产物在 8% 非变性聚丙烯酰胺凝胶电泳中分离，电压为 8 V/cm，电泳后用 0.2% 硝酸银染色。扫描仪记录电泳图谱，将图谱中的每条 DNA 带作为基因座位的一个等位基因，根据每个个体产生的条带位置确定其基因型。

1.5 数据统计

群体内遗传变异的分析，用 PopGene（ver 1.32）软件计算等位基因频率、等位基因数（A）、有效等位基因数（N_e）、杂合度观测值（H_o）和期望值（H_e）[14]。按照 Botstein 等[15]的公式计算多态信息含量（polymorphism information content，PIC）：

$$PIC = 1 - \sum_{i=1}^{m} p_i^2 - \sum_{i=1}^{m-1} \sum_{j=i+1}^{m} 2p_i^2 p_j^2$$

式中，P_i 和 P_j 分别为第 i 个和第 j 个等位基因在群体中的频率；m 为等位基因数。

群体间遗传变异的分析，计算群体间的 Nei's 标准遗传距离（D_S）和 D_A 距离[16]，用 DISPAN 软件计算基因分化系数（G_{st}）。

2 结果

2.1 微卫星 DNA 多态性的检测

用筛选出的 6 对微卫星引物对皱纹盘鲍的 2 个野生群体和 1 个养殖群体进行扩增，都能稳定重复地扩增出相应的产物，部分微卫星引物对 3 个群体 PCR 扩增产物的非变性聚丙烯酰胺凝胶电泳检测结果见图1。在6个基因座位中共检测出57个等位基因，平均为9.50，其中，微卫星Hd535基因座位检测出13个等位基因，等位基因数目最多；微卫星Hd－13和Hd－20基因座位均检测出6个等位基因，等位基因数目最少（表3）。

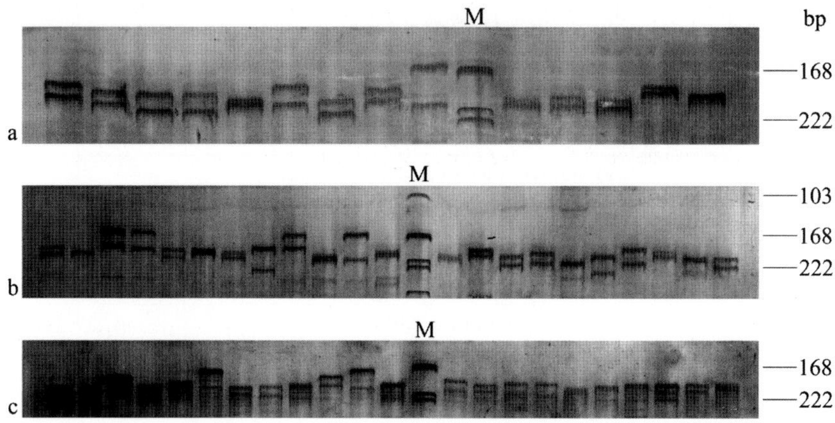

图1　引物Hd535和Hd724对皱纹盘鲍3个群体扩增的电泳图谱

a. Hd535对DW群体的扩增结果；b. Hd535对CW群体的扩增结果；c. Hd724对KC群体的扩增结果；M：DNA分子量标准

表3　6个微卫星基因座在3个鲍群体中的遗传参数统计

基因座	多态信息含量 *PIC*	等位基因数 *A*	有效等位基因数 N_e	观测杂合度 H_o	期望杂合度 H_e	基因分化系数 G_{st}
Hd535	0.864 5	13.000 0	7.706 8	0.793 1	0.870 2	0.030 2
Hd724	0.863 9	11.000 0	7.593 7	0.655 2	0.868 3	0.015 6
Hdd114B	0.842 8	11.000 0	6.687 9	0.706 9	0.850 5	0.039 8
Hd601	0.823 6	10.000 0	6.001 8	0.844 8	0.833 4	0.031 7
Hd－13	0.778 8	6.000 0	4.868 3	0.534 5	0.794 6	0.053 4
Hd－20	0.533 6	6.000 0	2.284 6	0.620 7	0.562 3	0.022 8
平均值	0.784 5	9.500 0	5.857 2	0.692 5	0.796 6	0.032 3

2.2　6个微卫星基因座位的遗传多态性

根据对3个皱纹盘鲍群体在6个微卫星基因座上的等位基因频率统计结果，计算了各基因座的多态信息含量、有效等位基因数、杂合度和基因分化系数（表3）。从表3中可以看出，6个微卫星基因座的*PIC*值均在0.5以上，变化范围为

0.533 6 ~ 0.864 5，平均值为0.784 5；其中，Hd535最大，而Hd - 20最小。在6个微卫星基因座中，有效等位基因数为2.284 6 ~ 7.706 8，Hd535最大，Hd - 20最小，平均有效等位基因数为5.857 2。多态信息含量和有效等位基因数从大到小顺序依次为Hd535、Hd724、Hdd114B、Hd601、Hd - 13、Hd - 20。由此可见，6个微卫星基因座中，Hd535具有较大的遗传变异，Hd - 20具有较小的遗传变异。另外，从表4中还可以看出，观测杂合度（H_o）的变化范围为0.534 5 ~ 0.844 8，平均值为0.692 5；期望杂合度（H_e）的变化范围为0.562 3 ~ 0.870 2，平均值为0.796 6。基因分化系数在不同基因座有较大差异，变化范围为0.015 5 ~ 0.053 5。

2.3 皱纹盘鲍群体的遗传变异

3个皱纹盘鲍群体的平均遗传多态性见表4。从表4的各项遗传参数中可以看出，野生群体的遗传变异较大，其中以大连野生群体的遗传变异最大，而崆峒岛养殖群体的变异最小，表明野生群体比养殖群体的遗传多样性丰富。

表4　3个皱纹盘鲍群体的平均遗传多态性

群体	多态信息含量 PIC	等位基因数 A	有效等位基因数 N_e	观测杂合度 H_o	期望杂合度 H_e
DW	0.774 7	7.500 0	5.203 4	0.714 3	0.783 2
CW	0.762 8	8.500 0	5.202 0	0.697 0	0.778 4
KC	0.738 0	7.333 3	4.885 5	0.674 2	0.754 0

另外，从表3基因分化系数平均为0.032 3看，即有3.23%的遗传变异存在于群体之间，绝大部分（96.77%）变异存在于群体内，显示各群体间的分化程度较弱，而群体内的遗传变异程度较高。

皱纹盘鲍3个群体之间的遗传距离见表5。由表5可见，无论是D_S标准遗传距离还是D_A距离，2个野生群体之间的遗传距离最小，而它们与KC养殖群体之间的遗传距离都较大，这与笔者等用RAPD标记分析上述3个群体所得结果[12]的趋势是一致的。

3 讨论

3.1 关于遗传变异的度量

PIC值是等位基因频率和数目变化的函数，反映出基因变异程度的高低。根据Botstein等[15]提出的衡量基因变异程度高低的多态信息含量指标，当$PIC > 0.5$时，基因座为高度多态基因座；当$0.25 < PIC < 0.5$时，为中度多态基因座；当$PIC <$

0.25 时，则为低度多态基因座。由此可见，试验选择的 6 个微卫星基因座在分析样品中的 *PIC* 值均大于 0.5，具有高度多态性，能确切地提供遗传信息。

表 5　3 个鲍群体之间的 D_S 标准遗传距离和 D_A 距离

群体	DW	CW	KC
DW	—	0.097 3	0.129 6
CW	0.150 9	—	0.184 1
KC	0.181 5	0.222 6	—

注：对角线下方为 D_S 标准遗传距离，对角线上方为 D_A 距离。

杂合度是度量群体变异的一个重要参数。平均杂合度的大小近似反映出群体遗传结构变异程度的高低。杂合度越高，表明该群体的遗传多样性越高；反之，说明群体的遗传一致性越高。本文得出的观测杂合度（H_o）平均值为 0.53 ~ 0.84（表 3），这与 Takezaki 等[17]认为微卫星计算出的杂合度范围为 0.30 ~ 0.80 基本吻合，而且与微卫星标记研究的日本群体皱纹盘鲍观测杂合度为 0.47 ~ 0.94[7]、耳鲍（*H. asinina*）观测杂合度为 0.27 ~ 0.85[6]、堪察加鲍（*H. kamtschatkana*）观测杂合度为 0.41 ~ 0.89[18]的结果相似，也说明我国皱纹盘鲍的群体遗传多样性仍处于较高水平，具有一定的遗传变异潜力。

度量群体遗传变异大小的另一个指标是有效等位基因数，它反映了基因座等位基因间的相互作用。通常检测到的等位基因数往往大于有效等位基因数，本试验的情况也是如此，这是由于一般把所检测到的等位基因都作为相同效应来分析，但实际上这是不可能的，因此出现有效等位基因数小于等位基因数的现象。从群体角度看，3 个群体中检测到的有效等位基因数为 4.89 ~ 5.20（表 4）；从基因座角度看，除了 Hd - 20 以外，其他基因座的有效等位基因数都大于 4（表 3），从而保证了遗传分析的可靠性。另一方面，检测到的有效等位基因数越接近等位基因数，则等位基因在群体中的分布越均匀[19]。本文检测到的等位基因数平均为 9.50，有效等位基因数平均为 5.89，两者有一定差距，这有可能是等位基因的分布不均匀，也可能是由于试验所用样本数较少而对结果产生的影响。

3.2　关于鲍群体间的遗传距离

遗传距离是反映群体间遗传变异的重要指标，一般认为分析种内不同群体的遗传关系时，D_A 距离比 D_S 标准遗传距离更为可靠[17]。从表 5 看，D_A 距离和 D_S 标准遗传距离值虽然略有不同，但二者所得结果的趋势是相同的，即 2 个皱纹盘鲍野生群体间的遗传距离小于它们与养殖群体间的遗传距离，表明野生群体之间的变异较小，而野生与养殖群体之间出现了一定程度的变异，这一现象与养殖群体样本来自人工累代繁殖的后代、丢失了某些遗传多样性有关[20]。另外，无论是 D_A 距离还是 D_S 标准遗传距离，KC 养殖群体与 CW 野生群体之间的遗传距离都最大，而实际上 KC 群体与 CW 群体间的地理距离最小，这也印证了遗传距离与地理距离并没有显著的相关性[16]。

3.3 关于保护和利用鲍的遗传多样性

从上述试验结果看，我国北方皱纹盘鲍野生群体的遗传多样性高于养殖群体，这与笔者等用 RAPD 标记分析得到的结果[12]是相同的。从育种的角度而言，群体的遗传多样性越丰富，群体变异性也越大，选择的潜力也越大；反之，群体变异性越小，选择的潜力也越小。因此，在进行皱纹盘鲍人工繁殖时，应首选健康的野生个体作为亲本，并选择遗传距离较大的异地个体作为亲本，这样既有利于种内不同地理群体之间的基因交流，也可以避免因近亲交配而导致遗传多样性下降。养殖群体的遗传多样性水平较低，往往是由于人工繁殖时亲本数量有限、近交机会增加，以及群体规模较小、特定环境等因素所致[21]。这也提示在实施皱纹盘鲍种质资源保护策略时，既要保护皱纹盘鲍的野生群体，防止人为因素对野生群体的进一步破坏，也要加强对养殖群体的选择，避免养殖群体的遗传多样性水平降低。

参考文献

[1] 王伟，尤锋，高天翔，等．山东近海牙鲆自然和养殖群体 10 个微卫星基因座位的遗传多态性分析［J］．海洋与湖沼，2004，35（6）：530－537.

[2] Cui J Z, Shen X Y, Yang G P, et al. Characterization of microsatellite DNAs in *Takifugu rubripes* genome and their utilization in the genetic diversity analysis of *T. rubripes* and T. *pseudommus* [J]. Aquaculture, 2005, 250 (1): 129－137.

[3] 王鸿霞，吴长功，张留所，等．微卫星标记应用于凡纳滨对虾家系鉴别的研究［J］．遗传，2006，28（2）：179－183.

[4] Sekino M, Hara M. Microsatellite DNA loci in Pacific abalone *Haliotis discus discus* (Mollusca, Gastropoda, Haliotidae) [J]. Molecular Ecology Notes, 2001, 1 (1－2): 8－10.

[5] Li Q, Park C, Kijima A. Isolation and characterization of microsatellite loci in the Pacific abalone, *Haliotis discus hannai* [J]. Journal of Shellfish Research, 2002, 21 (2): 811－816.

[6] Tang S, Tassanakajon A, Klinbunga S, et al. Population structure of tropical abalone (*Haliotis asinina*) in coastal waters of Thailand determined using microsatellite markers [J]. Marine Biotechnology, 2004, 6 (6): 604－611.

[7] Li Q, Park C, Endo T, et al. Loss of genetic variation at microsatellite loci in hatchery strains of the Pacific abalone (*Haliotis discus hannai*) [J]. Aquaculture, 2004, 235 (1): 207－222.

[8] Hara M, Sekino M. Genetic difference between Ezo－awabi *Haliotis discus hannai* and Kuro－

awabi *H. discus discus* populations: Microsatellite based population analysis in Japanese abalone [J]. Fisheries Science, 2005, 71 (4): 754 - 766.

[9] 李琪. 皱纹盘鲍微卫星研究进展 [J]. 中国海洋大学学报, 2004, 34 (3): 365 - 370.

[10] 黎中宝, 邓书林, 许秀芹, 等. 盘鲍和皱纹盘鲍等位酶的生化遗传分析 [J]. 海洋科学, 2004, 28 (4): 43 - 47.

[11] 李太武, 杨文新, 宋林生, 等. 皱纹盘鲍和杂色鲍遗传多样性的 RAPD 研究 [J]. 海洋与湖沼, 2003, 34 (4): 444 - 449.

[12] 李莉, 孙振兴, 常林瑞, 等. 皱纹盘鲍野生与养殖群体遗传多样性的研究 [J]. 海洋通报, 2005, 24 (6): 82 - 86.

[13] 万俊芬, 包振民, 汪小龙, 等. 亲本数目对鲍养殖群体 AFLP 标记位点及其遗传结构的影响 [J]. 水产学报, 2004, 28 (2): 127 - 132.

[14] Nei M. Estimation of average heterozygosity and genetic distance from a small number of individuals [J]. Genetics, 1978, 89 (3): 583 - 590.

[15] Botstein D, White R L, Skolnick M, et al. Construction of a genetic linkage map in man using restriction fragment length polymorphisms [J]. American Journal of Human Genetics, 1980, 32 (3): 314 - 331.

[16] Nei M, Tajima F, Tateno Y. Accuracy of estimated phylogenetic trees from molecular data [J]. Journal of Molecular Evolution, 1983, 19 (2): 153 - 170.

[17] Takezaki N, Nei M. Genetic distances and reconstruction of phylogenetic trees from microsatellite DNA [J]. Genetics, 1996, 144 (1): 389 - 399.

[18] Miller K M, Laberee K, Kaukinen K H, et al. Development of microsatellite loci in pinto abalone (*Haliotis kamtschatkana*) [J]. Molecular Ecology Notes, 2001, 1 (4): 315 - 317.

[19] Hines H C, Zikakis J P, Haenlein G F W, et al. Linkage Relationships Among Loci of Polymorphisms in Blood and Milk of Cattle [J]. Journal of Dairy Science, 1981, 64 (1): 71 - 76.

[20] Blake S G, Blake N J, Oesterling M J, et al. Genetic divergence and loss of diversity in two cultured populations of the bay scallop, *Argopecten irradians* (Lamarck, 1819) [J]. Oceanographic Literature Review, 1997, 12 (44): 1542 - 1543.

[21] Evans B, Bartlett J, Sweijd N, et al. Loss of genetic variation at microsatellite loci in hatchery produced abalone in Australia (*Haliotis rubra*) and South Africa (*Haliotis midae*) [J]. Aquaculture, 2004, 233 (1): 109 - 127.

Analysis of genetic variation of abalone (*Haliotis discus hannai*) populations with microsatellite markers

Li Li[1,2], Sun Zhenxing[1], Yang Shude[1], Chang Linrui[1], Yang Lihong[1]

(1. *School of Life Sciences, Ludong University, Yantai* 264025; 2. *College of Life Science and Technology, Shanghai Fisheries University, Shanghai* 200090)

Abstract: Microsatellite markers were used to access the genetic variation in three populations of abalone *Haliotis discus hannai*. Two wild populations were collected from the sea areas in Changdao, Shandong and Dalian, Liaoning respectively. A cultivated population originated from the sea area in Kongdongdao, Shangdong. Six microsatellite loci were screened for genetic polymorphism. Polymorphic information content (*PIC*) value per loci was greater than 0.5 and can be used to analysis of genetic structure of the three abalone populations. Fifty – seven alleles were amplified from the three populations in six microsatellite loci. The average number of alleles (*A*) was 9.50 and the effective number of alleles (*Ne*) was 5.857 2. The mean observed heterozygosity (*Ho*) and the mean expected heterozygosity (*He*) were 0.692 5 and 0.796 6, respectively. The *Ho* and *He* of two wild abalone populations were higher than that of cultured population. All these results provide a basis for conservation and utilization of genetic diversity of *Haliotis discus hannai*.

Key words: *Haliotis discus hannai*; microsatellite locus; genetic variation

基于 ISSR 标记的扁玉螺自然居群遗传结构①

孙始威②，孙振兴，葛宜和，闫冬春，黄清荣

（鲁东大学生命科学学院，烟台 264025）

摘要： 利用 ISSR 分子标记技术，对采自大连、烟台及青岛近海的扁玉螺 3 个自然居群的遗传结构和遗传多样性进行了分析。用 13 个引物对 90 只个体进行了 PCR 扩增，共检测到 161 个位点，3 个居群的多态位点比例为 74.53% ~85.09%，各居群遗传多样性水平从高到低依次为烟台居群、青岛居群、大连居群。扁玉螺在物种水平上的 Nei's 基因多样性指数和 Shannon's 信息指数分别为 0.339 5 和 0.511 3，在居群水平上分别为 0.281 1和0.418 9，显示出扁玉螺有较高的遗传多样性。AMOVA 分子变异分析表明，扁玉螺的遗传变异有 27.16% 发生在居群间，72.84% 发生在居群内，居群内的遗传变异大于居群间的遗传变异。扁玉螺 3 个居群间的遗传分化系数（G_{st}）为 0.172 0，基因流（*Nm*）为 2.406 3，Nei's 遗传距离平均值为 0.122 8，表明扁玉螺居群间虽然存在着一定程度的遗传分化，但仍属于种内正常分化的范畴。上述结果为保护和利用扁玉螺资源提供了科学依据。

关键词： 扁玉螺；遗传结构；ISSR

物种的遗传结构和遗传多样性是一个物种的重要特征，遗传结构的空间分布与物种的繁育机制以及自然选择效应密切相关，遗传多样性则反映一个物种适应环境的能力和对环境变迁持续进化的潜力[1]。因此，研究物种的遗传多样性和遗传结构，对生物资源的合理开发利用和种质保护，有着重要的意义。简单重复序列区间（inter simple sequence repeat，ISSR）是一种新型分子标记技术，它以模板 DNA 用量少、多态性丰富、稳定性好等特点[2]，被广泛用于各种经济动植物的群体遗传学研究。

扁玉螺（*Neverita didyma* Roding）属于腹足纲、前鳃亚纲，分布于我国南北方沿

---

① 本文原载《生态学报》，2008 年 11 月，第 28 卷第 11 期，5499 -5505 页。

资助项目：山东省自然科学基金项目（Y2002D12）。

② 第一作者简介：孙始威（1982—），女，硕士研究生，研究方向海洋动物生物学。通讯作者：孙振兴。

海及朝鲜半岛、日本和东南亚海域，是一种中型食用贝类，其肉味鲜美、营养丰富，有一定的经济价值。但近年来扁玉螺的资源量日趋减少，已成为贝类增养殖潜在的开发对象。利用 ISSR 方法研究海洋经济动物，已有一些鱼类[3-6]和双壳贝类[7,8]等方面的报道，迄今国内外尚未见有关扁玉螺群体遗传学的研究报道。笔者以我国北方沿海的扁玉螺为对象，利用 ISSR 分子标记技术，探讨了扁玉螺不同地理居群的遗传结构和遗传多样性差异，以期为扁玉螺种质资源的保护和利用提供基础资料。

1 材料与方法

1.1 材料

试验材料分别采自辽宁大连（DL）、山东烟台（YT）及青岛（QD）近海的 3 个自然居群，扁玉螺活体运回实验室后，解剖取足肌，放入 -74℃ 超低温冰箱中保存；每个居群各随机取 30 只样品，共 90 只样品（表 1）。

表 1 扁玉螺居群的地理位置及采样数目

居群名称	样品采集地	纬度，经度	取样个体数（只）
大连	辽宁大连近海	38°54′N，121°38′E	30
烟台	山东烟台近海	37°33′N，121°20′E	30
青岛	山东青岛近海	36°04′N，120°19′E	30

1.2 基因组 DNA 提取

采用常规的蛋白酶 K 消化和酚 - 氯仿抽提法[9]提取基因组 DNA，用 0.7% 琼脂糖凝胶电泳和紫外分光光度法检测 DNA 纯度，-20℃保存备用。

1.3 ISSR 引物筛选和 PCR 扩增

ISSR 引物是根据加拿大哥伦比亚大学公布的序列（http://www.biotech.ubc.ca/services/naps/primers），由上海生工生物工程技术服务有限公司合成。

PCR 扩增在 PE -9600 型 PCR 仪上进行。反应总体积为 25 μL，经优化的反应体系包括 10 × PCR 缓冲液，2.0 mmol/L 的 Mg^{2+}，0.25 mmol/L 的 dNTP，0.8 U 的 *Taq* DNA 聚合酶，0.2 μmol/L 的 ISSR 引物，20 ng 模板 DNA。PCR 反应程序为94℃预变性 5 min，94℃变性 45 s，52℃退火 45 s，72℃延伸 90 s，45 个循环后，72℃延伸 10 min，4℃保存。利用优化后的反应体系，从 30 个 ISSR 引物中筛选出了 13 个重复性好、特异性高的引物用于 ISSR - PCR 反应（表 2）。

表 2　用于 ISSR 分析的 13 个引物序列

引物编号	引物序列（5′-3′）	引物编号	引物序列（5′-3′）
UBC 811	$(GA)_8C$	UBC 835	$(AG)_8YC$
UBC 812	$(GA)_8A$	UBC 836	$(AG)_8YA$
UBC 813	$(CT)_8T$	UBC 840	$(GA)_8YT$
UBC 814	$(CT)_8A$	UBC 856	$(AC)_8YA$
UBC 815	$(CT)_8G$	UBC 857	$(AC)_8YG$
UBC 825	$(AC)_8T$	UBC 873	$(GACA)_4$
UBC 834	$(AG)_8YT$		

注：Y =（C，T）。

1.4　扩增产物的电泳检测与条带记录

PCR 扩增产物以 200～2 000 bp 的 DNA 分子量标准（DNA Ladder Ⅳ Marker，北京鼎国生物技术有限公司产品）作为参照，阴性对照加入除模板 DNA 以外的其他各成分，用双蒸水代替模板 DNA。以 1.2% 琼脂糖凝胶进行电泳检测（胶中含终浓度为 1 μg/mL 的溴化乙锭），电泳后在凝胶成像系统下观察并拍照。由同一引物扩增的电泳迁移率一致的条带作为同一位点，记录清晰稳定的电泳条带，按条带的有无分别记为“1”和“0”，构成 ISSR 表型数据矩阵。

1.5　数据分析

用 PopGene（ver 1.32）软件[10]对 ISSR 表型数据矩阵进行遗传参数分析，分别计算：多态位点比例（proportion of polymorphic loci，*PPB*）、观测等位基因数（observed number of alleles，*Na*）、有效等位基因数（effective number of alleles，*Ne*）、Nei's 基因多样性指数（Nei's gene diversity，*h*）、Shannon's 信息指数（Shannon's information index，*I*）、居群间的遗传分化系数（coefficient of genetic differentiation，G_{st}）、基因流（gene flow，*Nm*）、遗传相似度（genetic similarity，*S*）和遗传距离（genetic distance，*D*）。

利用 Shannon's 信息指数，按照 Wachira 等[11]的公式，分别计算基于各引物扩增位点在居群（H_{pop}）和物种水平的遗传多态度（H_{sp}），并根据 H_{pop}/H_{sp} 和（$H_{sp}-H_{pop}$）/H_{sp} 分别计算居群内和居群间遗传变异所占的比例。

$$H_o = -\frac{1}{N}\sum X_i \ln X_i$$

式中，H_o 为各居群的遗传多态度；X_i 为位点 i 在某一居群中出现的频率；N 为在该居群中检测到的位点总数。

$$H_{pop} = \frac{1}{n}\sum H_o$$

式中，H_{pop}为居群内遗传多态度；n 为所研究的居群数。

$$H_{sp} = -\frac{1}{N}\sum X\ln X$$

式中，H_{sp}为居群总的遗传多态度；X 为 n 个居群的综合表型频率。

以 DCFA（ver 1.1）软件计算 Euclidean 距离平方[12]，利用 WinAMOVA（ver 1.55）软件对居群间和居群内的遗传变异进行分子变异分析（analysis of molecular variance，AMOVA）[13]。

2 结果

2.1 扁玉螺居群的遗传多样性

13 个 ISSR 引物对扁玉螺 3 个居群的 90 只个体共扩增出 161 个位点，平均每个引物记录 12.4 个位点，扩增产物的分子量大多在 200 ~ 1600 bp 之间（图 1）。3 个居群的多态位点比例、观测等位基因数、有效等位基因数、Nei's 基因多样性指数和 Shannon's 信息指数如表 3 所示。从表 3 可以看出，烟台居群的多态位点比例最高、为 85.09%，虽然大连居群和青岛居群的多态位点比例相同，但根据 Nei's 基因多样性指数（h）和 Shannon's 信息指数（I）来看，二者的大小趋势相同，即各居群遗传多样性水平从高到低依次为烟台居群、青岛居群、大连居群。

表 3 扁玉螺 3 个居群的遗传多样性

居群名称	多态位点数	多态位点比例（%）	观测等位基因数 N_a	有效等位基因数 N_e	Nei's 基因多样性指数 h	Shannon's 信息指数 I
大连	120	74.53	1.745 3 ±0.437 0	1.428 0 ±0.355 3	0.254 6 ±0.185 9	0.383 6 ±0.261 9
烟台	137	85.09	1.850 9 ±0.357 3	1.543 4 ±0.349 6	0.313 4 ±0.175 0	0.464 2 ±0.239 3
青岛	120	74.53	1.745 3 ±0.437 0	1.473 4 ±0.364 8	0.275 3 ±0.190 0	0.408 8 ±0.267 3

Nei's 基因多样性指数（h）和 Shannon's 信息指数（I）在居群水平上分别为 0.281 1 和 0.418 9，在物种水平上分别为 0.339 5 和 0.511 3，显示出扁玉螺居群拥有较高的遗传多样性水平，物种水平的遗传多样性高于居群水平。

从 Shannon's 信息指数（I）在扁玉螺居群中的分布状况看，物种水平的遗传多态度（H_{sp}）为 0.313 0，居群水平的遗传多态度（H_{pop}）为 0.245 7；扁玉螺的遗传变异有 78.73% 存在于居群内，21.27% 的变异存在于居群间（表 4）。

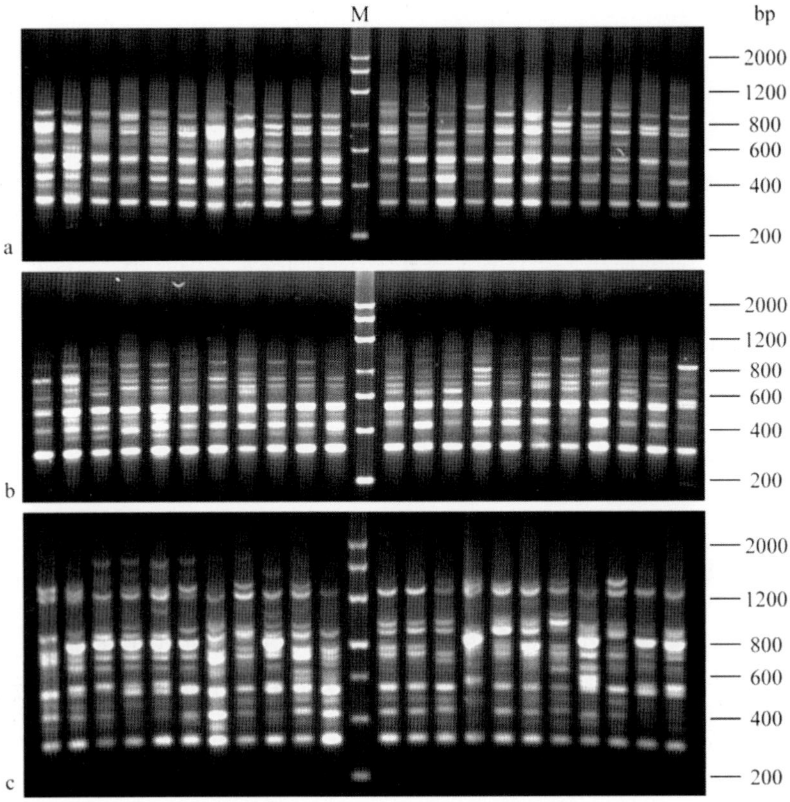

图 1　引物 UBC835 对扁玉螺 3 个居群扩增的电泳图谱

a. 对大连居群的扩增结果；b. 对青岛居群的扩增结果；c. 对烟台居群的扩增结果

表 4　扁玉螺 3 个居群内和居群间 Shannon's 信息指数的分布

引物	各居群的遗传多态度 H_o			居群内遗传多态度 H_{pop}	居群总的遗传多态度 H_{sp}	居群内遗传多态度比例 H_{pop}/H_{sp}	居群间遗传多态度比例 $(H_{sp}-H_{pop})/H_{sp}$
	大连	烟台	青岛				
UBC 811	0. 226 8	0. 198 4	0. 202 5	0. 209 2	0. 323 8	0. 646 3	0. 353 7
UBC 812	0. 307 0	0. 268 3	0. 204 3	0. 259 9	0. 297 4	0. 8739	0. 126 1
UBC 813	0. 260 6	0. 306 8	0. 243 0	0. 270 1	0. 319 8	0. 8447	0. 155 3
UBC 814	0. 195 3	0. 277 4	0. 337 5	0. 270 1	0. 320 6	0. 8423	0. 157 7
UBC 815	0. 307 5	0. 306 1	0. 222 9	0. 278 8	0. 289 3	0. 9636	0. 036 4
UBC 825	0. 240 4	0. 291 0	0. 227 0	0. 252 8	0. 318 3	0. 7943	0. 205 7
UBC 834	0. 218 7	0. 262 8	0. 245 8	0. 242 4	0. 323 3	0. 7498	0. 250 2
UBC 835	0. 181 3	0. 284 6	0. 147 4	0. 204 4	0. 286 3	0. 7139	0. 286 1
UBC 836	0. 243 3	0. 209 6	0. 248 9	0. 234 0	0. 322 2	0. 7262	0. 273 8
UBC 840	0. 211 0	0. 268 8	0. 255 6	0. 245 1	0. 321 2	0. 7632	0. 236 8

续表

引物	各居群的遗传多态度 H_o			居群内遗传多态度 H_{pop}	居群总的遗传多态度 H_{sp}	居群内遗传多态度比例 H_{pop}/H_{sp}	居群间遗传多态度比例 $(H_{sp}-H_{pop})/H_{sp}$
	大连	烟台	青岛				
UBC 856	0.240 3	0.261 1	0.197 5	0.233 0	0.322 6	0.7221	0.277 9
UBC 857	0.257 0	0.257 5	0.313 9	0.276 1	0.298 7	0.9245	0.075 5
UBC 873	0.217 1	0.243 2	0.194 4	0.218 3	0.325 9	0.669 7	0.330 3
平均	0.238 9	0.264 3	0.233 9	0.245 7	0.313 0	0.787 3	0.212 7

2.2 扁玉螺居群的遗传结构

2.2.1 居群间的遗传距离和遗传相似度

遗传距离（D）和遗传相似度（S）是衡量居群间遗传变异程度的重要参数，S 值越大，表明亲缘关系越近，遗传变异越小；而 D 值越大，则表明亲缘关系越远，遗传变异越大。根据 Nei 的公式[14]计算居群间的无偏倚遗传距离和遗传相似度的结果如表 5，可见遗传距离与遗传相似度所得结果是一致的，即在扁玉螺 3 个居群中，大连居群与烟台居群之间的亲缘关系较近，大连居群与青岛居群之间的亲缘关系较远。

表 5　扁玉螺 3 个居群间的遗传距离和遗传相似度

居群名称	大连	烟台	青岛
大连	—	0.898 7	0.868 3
烟台	0.106 9	—	0.886 7
青岛	0.141 2	0.120 3	—

注：对角线右上方为遗传相似度，左下方为遗传距离。

2.2.2 居群间的遗传分化

利用 AMOVA 的等级剖分法得出的居群间和居群内对总遗传变异的贡献率表明，扁玉螺 27.16% 的变异发生在居群间，72.84% 的变异发生在居群内（表6），显著性检验显示扁玉螺居群间和居群内均有极显著的遗传分化（$\Phi_{st}=0.272\ 0$，$P<0.001$）。居群间遗传分化系数（G_{st}）为 0.172 0，由 G_{st} 估算的基因流（Nm）为 2.406 3。

表6　扁玉螺3个居群遗传变异的AMOVA分析

变异来源	自由度 *df*	离差平方和 *SSD*	均方 *MS*	变异组分	变异百分率（%）	P^*
居群间	2	547.977 8	273.988 9	8.383 5	27.16	< 0.001
居群内	87	1 956.066 7	22.483 5	22.483 5	72.84	< 0.001

* 交换1000次单倍型的显著性检验。

3　讨论

3.1　关于扁玉螺的遗传多样性

遗传多样性可评价物种对环境的适应能力以及进化潜力，多态位点比例则是这种评价的量化参数之一。试验中扁玉螺的多态位点比例为74.53%～85.09%，与用ISSR方法得出的其他海洋动物多态位点比例相比，扁玉螺自然居群的遗传多样性水平较高。如小黄鱼（*Pseudosciaena polyactis*）为65.63%[3]，牙鲆（*Paralichthys olivaceus*）为27.45%～33.92%[4]，刀鲚（*Coilia ectenes*）为57.58%～68.18%[5]，斜带髭鲷（*Hapalogenys nitens*）为44.83%～51.72%[6]，文蛤（*Meretrix meretrix*）为68.40%～80.70%[7]，翡翠贻贝（*Perna viridis*）为57.14%～60.78%[8]。这是由于在上述海洋动物中除小黄鱼和刀鲚为自然居群外，其余种类中包括人工养殖群体，由于多代连续人工养殖造成的瓶颈效应、遗传渐渗和近亲交配等不利因素，势必导致遗传多样性水平的下降[15,16]，而扁玉螺目前仍为自然居群，尚未进行人工养殖或放流增殖，因而避免了对其遗传多样性的不利影响。

从试验得出的Nei's基因多样性指数（*h*）和Shannon's信息指数（*I*）两项参数看，扁玉螺在物种水平的遗传多样性高于居群水平，而造成居群内遗传多样性降低和遗传衰退的原因有选择效应、有效繁育个体数量减少、遗传漂变以及近交等[17]。

3.2　扁玉螺居群的遗传结构与遗传分化分析

AMOVA分析从基因型的分化程度出发研究居群的遗传结构，是分析RAPD、ISSR等显性标记数据的一种有效方法[12]。试验结果中，AMOVA分析与Shannon's信息指数分析变异在居群内和居群间的分布状况基本一致，即有70%以上的变异存在于各居群内，仅有小部分存在于居群间，居群内的遗传分化大于居群间的遗传分化。

本文由PopGene软件基于Nei's遗传距离估算出的扁玉螺居群间遗传分化系数G_{st}为0.172 0，由AMOVA分析基于Euclidean距离平方得出的Φ_{st}为0.272 0，两种估算方法在数值上虽然不同，但二者的评价标准相同，都是反映居群遗传分化程度的重要指标[18]。Euclidean距离平方事实上是两个基因型的差的平方，从方差的定义出发，显然更适合用其计算离差平方和[12]，因此 WinAMOVA 软件中推荐使用 Euclidean 距离平方[13]。Buso 等认为，G_{st}或 Φ_{st}值介于 0 ~0.05 之间表示居群间遗传分化程度很弱；0.05 ~0.15 为分化程度中等；0.15 ~0.25 为分化程度较大；大于0.25 为分化程度很大[18]。由此可见，扁玉螺居群间已发生了较大程度的遗传分化，G_{st}与 Φ_{st}值反映的遗传分化趋势是一致的。

影响居群遗传结构最重要的因素是基因交流程度和繁育方式[19]。群体遗传学理论认为，不管居群大小，如果基因流 $N_m < 1$，遗传漂变就成为影响居群遗传结构的主导因素；但只要基因流是多向的，当每世代居群间迁移者大于或等于 1 时（$N_m \geqslant 1$），基因流就可以防止居群间由遗传漂变引起的遗传分化[20]。扁玉螺 3 个居群间的基因流 $N_m = 2.406\ 3$，表明居群间存在着有效的基因流，遗传漂变不是影响扁玉螺居群遗传分化的主要因素。引起扁玉螺居群遗传分化可能与其繁育方式、各居群之间分布不连续造成的地理隔离以及人为过度采捕导致资源量减少等因素有关。扁玉螺行交尾繁殖，其面盘幼虫的浮游期极为短暂，成体在海底匍匐生活，迁移范围较小，这些都在一定程度上限制了基因的交流。

虽然扁玉螺自然居群已出现了一定程度的遗传分化，但从遗传距离的分析可以看出，3 个居群间的遗传距离平均值为 0.122 8，这与同一物种的居群间遗传距离小于0.16 的观点[21]是相符的，即扁玉螺的遗传分化仍属于种内正常分化的范畴。本文中，大连居群与青岛居群的遗传距离较大，而大连居群与烟台居群的遗传距离较小，这与 3 个居群所处的地理位置有关，大连与烟台之间为渤海海峡，海流水团运动畅通无阻；而青岛地处山东半岛南部，对来自渤海和黄海西北部的海流水团运动而言，山东半岛是一天然屏障，这种特殊的地理隔离导致了居群间基因流受阻。

上述结果表明，我国北方沿海的扁玉螺自然居群有着丰富的遗传多样性，但各居群已经出现了遗传分化。这一结果客观地反映了扁玉螺不同自然居群的遗传多样性、遗传结构及居群之间的基因交流状况，为评价扁玉螺种质资源提供了科学依据。在此基础上，应当对扁玉螺实施遗传多样性保护和种质资源保存的策略，并根据其自然居群的遗传多样性水平较高、遗传变异大部分存在于居群内的特点，加强对分布海域内不同居群以及居群内不同类型个体的保存，避免过度采捕、环境污染等人为因素造成扁玉螺自然资源的衰减，从而合理开发和持续利用扁玉螺资源。

参考文献

[1] Sokal R R，Jacquez G M，Wooten M C. Spatial autocorrelation analysis of migration and selection [J]. Genetics，1989，121（4）：845 –855.

[2] 李海生，陈桂珠. 海南岛红树植物海桑遗传多样性的 ISSR 分析 [J]. 生态学报，2004，24（8）：1657 –1663.

[3] 许广平，仲霞铭，丁亚平，等. 黄海南部小黄鱼群体遗传多样性研究［J］. 海洋科学，2005，29（11）：34－38.

[4] Liu Y G，Chen S L，Li J，et al. Genetic diversity in three Japanese flounder（*Paralichthys olivaceus*）populations revealed by ISSR markers［J］. Aquaculture，2006，255（1－4）：565－572.

[5] 张媛，胡则辉，周志刚，等. 利用 RAPD－PCR 与 ISSR－PCR 标记技术分析长江口刀鲚的群体遗传结构［J］. 上海水产大学学报，2006，15（4）：390－397.

[6] 王世锋，杜佳莹，苏永全，等. 斜带髭鲷野生与养殖群体遗传结构的 ISSR 分析［J］. 海洋学报，2007，29（14）：105－110.

[7] 陈大鹏，沈怀舜，丁亚平，等. 文蛤地理种群 ISSR 分子标记的初步研究［J］. 南京师大学报（自然科学版），2004，27（3）：74－77.

[8] 杜晓东，李康，黄荣莲，等. 翡翠贻贝 3 个野生种群遗传多样性分析［J］. 热带海洋学报，2007，26（4）：51－55.

[9] 李莉，孙振兴，杨树德，等. 用微卫星标记分析皱纹盘鲍群体的遗传变异［J］. 遗传，2006，28（12）：1549－1554.

[10] Yeh F C，Boyle T J B. Population genetic analysis of co－dominant and dominant markers and quantitative traits［J］. Belgian Journal of Botany，1997，129（2）：157.

[11] Wachira F N，Waugh R，Powell W，et al. Detection of genetic diversity in tea（*Camellia sinensis*）using RAPD markers［J］. Genome，1995，38（2）：201－210.

[12] 张富民，葛颂. 群体遗传学研究中的数据处理方法 I. RAPD 数据的 AMOVA 分析［J］. 生物多样性，2002，10（4）：438－444.

[13] Excoffier L，Smouse P E，Quattro J M. Analysis of molecular variance inferred from metric distances among DNA haplotypes：application to human mitochondrial DNA restriction data［J］. Genetics，1992，131（2）：479－491.

[14] Nei M. Estimation of average heterozygosity and genetic distance from a small number of individuals［J］. Genetics，1978，89（3）：583－590.

[15] Evans B，Bartlett J，Sweijd N，*et al.* Loss of genetic variation at microsatellite loci in hatchery produced abalone in Australia（*Haliotis rubra*）and South Africa（*Haliotis midae*）［J］. Aquaculture，2004，233（1－4）：109－127.

[16] Holtsmark M，Klemetsdal G，Sonesson A K，et al. Establishing a base population for a breeding program in aquaculture，from multiple subpopulations，differentiated by genetic drift：II. Sensitivity to assumptions on the additive genetic relationships of base animals［J］. Aquaculture，2008，274（2－4）：241－246.

[17] 常亚青，陈晓霞，丁君，等. 虾夷扇贝（*Patinopecten yessoensis*）5 个群体的遗传多样性［J］. 生态学报，2007，27（3）：1145－1152.

[18] Buso G S C，Rangel P H，Ferreira M E. Analysis of genetic variability of South American wild rice populations（*Oryza glumaepatula*）with isozymes and RAPD markers［J］. Molecular Ecology，1998，7（1）：107－117.

[19] Vignieri S N. Streams over mountains: influence of riparian connectivity on gene flow in the Pacific jumping mouse (*Zapus trinotatus*) [J] . Molecular Ecology, 2005, 14 (7): 1925 - 1937.
[20] Walker C W, Vila C, Landa A, et al. Genetic variation and population structure in Scandinavian wolverine (*Gulo gulo*) populations [J] . Molecular Ecology, 2001, 10 (1): 53 - 63.
[21] Sites J W, Marshall J C. Delimiting species: a Renaissance issue in systematic biology [J] . Trends in Ecology and Evolution, 2003, 18 (9): 462 - 470.

Genetic structure of natural population of *Neverita didyma* based on ISSR markers

Sun Shiwei, Sun Zhenxing, Ge Yihe, Yan Dongchun, Huang Qingrong

(*School of Life Science, Ludong University, Yantai* 264025)

Abstract: The genetic structure and genetic diversity in three natural populations of *Neverita didyma* were analyzed by using the molecular marker technique of inter simple sequence repeat (ISSR) . The samples of the three populations were taken from the offshores of Dalian (DL), Yantai (YT) and Qingdao (QD), respectively. A total of 161 loci from 90 individuals were polymerase - chain - reaction (PCR) amplified with 13 primers. The proportion of polymorphic loci in the three populations ranged from 74. 53% to 85. 09%. The abundance of genetic diversity in the three populations arranged in a decent order was YT > QD > DL. The Nei's gene diversity and Shannon's information index of *Neverita didyma* was 0. 339 5 and 0. 511 3 at species level, 0. 281 1 and 0. 418 9 at population level, respectively, showing that the genetic diversity of *Neverita didyma* was relatively high. An analysis of the molecular variance (AMOVA) demonstrated that the among - population component accounted for 27. 16% of the total variation, while the within - population component accounted for 72. 84%. The within - population genetic variation was apparently larger than the among - population. The genetic differentiation coefficient (G_{st}), gene flow (Nm) and the average Nei's genetic distance were 0. 172 0, 2. 406 3 and 0. 122 8, respectively among the three populations. The results indicate that although there is genetic differentiation of some extent among the three populations of *Neverita didyma*, such differentiation is well contained in the context of normal differentiation within the species. The results have laid the scientific basis for the conservation and utilization of the *Neverita didyma* resources.

Key words: *Neverita didyma*; genetic structure; ISSR

长竹蛏不同地理居群的遗传多样性①

陈燕妮②，孙振兴，常林瑞

（鲁东大学生命科学学院，烟台 264025）

摘要： 以大连、烟台、莱州、青岛和赣榆近海5个不同地理居群的长竹蛏（*Solen strictus* Gould）为试验材料，利用 ISSR 分子标记进行了遗传多样性的研究。结果表明，13 个 ISSR 引物在5 个居群中共扩增出200 个位点，平均每个引物记录 15.4 个位点，5 个居群的多态位点比例为 43.56% ~ 60.43%。长竹蛏在物种水平上的 Neï's 基因多样性指数和 Shannon's 信息指数分别为0.285 4 和0.439 0，在居群水平上分别为0.167 4 和0.253 0。NJ 聚类分析显示，青岛居群与赣榆居群的亲缘关系最近，而烟台居群与其他4 个居群的亲缘关系较远。经 Mantel 检测，长竹蛏5 个居群间的遗传距离与地理距离并无相关性（$r = -0.083\ 4$，$P > 0.1$）。AMOVA 分子变异分析表明，长竹蛏的遗传变异有 47.71% 发生在居群间，52.29% 发生在居群内，居群内的遗传变异大于居群间的遗传变异。长竹蛏5 个居群间的遗传分化系数（G_{st}）为0.288 9，基因流（N_m）为1.319 4。上述结果显示，长竹蛏具有较高的遗传多样性，但居群间已发生了一定程度的遗传分化。

关键词： 长竹蛏；遗传多样性；ISSR 标记

长竹蛏（*Solen strictus* Gould）为竹蛏科双壳贝类，是我国沿海潮间带常见的一种蛏类，其个体大、肉味鲜美，富含营养，在食用贝类中占有重要的地位，是一种可发展养殖的经济贝类。近年来，随着分子生物学技术在水生生物中的广泛应用，有关蛏类的分子遗传研究也受到人们的关注[1,2]，但这些研究大多集中在缢蛏（*Sinonovacula constricta*）的遗传多样性[3]和基因序列变异分析[4]等方面，而有关长竹蛏的群体遗传学研究国内外尚未见报道。ISSR（inter simple sequence repeat）分子标记具有丰富的多态性、稳定的可重复性，在许多水生生物的群体遗传学研究中获得了理想的效果[5,6]。在水生贝类方面，已有用 ISSR 标记分析四角蛤蜊（*Mactra*

---

① 本文原载《水生生物学报》，2010 年3 月，第34 卷第2 期，270 - 277 页。

资助项目：山东省高校实验技术项目（2005 - 396）。

② 第一作者简介：陈燕妮（1981—），女，硕士研究生，研究方向海洋动物生物学。通讯作者：孙振兴。

veneriformis)[7]、地中海贻贝（*Mytilus galloprovincialis*)[8]、马氏珠母贝（*Pinctada martensii*)[9]和大珠母贝（*Pinctada maxima*)[10]、扁玉螺（*Neverita didyma*)[11]等群体遗传多样性的报道，说明ISSR标记是研究水生贝类遗传多样性的有效手段。发展长竹蛏养殖的重要途径是人工培育竹蛏苗[12,13]，而为了避免长竹蛏人工繁殖时选择亲贝的盲目性，亟须探明野生长竹蛏的遗传背景。为此，笔者利用ISSR标记，对我国黄、渤海海域5个不同地理居群的野生长竹蛏的遗传多样性进行了研究，以期为揭示长竹蛏的群体遗传多样性和遗传结构状况，为评价长竹蛏的种质资源等提供理论依据。

1 材料与方法

1.1 材料

试验所用野生长竹蛏分别采自辽宁大连（DL)、山东烟台（YT)、山东莱州（LZ)、山东青岛（QD）和江苏赣榆（GY）近海5个地理居群（图1)。长竹蛏活体运回实验室，解剖取足肌，分装样品袋中置于-74℃超低温冰箱保存。取样长竹蛏的平均壳长为73.64 mm±5.16 mm，平均体质量为8.76 g±0.92 g。

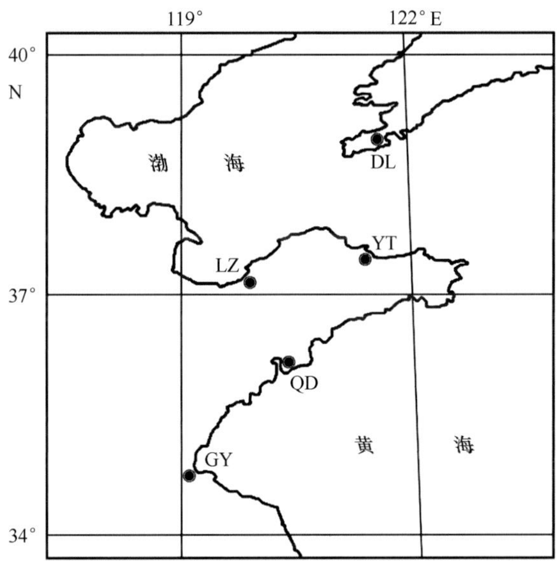

图1 长竹蛏各居群的地理位置示意图

1.2 方法

基因组DNA提取采用酚-氯仿抽提法，具体步骤参见文献[14]，-20℃保存备用。ISSR引物根据加拿大哥伦比亚大学公布的序列，由上海生工生物工程技术服务有限公司合成。经优化的PCR反应体系为：25 μL总体积中包括1×PCR缓冲液、2.5 mmol/L的Mg^{2+}、0.25 mmol/L的dNTP、0.5 μmol/L的ISSR引物、1U的*Taq* DNA聚合酶、40 ng模板DNA。PCR反应程序为94℃预变性5 min，94℃变性45 s，52℃退火45 s，72℃延伸90 s，45个循环后，72℃延伸10 min，4℃保存。利用PCR优化体系，从30个ISSR引物中筛选出了13个重复性好、特异性高的引物用于PCR扩增（表1）。在PE－9600型PCR仪上进行扩增，扩增产物以100～3000 bp的DNA分子量标准（MBI－Fermentas公司产品）为参照，以1.5%琼脂糖凝胶进行电泳分离，电泳条件为1×TBE缓冲液、电压100V，电泳后在凝胶成像系统下观察并拍照。

表1　用于ISSR分析的13个引物序列

引物编号	引物序列（5′－3′）	引物编号	引物序列（5′－3′）
UBC 807	AGA GAG AGA GAG AGA GT	UBC 825	ACA CAC ACA CAC ACA CT
UBC 808	AGA GAG AGA GAG AGA GC	UBC 834	AGA GAG AGA GAG AGA GYT
UBC 809	AGA GAG AGA GAG AGA GG	UBC 835	AGA GAG AGA GAG AGA GYC
UBC 811	GAG AGA GAG AGA GAG AC	UBC 836	AGA GAG AGA GAG AGA GYA
UBC 812	GAG AGA GAG AGA GAG AA	UBC 840	GAG AGA GAG AGA GAG AYT
UBC 814	CTC TCT CTC TCT CTC TA	UBC 842	GAG AGA GAG AGA GAG AYG
UBC 815	CTC TCT CTC TCT CTC TG		

注：Y＝（C，T）。

1.3　数据统计分析

ISSR为显性标记，由同一引物扩增的电泳迁移率一致的条带作为同一位点，记录清晰稳定的电泳条带，按条带的有无分别记为“1”和“0”，构成ISSR表型数据矩阵。用PopGene（ver 1.32）软件[15]计算以下遗传参数：多态位点比例、观测等位基因数、有效等位基因数、Nei's基因多样性指数、Shannon's信息指数、居群间的遗传分化系数和基因流、遗传相似度和Nei's遗传距离。以DCFA（ver 1.1）软件[16]计算Euclidean距离平方，利用WinAMOVA（ver 1.55）软件对居群间和居群内的遗传变异进行分子变异分析（analysis of molecular variance，AMOVA）[17]。基于Nei's遗传距离，用MEGA（ver 4.0）软件[18]中的邻接法（neighbor－joining，NJ）分别对5个居群以及这些居群中的100只个体进行聚类分析。以地理测距软件计算各居群之间的海上最近地理距离，用TFPGA（ver 1.3）软件对遗传距离和地理距离的相关性进行Mantel检测[19]。

2 结果

2.1 不同居群的遗传多样性

对长竹蛏5个居群的样品进行扩增的结果显示，扩增产物的分子量大多在200 ~ 1 500 bp之间（图2），利用13个ISSR引物共扩增出200个位点，平均每个引物记录15.4个位点。长竹蛏5个居群的多态位点比例、观测等位基因数、有效等位基因数、Nei's基因多样性指数和Shannon's信息指数见表2。从表2看，大连居群的多态位点比例明显高于其他居群，赣榆居群的多态位点比例次之，莱州居群和青岛居群的多态位点比例较为接近，烟台居群的多态位点比例最低。结合Nei's基因多样性指数（h）和Shannon's信息指数（I）来看，大连和赣榆居群的遗传多样性水平较高，其次为莱州和青岛居群，而烟台居群的遗传多样性水平较低。方差分析的结果表明，Nei's基因多样性指数（$F = 4.276\ 8$，$P < 0.005$）和Shannon's信息指数（$F = 4.743\ 8$，$P < 0.001$）在5个居群之间存在显著差异。

长竹蛏在居群水平上，平均每个位点的有效等位基因数 $Ne = 1.282\ 7$，Nei's基因多样性指数（h）和Shannon's信息指数（I）分别为0.167 4和0.253 0；在物种水平上，$N_e = 1.471\ 3$，h 和 I 值分别为0.285 4和0.439 0。总体而言，长竹蛏仍具有较高的遗传多样性水平。

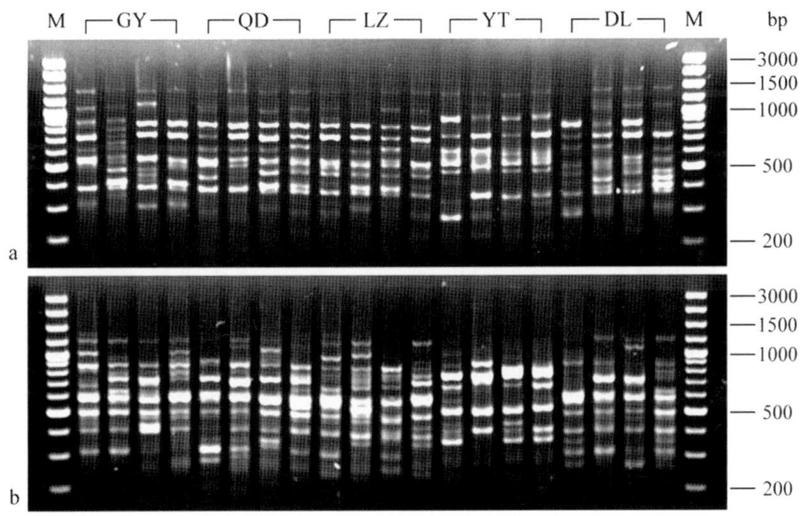

图2 引物UBC834和UBC836对长竹蛏5个居群部分个体扩增的电泳图谱

a. UBC834的扩增结果；b. UBC836的扩增结果；M：DNA分子量标准

表 2　长竹蛏 5 个居群的遗传多样性

居群名称	多态位点比例（%）	观测等位基因数 N_a	有效等位基因数 N_e	Nei's 基因多样性指数 h	Shannon's 信息指数 I
大连	60.43	1.604 3 ±0.489 8	1.322 6 ±0.363 2	0.191 9 ±0.192 7	0.292 1 ±0.274 5
烟台	43.56	1.435 6 ±0.496 6	1.250 6 ±0.352 6	0.146 8 ±0.192 5	0.220 4 ±0.277 4
莱州	52.15	1.521 5 ±0.500 3	1.263 3 ±0.338 6	0.159 3 ±0.186 2	0.244 0 ±0.269 1
青岛	49.08	1.490 8 ±0.500 7	1.278 4 ±0.355 1	0.164 9 ±0.193 2	0.249 0 ±0.278 6
赣榆	57.98	1.579 8 ±0.494 4	1.338 4 ±0.372 6	0.198 5 ±0.198 3	0.298 4 ±0.283 0
均值	52.64	1.506 9	1.282 7	0.167 4	0.253 0

2.2　居群及其个体间的遗传距离与聚类分析

由 PopGene 软件计算出长竹蛏 5 个居群的两两居群之间的 Nei 无偏倚遗传距离范围为 0.113 8 ~0.275 6，遗传相似度范围为 0.759 1 ~0.892 5（表 3），5 个居群间的平均遗传距离为 0.182 7，平均遗传相似度为 0.834 2。进一步根据遗传距离矩阵采用 NJ 法进行聚类分析（图 3）表明，青岛居群与赣榆居群的亲缘关系最近，其次是莱州居群与青岛、赣榆两个居群的亲缘关系较近，再次之为大连居群，而烟台居群与以上 4 个居群的亲缘关系较远。经 Mantel 检测，长竹蛏 5 个居群间的遗传距离与它们之间的地理距离并无相关性（$r = -0.083\ 4$，$P > 0.1$）。

表 3　长竹蛏 5 个居群间的遗传距离和遗传相似度

居群名称	大连	烟台	莱州	青岛	赣榆
大连	—	0.832 4	0.847 6	0.890 3	0.869 1
烟台	0.183 5	—	0.759 1	0.795 7	0.780 5
莱州	0.165 4	0.275 6	—	0.845 9	0.828 6
青岛	0.116 2	0.228 5	0.167 3	—	0.892 5
赣榆	0.140 4	0.247 8	0.188 0	0.113 8	—

注：对角线右上方为遗传相似度，左下方为遗传距离。

基于 Nei 无偏倚遗传距离，对长竹蛏 5 个居群的 100 只个体进行 NJ 聚类分析的结果见图 4。可以看出：在个体之间，各居群内的个体分别聚成独立的分支，说明居群内个体间有高度的遗传相似性；在居群之间，青岛居群与赣榆居群首先聚在一起，然后依次为大连居群、莱州居群和烟台居群，这与 5 个居群的聚类结果（图 3）基本一致。

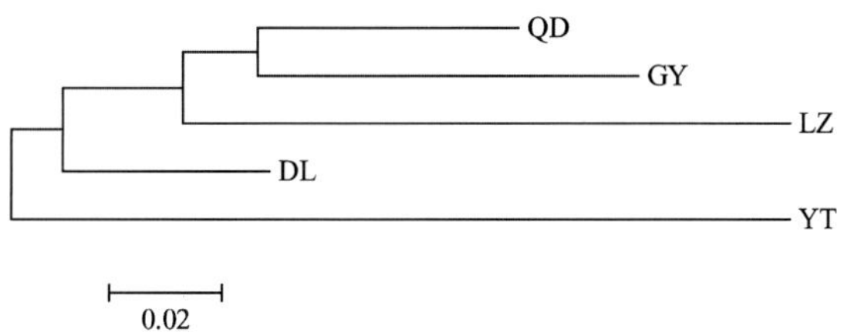

图 3　基于 Nei's 遗传距离的长竹蛏 5 个居群的 NJ 聚类图

2.3　遗传变异与分化

通过 AMOVA 的等级剖分法计算出的居群间和居群内对总遗传变异的贡献率表明，长竹蛏 47.71% 的变异发生在居群间，52.29% 的变异发生在居群内（表 4），显示长竹蛏群体的遗传变异主要来自居群内，但居群间的变异也处于较高水平。长竹蛏 5 个居群间的遗传分化系数（G_{st}）为 0.288 9，由 G_{st} 估算的基因流（N_m）为 1.3194，说明长竹蛏居群间虽然存在着基因流，但居群间已发生了一定程度的遗传分化。

表 4　长竹蛏 5 个居群遗传变异的 AMOVA 分析

变异来源	自由度 *df*	离差平方和 *SSD*	均方 *MS*	变异组分	变异百分率/%	*P**
居群间	4	2 391.860 0	597.965 0	28.344 7	47.71	< 0.001
居群内	95	2 951.750 0	31.071 0	31.071 1	52.29	< 0.001

* 交换 1000 次单倍型的显著性检验。

3　讨论

3.1　长竹蛏的遗传多样性

Nei's 基因多样性指数（*h*）和 Shannon's 信息指数（*I*）是衡量物种遗传多样性的重要参数[20]。利用 ISSR 方法得到的几种海洋贝类在物种水平上的 *h* 和 *I* 值：大珠母贝（*Pinctada maxima*）分别为 0.283 2 和 0.437 2[10]，四角蛤蜊（*Mactra veneriformis*）分别为 0.307 0 和 0.476 0[7]，扁玉螺（*Neverita didyma*）分别为 0.339 5 和 0.511 3[11]。与本文得到的长竹蛏物种水平上的 *h* 和 *I* 值分别为 0.285 4 和 0.439 0 相比，长竹蛏的遗传多样性水平虽然低于四角蛤蜊和扁玉螺，但与大珠母贝较为接近，在种的水平上仍具有较高的遗传多样性；而在居群水平上的遗传多样性相对较低，并且不同居群的遗传多样性存在明显差异。从群体遗传学角度来说，物种的遗

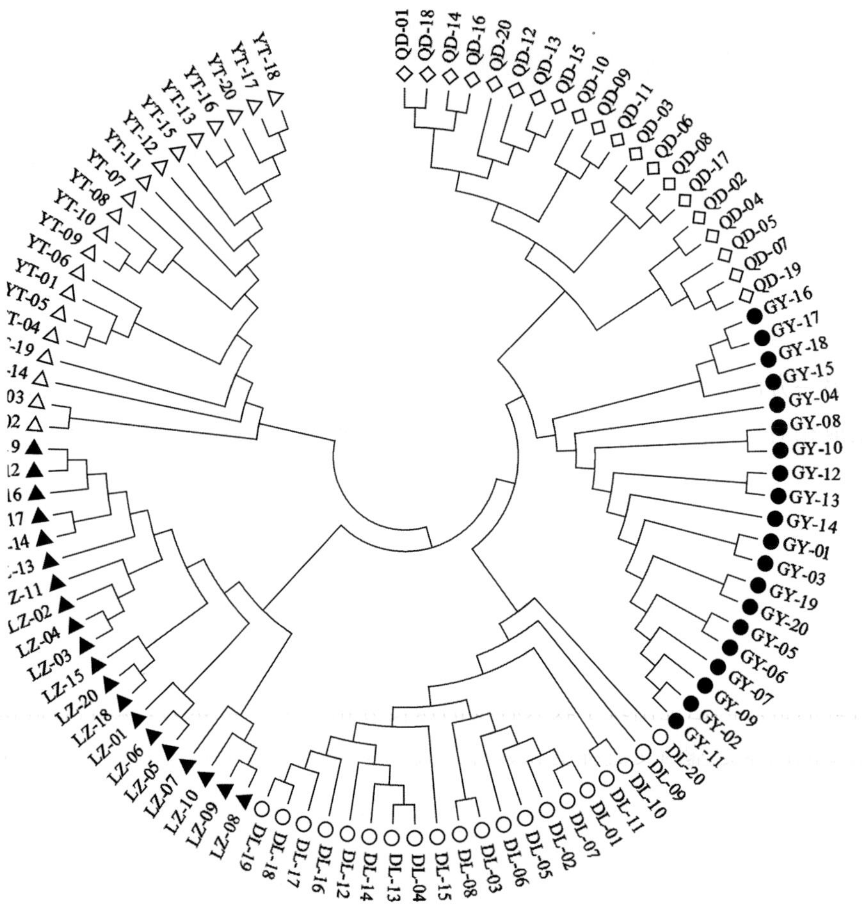

图 4　基于 Nei's 遗传距离的长竹蛏 5 个居群 100 只个体的 NJ 聚类图

传多样性水平与其适应能力、繁殖能力和进化潜力密切相关，遗传多样性水平的降低往往会导致生物对环境的适应能力减弱、种质衰退等[21]。研究遗传多样性的目的，就是为了最大限度地保持种内的遗传多样性水平，维持物种进化潜力和群体的自然繁殖能力，以确保种质资源的可持续利用。由于各种人为因素对长竹蛏栖息环境的不利影响和过度采捕，已对长竹蛏种质资源产生了严重的威胁，因此应采取建立种质保护区等必要的措施。根据本文所得到的遗传多样性参数看，赣榆居群（$h=0.1985$，$I=0.2984$）和大连居群（$h=0.1919$，$I=0.2921$）可能存在着相对丰富的遗传种质，应加以重点保护，并可作为人工繁殖选择亲贝时的首选种质。

3.2　长竹蛏居群间的亲缘关系与遗传分化

聚类分析的先后顺序可反映出种群间亲缘关系的远近，通过估算遗传距离并构建系统树，可以评价种群间的遗传结构和分化程度[22]。聚类分析的结果表明，在长竹蛏 5 个居群中，青岛居群与赣榆居群的亲缘关系最近，而烟台居群与莱州居群之间的亲缘关系最远（表3、图3），这可能与各居群所处的地理位置有关。从地理位置上看，赣榆与青岛两地同处于黄海西南部，海流水团运动有利于居群间的基因交流；而它们与处于黄海北部的大连、烟台以及处于渤海的莱州，由于受到山东半岛的地理屏障，阻碍了来自渤海和黄海西北部的海流水团运动，这种特殊的地理隔离导致了居群间的基因流受阻。虽然烟台与莱州的海上距离较近，但两地间受到山东半岛北部海岸凸出（图1）的影响，海流水团交换明显不如青岛与赣榆之间流畅，加之莱州湾是渤海的一个内湾，与外海的海流水团交换都受到一定影响，客观上也形成了地理隔离，这也说明居群间亲缘关系的远近与地理距离之间并不一定存在必然联系。另一方面，从长竹蛏5个居群100只个体的聚类结果看，它们分别按照地理分布聚成相对独立的分支，各居群的个体间完全没有交叉现象，说明5居群间缺乏有效的基因交流，也表明长竹蛏居群间的遗传分化水平较高，这与AMOVA分析显示居群间变异较高的结果是一致的。

长竹蛏5个居群间的平均遗传距离为0.182 7，平均遗传相似度为0.834 2，这与Thorpe[23]认为同一物种的居群间遗传距离为0.03～0.20，遗传相似度为0.80～0.97的观点一致。但长竹蛏5个居群间的遗传分化系数（G_{st}）为0.288 9，由此可见，长竹蛏居群之间已经出现了较大程度的遗传分化[24]。一般认为，影响居群遗传结构最重要的因素是基因交流程度和繁育方式[25]。根据群体遗传学理论，不管居群大小，如果基因流 $N_m<1$，遗传漂变就成为影响居群遗传结构的主要因素；当居群间的基因流 $N_m \geq 1$ 时，就可以防止由遗传漂变引起的居群间遗传分化[26]。本文得出长竹蛏5个居群间的基因流 $N_m=1.319\ 4$，说明居群间存在着一定程度的基因流，因此，遗传漂变不是影响居群分化的主要因素。导致长竹蛏居群遗传分化的因素可能与其繁育方式和所处环境有关，长竹蛏是雌雄异体，体外受精，浮游幼虫期较短，加之成体营埋栖生活，主要是垂直移动，水平移动的范围较小，这些都在很大程度上影响了基因的交流；长竹蛏不同居群所处的环境不完全相同，它们所承受的生境选择压力存在差异，必然引起居群间的变异和分化。此外，由于物种不同居群间分布不连续造成的地理隔离，以及人为因素影响等造成的有效繁育群体数量减少，都是影响基因交流的障碍[27]，最终导致居群间的遗传分化。

致谢 鲁东大学生命科学学院黄清荣高级实验师、闫冬春副教授、王磊副教授、宿红艳副教授等为试验使用仪器提供了诸多便利，刘庆同学协助采集部分样品，在此一并表示感谢。

参考文献

[1] 陈丽梅，孔晓瑜，喻子牛，等. 3种蛏类线粒体16S rRNA和COI基因片段的序列比较及其

系统学初步研究［J］．海洋科学，2005，29（8）：27－32.

［2］ 吴仁协，王军，苏永全，等．3 种蛏基因组 DNA 的多态性研究［J］．厦门大学学报（自然科学版），2008，47（5）：739－742.

［3］ 王冬群，李太武，苏秀榕．象山缢蛏养殖群体和野生群体遗传多样性的比较［J］．中国水产科学，2005，12（2）：138－143.

［4］ 牛东红，李家乐，沈和定，等．缢蛏六群体线粒体 DNA－COI 基因序列变异及群体遗传结构分析［J］．海洋学报，2008，30（3）：109－116.

［5］ Liu Y G，Chen S L，Li J，et al. Genetic diversity in three Japanese flounder（*Paralichthys olivaceus*）populations revealed by ISSR markers［J］. Aquaculture，2006，255（1－4）：565－572.

［6］ 杨太有，关建义，陈宏喜．三个地理群体赤眼鳟遗传多样性的 ISSR 分析［J］．水生生物学报，2008，32（4）：529－533.

［7］ Hou L，Lü H，Zou X，et al. Genetic characterizations of *Mactra veneriformis*（Bivalve）along the Chinese coast using ISSR－PCR markers［J］. Aquaculture，2006，261（3）：865－871.

［8］ Varela M A，González－Tizón A，Marinas L，et al. Genetic divergence detected by ISSR markers and characterization of microsatellite regions in *Mytilus mussels*［J］. Biochemical Genetics，2007，45（7－8）：565－578.

［9］ 吕林兰，杜晓东，王嫣，等．马氏珠母贝 3 个野生种群及种群间杂交后代遗传多样性的 ISSR分析［J］．水生生物学报，2008，32（1）：26－32.

［10］ 姜因萍，何毛贤，黄良民，等．两个大珠母贝群体遗传多样性的 ISSR 分析［J］．热带海洋学报，2008，27（3）：61－65.

［11］ 孙始威，孙振兴，葛宜和，等．基于 ISSR 标记的扁玉螺（*Neverita didyma*）自然居群遗传结构［J］．生态学报，2008，28（11）：5499－5505.

［12］ 王云．长竹蛏人工育苗技术的初步研究［J］．台湾海峡，2001，20（1）：27－31.

［13］ 郑升阳．长竹蛏室内人工育苗技术［J］．水产科技情报，2006，33（4）：154－156.

［14］ 李莉，孙振兴，杨树德，等．用微卫星标记分析皱纹盘鲍群体的遗传变异［J］．遗传，2006，28（12）：1549－1554.

［15］ Yeh F C，Boyle T J B. Population genetic analysis of co－dominant and dominant markers and quantitative traits［J］. Belgian Journal of Botany，1997，129（2）：157.

［16］ 张富民，葛颂．群体遗传学研究中的数据处理方法 I. RAPD 数据的 AMOVA 分析［J］．生物多样性，2002，10（4）：438－444.

［17］ Excoffier L，Smouse P E，Quattro J M. Analysis of molecular variance inferred from metric distances among DNA haplotypes：application to human mitochondrial DNA restriction data［J］. Genetics，1992，131（2）：479－491.

［18］ Tamura K，Dudley J，Nei M，et al. MEGA4：molecular evolutionary genetics analysis（MEGA）software version 4.0［J］. Molecular Biology and Evolution，2007，24（8）：1596－1599.

［19］ Miller M P. Tools for population genetic analyses（TFPGA）1.3：A Windows program for the analysis of allozyme and molecular population genetic data [J]. Computer Software Distributed by Author, 1997, 4: 157.

[20] Labate J A. Software for population genetic analyses of molecular marker data [J]. Crop Science, 2000, 40 (6): 1521 - 1528.

[21] Sokal R R, Jacquez G M, Wooten M C. Spatial autocorrelation analysis of migration and selection [J]. Genetics, 1989, 121 (4): 845 - 855.

[22] 蒋鹏，史建全，张研，等．应用微卫星多态分析青海湖裸鲤 (*Gymnocypris przewalski* Kessler) 六个野生群体的遗传多样性 [J]．生态学报，2009，29 (2)：939 - 945.

[23] Thorpe J P. The molecular clock hypothesis: biochemical evolution, genetic differentiation and systematics [J]. Annual Review of Ecology and Systematics, 1982, 13 (1): 139 - 168.

[24] Buso G S C, Rangel P H, Ferreira M E. Analysis of genetic variability of South American wild rice populations (*Oryza glumaepatula*) with isozymes and RAPD markers [J]. Molecular Ecology, 1998, 7 (1): 107 - 117.

[25] Vignieri S N. Streams over mountains: influence of riparian connectivity on gene flow in the Pacific jumping mouse (*Zapus trinotatus*) [J]. Molecular Ecology, 2005, 14 (7): 1925 - 1937.

[26] Walker C W, Vila C, Landa A, et al. Genetic variation and population structure in Scandinavian wolverine (*Gulo gulo*) populations [J]. Molecular Ecology, 2001, 10 (1): 53 - 63.

[27] Baille D, Barriere A, Felix M A. *Oscheius tipulae*, a widespread hermaphroditic soil nematode, displays a higher genetic diversity and geographical structure than *Caenorhabditis elegans* [J]. Molecular Ecology, 2008, 17 (6): 1523 - 1534.

Genetic diversity of different geographical populations in *Solen strictus* revealed by ISSR markers

Chen Yanni, Sun Zhenxing, Chang Linrui

(*School of Life Science*, *Ludong University*, *Yantai* 264025)

Abstract: The razor shell *Solen strictus* is a member of family Solenidae (Veneroida) bivalve. The *Solen strictus* distributes widely along the coasts of the Bohai Sea and the Yellow Sea in China, where it is a commercial important and potential mariculture species. In this study, genetic diversity in five different geographical populations of the *Solen strictus* was analyzed by the inter - simple sequence repeat (ISSR) markers. The samples of the five populations were taken from the off - shores of Dalian (DL), Yantai (YT), Laizhou

(LZ), Qingdao (QD) and Ganyu (GY), respectively. The objectives of present study are: 1) use clear amplified ISSR fragments to examine the genetic variation within and among populations of *Solen strictus*; 2) lay a foundation of selecting the parent *Solen strictus* for artificial propagation.

Total genomic DNA was extracted from vivisectional foot muscle of two – year – old *Solen strictus* with standard method. DNA samples were stored at – 20℃ until use. The ISSR primers were made by Sangon Inc. (Shanghai, China), and we used 13 primers which were screened from 30 primers. PCR amplification reaction was carried out in a 25 μl mixture that included 1 × PCR buffer, 2. 5 mmol/L of $MgCl_2$, 0. 25 mmol/L of dNTP, 0. 5 μmol/L of primer, 1 unit of Taq DNA polymerase, and approximately 40 ng of template DNA. The PCR cycling conditions were: preamplification denaturation at 94℃ for 5 min followed by 45 cycles, each cycle included 45s denaturation at 94℃, 45 s annealing at 52℃, 90s extension at 72℃, and then a final extension at 72℃ for 10 min, amplified products resolved by electrophoresis in 1. 5% agarose gels.

Genetic parameters were calculated by using software PopGene (version 1. 32) that included percentages of polymorphic loci, observed number of alleles, effective number of alleles, Nei's gene diversity, Shannon's information index, genetic differentiation coefficient (G_{st}), gene flow (*Nm*) and Nei's unbiased genetic distances. The genetic variation within and among populations of the *Solen strictus* was estimated by an analysis of molecular variance (AMOVA) using software WinAMOVA (version 1. 55) . The dendrogram was constructed on Nei's unbiased genetic distance and neighbor – joining (NJ) cluster analysis which was determined for the five populations and the 100 individuals from these populations by software MEGA (version 4. 0), respectively. The Mantel test was taken for correlation between genetic and geographic distance with software TFPGA (version 1. 3) .

The results showed that total of 200 loci from five populations were amplified with 13 primers, average 15. 4 loci each primer. The proportion of polymorphic loci in the five populations ranged from 43. 56% to 60. 43%. The Nei's gene diversity and Shannon's information index of *Solen strictus* was 0. 285 4 and 0. 439 0 at species level, 0. 167 4 and 0. 253 0 at population level, respectively. NJ cluster analysis indicated that QD population and GY population were the nearest in genetic relationships, and the genetic distance between YT population and other four populations were farther. There was no correlation between genetic and geographic distance among the five populations studied by the Mantel test ($r = -0.083\,4$, $P > 0.1$) . The AMOVA demonstrated that the among – population component accounted for 47. 71% of the total variation, while the within – population component accounted for 52. 29%. The within – population genetic variation was apparently larger than the among - population. The genetic differentiation coefficient (G_{st}) and the gene flow (*Nm*) were 0. 288 9 and 1. 319 4, respectively among the five populations.

These data indicates that the genetic diversity of *Solen strictus* is relatively high, and there is genetic differentiation of some extent among the five populations of *Solen strictus*. The genetic differentiation among populations could be attributed to the limited remotion and the discontiguous habitat. Anyhow, the results of above research will be helpful for the conservation and utilization of resources, and provide a basis for artificial propagation of *Solen strictus*.

Key words: *Solen strictus*; genetic diversity; ISSR marker

黄海、渤海扁玉螺表型变异分析①

孙振兴[1]，宋志乐[2]，杨建敏[3]，常林瑞[1]

（1. 鲁东大学生命科学学院，烟台 264025；2. 烟台市芝罘区渔业技术推广站，烟台 264000；3. 山东省海洋水产研究所，烟台 264006）

摘要： 采用多变量形态分析方法，对黄、渤海海域的丹东、烟台、青岛、赣榆、昌黎和莱州6个地理居群的扁玉螺的表型形态变异进行了研究。主成分分析构建了3个主成分，第一、第二和第三主成分的贡献率分别为41.68%、28.45%和27.67%，累计贡献率达97.80%。聚类分析结果显示，烟台居群与青岛居群之间的形态最为接近，二者首先聚为一支；丹东居群与赣榆居群聚为另一分支；昌黎居群、莱州居群与其他居群的趋异程度较大。方差分析和Duncan's多重比较表明，扁玉螺各居群之间的若干形态差异显著（$P < 0.05$）。利用逐步判别法进行判别分析，建立了6个居群的判别函数，判别准确率P_1为52.9%~86.5%，P_2为52.4%~89.1%，综合判别准确率为74.4%。上述结果显示，6个居群的扁玉螺在表型形态上已出现了一定程度的变异，壳高、壳顶至胼胝高是反映其形态变异的主要性状，但各居群间的变异尚未分化到亚种水平。

关键词： 扁玉螺；表型变异；主成分分析；判别分析

生物的表型形态变异是遗传变异的表现之一，它与染色体、DNA序列等的变异一样，反映了生物的遗传多样性（Pinheiro et al，2005）。环境差异可使具有相同基因型的个体具有不同的表型，不同地理居群的生物，其表型形态也往往因栖息环境的变化而异。因此，研究生物的表型变异，有助于揭示居群的变异特点，从形态学角度评价种质的遗传多样性（Tintia et al，2003；杨建敏等，2006）。扁玉螺（*Neverita didyma*）分布于我国南北沿海以及印度－西太平洋海域（张素萍，2008），是软体动物门腹足纲的一种中型食用贝类，有丰富的营养价值（郑怀平等，2002），近年来已成为我国贝类增养殖的开发对象。

多变量形态分析方法可以从众多的形态变量中有效地筛选出存在差异的形态变

① 本文原载《海洋与湖沼》，2012年11月，第43卷第6期，1163－1169页。

资助项目：山东省科技发展计划项目（2008GG10005023）；鲁东大学学科建设经费项目（2009—2012）。

量（Zelditch et al，1995），因此已被广泛应用于水产动物的形态变异分析（Swain et al,1999；魏开建等，2003；Silva et al，2010）、各阶段生长指标的确定（何铜等，2009）、不同地理居群的辨别等（Salini et al，2004；张永普等，2009；刘建勇等，2010），但迄今国内外尚未见有关扁玉螺不同地理居群表型变异的研究报道。笔者以黄、渤海海域6个地理居群的扁玉螺为对象，采用主成分分析、判别分析等多变量分析方法，对扁玉螺的表型形态变异进行了研究，以期为扁玉螺的种质资源保护利用以及选育种时不同地理居群的辨别等提供科学依据。

1 材料与方法

1.1 取样与数据采集

扁玉螺（*Neverita didyma*）分别采自黄海海域的辽宁丹东（简称DD，以下类同）、山东烟台（YT）和青岛（QD）、江苏赣榆（GY），以及渤海海域的河北昌黎（CL）和山东莱州（LZ）近海，共6个地理居群。分别从各居群中随机取样若干只，编号后用游标卡尺逐个测量壳宽、壳高、壳顶至胼胝高、体高、厣长和厣宽6项表型形态参数（孙振兴等，2010），测量精确至0.02 mm。扁玉螺各居群的取样数量和表型形态统计值见表1。

表1 6个居群扁玉螺的表型性状统计值 单位：mm

居群	取样数	统计参数	壳宽	壳高	壳顶至胼胝高	体高	厣长	厣宽
丹东	94	平均值	59.537 4	47.076 2	25.796 8	31.517 9	42.140 6	27.330 4
		标准差	4.867 7	6.128 7	3.661 4	3.616 9	4.100 7	2.508 4
昌黎	102	平均值	46.199 8	36.629 0	18.081 0	23.028 0	32.571 2	20.728 4
		标准差	5.555 2	4.743 4	2.447 5	4.207 9	4.435 3	2.718 4
烟台	103	平均值	37.654 6	29.504 3	17.446 4	18.180 6	25.294 0	15.920 6
		标准差	2.420 8	2.359 6	1.502 8	1.574 0	1.936 1	1.092 8
莱州	104	平均值	31.114 0	24.733 8	12.983 2	14.151 5	20.984 8	13.280 0
		标准差	2.669 7	2.689 5	1.731 6	1.747 2	1.794 6	1.160 5
青岛	102	平均值	38.300 6	29.486 3	17.820 8	18.839 4	25.724 7	16.372 5
		标准差	3.155 1	3.651 6	2.133 3	3.058 6	1.972 8	1.200 4
赣榆	96	平均值	53.274 2	44.335 0	24.295 2	27.448 1	36.712 1	22.846 9
		标准差	4.331 7	5.616 2	3.042 0	3.189 8	3.721 3	1.995 8
总计	601	平均值	44.000 3	35.002 2	19.245 3	21.984 3	30.315 2	19.247 3
		标准差	10.457 3	9.214 1	4.994 9	6.568 1	7.891 6	5.068 1

1.2 分析方法

利用 SPSS 19.0 软件进行各项分析，各组数据在正式分析前经正态性检验和方差齐性检验。主成分分析、聚类分析和判别分析时，为消除扁玉螺个体大小差异对分析的影响，先将原始数据以 lg 进行对数转换（吴仲贤，1993）。

1.2.1 主成分分析

以主成分法提取因子，最大方差法旋转，根据前 k 个主成分的累积贡献率大于等于 85% 的原则，作为入选的主成分。利用主成分得分，分别以主成分 1、主成分 2 为 $X-Y$ 轴，作出主成分二维散点图。

1.2.2 聚类分析

以 Euclidean 距离的最短距离法对所有样本的 6 项表型性状进行系统聚类，得到反映 6 个居群形态相似性的聚类图。

1.2.3 方差分析和多重比较

为比较各居群之间的表型形态变异，以壳高/壳宽、壳顶至胼胝高/壳宽、体高/壳宽、厣长/壳宽、厣宽/壳宽 5 项比例性状，进行单因素方差分析和 Duncan's 多重比较，显著性水平为 $\alpha=0.05$。

1.2.4 差异系数的计算

按照 Mayr（1969）居群形态差异系数（coefficient of difference，CD）公式，计算 6 个居群间各比例性状的差异系数：

$$CD = \frac{|M_1 - M_2|}{SD_1 + SD_2}$$

式中，CD 为差异系数；M_1 和 M_2 分别为 2 个居群某项比例性状的平均值；SD_1 和 SD_2 分别为这 2 个居群该项比例性状的标准差。如果 CD 值大于 1.28，则认为地理居群间的变异达到亚种水平；反之，则属于居群间变异。

1.2.5 判别分析

用逐步判别法建立扁玉螺 6 个居群的判别函数，再据此对所有样本的类别进行判别。判别准确率按下式计算：

判别准确率 P_1（%）＝某一居群判别正确的样本数/该居群的观测样本数×100

判别准确率 P_2（%）＝某一居群判别正确的样本数/被判为该居群的样本数×100

$$综合判别准确率\ P = \sum_{i=1}^{k} A_i / \sum_{i=1}^{k} B_i$$

式中，A_i 为第 i 个居群判别正确的样本数；B_i 为第 i 个居群的观测样本数；k 为居群数。

2 结果与分析

2.1 主成分分析

对全部601只扁玉螺的6项表型性状的主成分分析结果显示，第一、第二和第三主成分对形态变异的总方差的贡献率分别为41.68%、28.45%和27.67%，3个主成分的累积贡献率达97.80%（表2）。

表2 扁玉螺表型性状3个主成分的特征值和累积贡献率

主成分	特征值	贡献率（%）	累积贡献率（%）
1	2.501 0	41.683 0	41.683 0
2	1.706 8	28.446 2	70.129 2
3	1.660 4	27.673 9	97.803 1

从3个主成分的因子负荷值（表3）中可以看出：在第一主成分上有较大负荷的变量为壳高、其次为厣宽；第二主成分上有较大负荷的变量为壳顶至胼胝高；第三主成分上有较大负荷的变量为体高，而且壳高、壳顶至胼胝高、体高的因子负荷值都大于0.70。由此表明，对扁玉螺表型性状的3个主成分贡献较大的均为高度因子。

图1是以不同地理居群作为类别的6个居群扁玉螺的第一、第二主成分散点图，从图中可以看出，烟台与青岛居群之间、丹东与赣榆居群之间有较多的重叠区域，而昌黎居群、莱州居群相对区分明显，与其他居群的重叠区域较少。

表3 扁玉螺表型性状的3个主成分的因子负荷

性状	主成分1	主成分2	主成分3
壳宽	0.684 6	0.510 3	0.500 0
壳高	0.789 3*	0.447 1	0.380 8
壳顶至胼胝高	0.456 9	0.794 1*	0.400 1
体高	0.498 3	0.472 4	0.715 4*
厣长	0.688 9	0.448 9	0.543 5
厣宽	0.691 1	0.437 3	0.545 9

* 表示因子负荷值 >0.700 0。

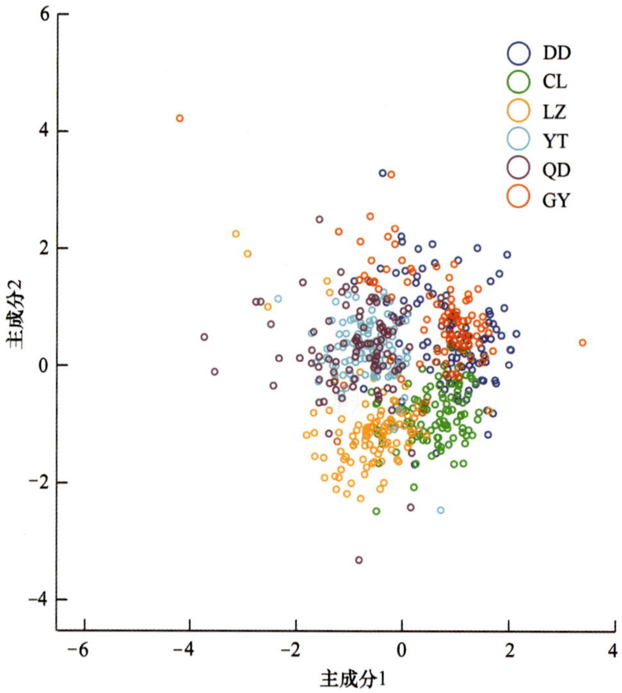

图1　扁玉螺6个居群第一、第二主成分散点图

2.2　聚类分析

通过对所有扁玉螺样本的6项表型性状进行系统聚类，得到了反映6个居群形态相似性的聚类图（图2）。结果显示，烟台居群与青岛居群的形态最为接近，二者首先聚为一分支；丹东居群与赣榆居群聚为另一分支；而昌黎居群、莱州居群与其他居群的趋异程度较大。聚类分析结果与主成分散点图基本一致。

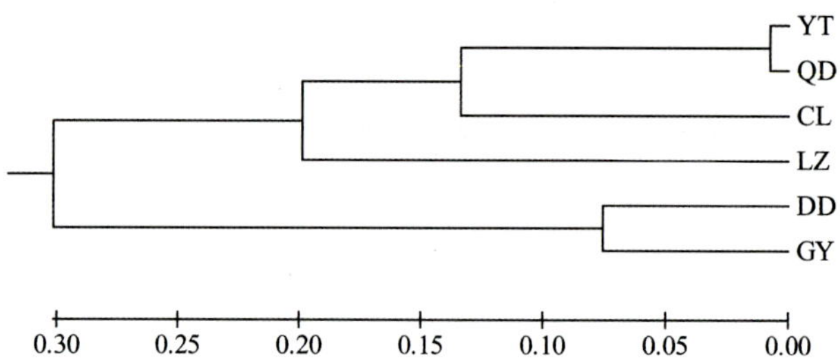

图2　扁玉螺6个居群的聚类图

2.3　表型形态变异

方差分析表明，扁玉螺6个居群在壳高/壳宽、壳顶至胼胝高/壳宽、体高/壳宽、

厣长/壳宽、厣宽/壳宽 5 项比例性状上，均表现出极显著差异（$P<0.01$）。在此基础上，分别对 6 个居群的 5 项性状进行了多重比较（表4）。由表4 可知，烟台与青岛居群之间在 5 项比例性状上均表现为差异不显著（$P>0.05$）；而丹东与赣榆居群之间，除了在体高/壳宽上差异不显著（$P>0.05$）外，在其他 4 项比例性状上均为差异显著（$P<0.05$）。昌黎居群的表型变异表现在壳顶至脐胝高/壳宽、厣宽/壳宽 2 项性状上，与其他 5 居群之间均为差异显著（$P<0.05$）；而莱州居群的表型变异则表现在壳顶至脐胝高/壳宽、体高/壳宽 2 项性状上，与其他 5 居群之间均为差异显著（$P<0.05$）。上述结果对主成分分析和聚类分析结果作出了进一步的量化诠释。

表 4　不同居群扁玉螺 5 项比例性状的 Duncan's 多重比较（平均值 ± 标准差）

居群	壳高/壳宽	壳顶至脐胝高/壳宽	体高/壳宽	厣长/壳宽	厣宽/壳宽
丹东	0.7893 ± 0.0628^{b}	0.4326 ± 0.0421^{b}	0.5293 ± 0.0410^{a}	0.7083 ± 0.0445^{a}	0.4595 ± 0.0277^{a}
昌黎	0.7926 ± 0.0307^{b}	0.3912 ± 0.0205^{d}	0.4965 ± 0.0512^{b}	0.7049 ± 0.0424^{a}	0.4491 ± 0.0280^{b}
烟台	0.7840 ± 0.0448^{bc}	0.4638 ± 0.0331^{a}	0.4835 ± 0.0375^{b}	0.6722 ± 0.0378^{c}	0.4232 ± 0.0206^{c}
莱州	0.7949 ± 0.0530^{b}	0.4171 ± 0.0408^{c}	0.4551 ± 0.0426^{c}	0.6753 ± 0.0324^{c}	0.4272 ± 0.0186^{c}
青岛	0.7709 ± 0.0823^{c}	0.4653 ± 0.0398^{a}	0.4933 ± 0.0796^{b}	0.6733 ± 0.0416^{c}	0.4293 ± 0.0366^{c}
赣榆	0.8315 ± 0.0760^{a}	0.4561 ± 0.0481^{a}	0.5156 ± 0.0473^{a}	0.6890 ± 0.0399^{b}	0.4291 ± 0.0183^{c}

注：同列数值中，上标含不同字母表示平均值间差异显著（$P<0.05$），含相同字母表示差异不显著（$P>0.05$）。

2.4　各居群之间的差异系数检验

通过计算 6 个居群之间 5 项比例性状的差异系数（CD），结果显示，在全部 75 个 CD 值的数据中（限于篇幅仅列出部分数据），仅有 1 个 CD 值大于 1.28（表 5），即烟台与昌黎居群之间在壳顶至脐胝高/壳宽的变异上达到了亚种水平，而其他各居群之间的变异程度均尚未达到亚种水平。

表 5　扁玉螺 6 个居群之间的差异系数比较

居群	丹东	昌黎	烟台	莱州	青岛	赣榆
丹东	—	0.034 3	0.049 7	0.048 1	0.126 9	0.303 4
昌黎	0.661 0	—	0.113 4	0.028 2	0.191 4	0.364 6
烟台	0.415 5	1.354 6*	—	0.111 7	0.102 8	0.393 0
莱州	0.186 9	0.422 8	0.632 7	—	0.177 3	0.283 3
青岛	0.398 8	1.226 7	0.019 8	0.597 5	—	0.382 4
赣榆	0.261 3	0.946 7	0.094 5	0.439 5	0.1037	—

注：对角线左下方为壳顶至脐胝高/壳宽的 CD 值，右上方为壳高/壳宽的 CD 值；* 表示 $CD>1.28$。

2.5 判别分析

2.5.1 判别函数的建立

用扁玉螺的6项表型性状作为变量，通过逐步判别法，剔除了对判别力贡献较小的变量，分别建立了扁玉螺各居群的判别函数式如下：

丹东居群：$Y_{DD}=259.8087X_1+16.2715X_2+673.1628X_3-713.0168$

昌黎居群：$Y_{CL}=264.5185X_1-12.9089X_2+617.6838X_3-605.5768$

烟台居群：$Y_{YT}=256.0718X_1+44.6251X_2+501.7165X_3-518.7436$

莱州居群：$Y_{LZ}=258.9194X_1+6.7713X_2+482.7562X_3-456.3187$

青岛居群：$Y_{QD}=247.9138X_1+44.4147X_2+516.7228X_3-524.6235$

赣榆居群：$Y_{GY}=281.0336X_1+39.9385X_2+583.7538X_3-656.3607$

式中，Y 为判别函数值；X_1 为壳高；X_2 为壳顶至胼胝高；X_3 为厣宽。

2.5.2 判别结果

将扁玉螺的壳高、壳顶至胼胝高、厣宽3项观测值分别代入上述6个判别函数式中，计算出6个函数值，以函数值最大的判别函数所对应的居群作为该个体的归属居群。据此对所有扁玉螺观测样本按上述判别函数式进行预测分类，各居群的判别准确率 P_1 为52.9%～86.5%，P_2 为52.4%～89.1%（表6），综合判别准确率为74.4%。

3 讨论

3.1 多变量形态分析对扁玉螺的适用性

在扁玉螺若干可测度的形态指标中，究竟哪些指标是反映其形态变异的主要因素？主成分分析的目的就是要解决这一问题。因为主成分分析是一种通过降低数据维数从而简化数据结构的统计方法，它可以将多指标问题简化为指标较少的综合指标问题，虽然这些综合指标之间互不相关，但却能反映原来多个指标的大部分信息，可以从多维数据信息中客观地确定综合评价体系中各指标的权重，克服了人为主观因素及多个指标间相关性的影响（袁志发等，2002）。从本文结果看，入选的3个主成分的累积贡献率达到97.80%，说明3个主成分所包含的信息占原始变量的绝大部分，因此能很好地概括扁玉螺不同居群间的形态变异。而对主成分贡献较大的均为贝壳高度因子，其中，对第一主成分贡献最大的是壳高，对第二主成分贡献最大的是壳顶至胼胝高。结合判别函数式中对判别力贡献较大的前2个变量分别是壳高、壳顶至胼胝高，与对前2个主成分贡献大的变量完全一致，进一步印证了多变量形态分析方法适用于扁玉螺的表型变异分析。上述结果同时也提示，贝壳高度因子是反映扁玉螺形态变异的主要因素，这与决定管角螺（*Hemifusus tuba*）形态变异的第一主成分主要为螺旋部高和体螺层高（罗福广等，2010）有着相似之处。

表 6　判别函数对扁玉螺观测样本的预测分类及准确率

居群	样本数量	准确率（%）		预测分类					
		P_1	P_2	丹东	昌黎	烟台	莱州	青岛	赣榆
丹东	94	86.2	79.4	81	4	0	0	0	9
昌黎	102	80.4	87.2	11	82	1	1	4	3
烟台	103	60.2	56.9	0	1	62	4	36	0
莱州	104	86.5	89.1	0	0	8	90	6	0
青岛	102	52.9	52.4	0	2	38	6	54	2
赣榆	96	81.3	84.8	10	5	0	0	3	78

3.2　对扁玉螺判别分析的变量数目及判别准确率

通过本文建立的 6 个判别函数式，可以有效地对不同扁玉螺居群进行辨别。由于进行判别分析的所有变量不一定都能很好地反映类间差异，逐步判别法选择变量的目的就是选出对判别贡献较大、最能反映类间差异的变量，并据此建立较好的判别函数。本文用逐步判别法从 6 个变量中选出了 3 个变量，虽然比全模型判别法（综合判别准确率为 75.4%，具体结果文中未显示）少了 3 个变量，但判别准确率变化不大，这也说明了逐步判别法是可行的。而采用较少的变量，更便于收集数据和简化计算，也便于在实际工作中应用。

关于判别准确率，在已有的贝类判别分析研究中，对三角帆蚌（*Hyriopsis cumingii*）的综合判别准确率为 83.3%（钱荣华等，2003），波纹巴非蛤（*Paphia undulata*）为 63.8%（刘建勇等，2010），本文中扁玉螺为 74.4%，虽然与其他贝类有一定差异，但仍可获得较满意的判别效果。其中，烟台居群与青岛居群的判别准确率较低，这与前述 2 居群之间性状差异不显著有关。尽管如此，但根据统计分析的有关判别法则，期望达到的判别准确率（%）>（100/总类别数）×1.25，即可认为判别有效（张文彤等，2004）。由此可见，本文中的判别准确率都大于该基准，对烟台和青岛居群的判别结果也是有效的。

3.3　关于扁玉螺的表型变异与分化

以上分析的 6 个扁玉螺地理居群中，从主成分散点图（图 1）和聚类图（图 2）看，烟台居群与青岛居群之间的表型形态最为接近，比例性状的多重比较结果（表 4）也显示，两居群在比例性状上没有显著差异。丹东居群与赣榆居群虽然单独聚为一个分支，在主成分散点图上也有较多重叠，但结合比例性状多重比较的结果就会发现，两居群之间在多项比例性状上存在显著差异，这表明二者之间存在着潜在的表型趋异倾向。上述结果也说明多重比较可以从具体量化的角度，进一步补充和诠释主成分和聚类分析的结果。根据差异系数检验结果（表5），虽然烟台居群与昌黎居群之间在壳顶至胼胝高/壳宽的变异上达到了亚种水平，但仅凭1个性状的变异是不足以分化为亚种的，只是反映了该性状的变异程度较大。

生物的表型变异与栖息环境有着密切的关系，这是由于它们承受的生境选择压力不同（Boulding et al，1999；Silva et al，2010）。在海洋螺类形态变异的研究中，Boulding 等（1999）的试验表明，滨螺（*Littorina sitkana*）的贝壳大小和厚度与栖息地能否屏蔽海浪有关；Doyle 等（2010）认为，水温对滨螺（*Littorina obtusata*）的表型变异只是间接地起作用；杨建敏等（2006）发现，脉红螺（*Rapana venosa*）的形态变异与其分布的地理纬度有关，纬度越向北的居群其形态变异越明显；罗福广等（2010）认为，管角螺的形态差异与地理分布、环境气候、生物饵料等因子有关。本文中，处于渤海海域的昌黎、莱州居群与处于黄海海域的其他4个居群间的形态趋异性较为明显，其原因之一可能与黄、渤海海域的环境有关。

遗传和变异是生物进化的基本要素，表型变异是建立在遗传基础之上的，也是遗传因子与环境因子长期共同作用的结果。扁玉螺迁移范围较小，各居群之间分布不连续造成的地理隔离限制了基因流，这些都是引起扁玉螺居群遗传分化的因素（孙始威等，2008）。笔者认为，这些因素也会对扁玉螺的表型变异产生一定程度的影响。

致谢 河北省水产研究所王六顺研究员，丹东水产品批发市场庞文君先生，鲁东大学生命科学学院学生张传永、许光剑协助采集部分扁玉螺，生物技术专业2008级学生孙田力、杨娟、颜朱爽、李青、金继银等协助测量样品，谨致谢忱。

参考文献

何铜，刘小林，杨长明，等.2009. 凡纳滨对虾各月龄性状的主成分与判别分析［J］. 生态学报，29（4）：2134－2142.

刘建勇，吴继兴，孙成波.2010. 我国东南沿海5个波纹巴非蛤（*Paphia undulata*）地理群体的形态差异分析［J］. 海洋与湖沼，41（1）：114－120.

罗福广，李斌，罗平秀，等.2010. 中国沿海管角螺4个自然群体形态差异的比较［J］. 中国海洋大学学报，40（3）：65－70.

钱荣华，李家乐，董志国，等.2003. 中国五大湖三角帆蚌形态差异分析［J］. 海洋与湖沼，34（4）：436－443.

孙始威，孙振兴，葛宜和，等．2008. 基于ISSR标记的扁玉螺（*Neverita didyma*）自然居群遗传结构［J］．生态学报，28（11）：5499－5505.

孙振兴，常林瑞，徐建鹏．2010. 扁玉螺（*Neverita didyma*）表型性状对体重和软体部重的影响效应分析［J］．海洋与湖沼，41（4）：513－518.

魏开建，熊邦喜，赵小红，等．2003. 五种蚌的形态变异与判别分析［J］．水产学报，27（1）：13－18.

吴仲贤．1993. 生物统计［M］．北京：北京农业大学出版社，246－249.

杨建敏，郑小东，李琪，等．2006. 中国沿海脉红螺（*Rapana venosa*）居群数量性状遗传多样性研究［J］．海洋与湖沼，37（5）：385－392.

袁志发，周静芋．2002. 多元统计分析［M］．北京：科学出版社，188－207.

张素萍．2008. 中国海洋贝类图鉴［M］．北京：海洋出版社，111.

张文彤，董伟．2004. SPSS统计分析高级教程［M］．北京：高等教育出版社，261－265.

张永普，应雪萍，王铁杆，等．2009. 橄榄蚶三个地理群体的形态差异分析［J］．海洋科学，33（10）：100－103.

郑怀平，高健．2002. 扁玉螺蛋白质、脂肪含量的季节变化［J］．海洋科学，26（4）：52－55.

Boulding E G, Holst M, Pilon V. 1999. Changes in selection on gastropod shell size and thickness with wave－exposure on northeastern pacific shores［J］. Journal of Experimental Marine Biology and Ecology, 232（2）: 217－239.

Doyle S, MacDonald B, Rochette R. 2010. Is water temperature responsible for geographic variation in shell mass of *Littorina obtusata*（L.）snails in the Gulf of Maine?［J］. Journal of Experimental Marine Biology and Ecology, 394（1－2）: 98－104.

Mayr E. 1969. Principles of Systematic Zoology［M］. New York: McGraw－Hill Incorporated.

Pinheiro A, Teixeira C M, Rego A L, et al. 2005. Genetic and morphological variation of *Solea lascaris*（Risso, 1810）along the Portuguese coast［J］. Fisheries Research, 73（1－2）: 67－78.

Salini J P, Milton D A, Rahman M J, et al. 2004. Allozyme and morphological variation throughout the geographic range of the tropical shad, hilsa *Tenualosa ilisha*［J］. Fisheries Research, 66（1）: 53－69.

Silva A C, Silva I C, Hawkins S J, et al. 2010. Cheliped morphological variation of the intertidal crab *Eriphia verrucosa* across shores of differing exposure to wave action［J］. Journal of Experimental Marine Biology and Ecology, 391（1－2）: 84－91.

Swain D P, Foote C J. 1999. Stocks and chameleons: the use of phenotypic variation in stock identification［J］. Fisheries Research, 43（1－3）: 113－128.

Tinti F, Ungaro N, Pasolini P, et al. 2003. Development of molecular and morphological markers to improve species－specific monitoring and systematics of Northeast Atlantic and Mediterranean skates（Rajiformes）［J］. Journal of Experimental Marine Biology and Ecology, 288（2）: 149－165.

Zelditch M L, Fink W L, Swiderski D L. 1995. Morphometrics, homology, and phylogenetics: quantified characters as synapomorphies［J］. Systematic Biology, 44（2）: 179－189.

Analysis of phenotypic variation of *Neverita didyma* in the Yellow sea and Bohai sea

Sun Zhenxing[1], Song Zhile[2], Yang Jianmin[3], Chang Linrui[1]

(1. *School of Life Science*, *Ludong University*, *Yantai* 264025; 2. *Fisheries Technology Center of Zhifu*, *Yantai* 264000; 3. *Shandong Marine Fisheries Research Institute*, *Yantai* 264006)

Abstract: The phenotypic morphological variations in six geographical populations of *Neverita didyma* were analyzed by using the multivariate analysis method. The samples of the six populations were taken from the offshores of Dandong (DD), Yantai (YT), Qingdao (QD), Ganyu (GY), Changli (CL) and Laizhou (LZ) in the Yellow sea and Bohai sea of China, respectively. Three principal components (PC) were constructed in the analysis. The contributory ratio of the PC1, PC2 and PC3 was 41.68%, 28.45% and 27.67% respectively, and the cumulative contributory ratio was 97.80%. The results of cluster analysis indicated that the morphological characters were rather similar between the populations of YT and QD, they clustered into one clade at first. The populations of DD and GY formed another clade, whereas the CL and LZ populations differed greatly from other populations. ANOVA and Duncan's multiple comparison revealed that the six populations differed significantly in some morphological characters ($P < 0.05$). The discrimination functions of the six populations were constructed with stepwise method. Further, the discrimination accuracy was 52.9% ~ 86.5% for P_1 and 52.4% ~ 89.1% for P_2, the integrative discrimination accuracy was 74.4%. In this paper, all the results indicate that there is a morphological variation of some extent among the six populations of *N. didyma*, the shell height and the height between apex and callus were chiefly characteristics of variation. But these variations of six populations have not yet reached the level of different subspecies.

Key words: *Neverita didyma*; phenotypic variation; principal component analysis; discriminant analysis

第六部分

环境毒理

两种水温条件下镉对菲律宾蛤仔的急性毒性①

孙振兴，孙　鹏

（鲁东大学生命科学学院，烟台 264025）

摘要：分别在两种不同水温条件下，采用静水试验法，进行了 Cd^{2+} 对菲律宾蛤仔的急性毒性试验，以概率单位法求得 Cd^{2+} 对菲律宾蛤仔的半致死质量浓度（LC_{50}）。结果表明，在 12℃ ±0.5℃ 水温下，Cd^{2+} 对菲律宾蛤仔的 24 h、48 h、72 h 和 96 h 的 LC_{50} 分别为 95.05 mg/L、46.87 mg/L、32.65 mg/L 和 11.31 mg/L；在 17℃ ±0.5℃ 水温下，Cd^{2+} 对菲律宾蛤仔的 24 h、48 h、72 h 和 96 h 的 LC_{50} 分别为 70.08 mg/L、35.28 mg/L、22.36 mg/L和 14.38 mg/L。水温 12℃和 17℃时，Cd^{2+} 对菲律宾蛤仔的 96 h 最大容许质量浓度分别为 0.113 mg/L 和 0.144 mg/L。Cd^{2+} 对菲律宾蛤仔属于高度毒性物质，并且随着水温的升高，Cd^{2+} 的毒性作用增强。

关键词：菲律宾蛤仔；镉；急性毒性；水温

海洋环境污染特别是重金属污染，已对海洋生物尤其是底栖双壳贝类的生长发育、繁殖和水产品食品安全构成了严重威胁[1-3]，其中 Cd 是海洋中最常见的重金属污染之一。Cd 是生物生命活动中的非必需元素，其原子结构使之极易进入生物组织和细胞，与酶蛋白活性中心的巯基结合，引起酶空间构象改变[4,5]，还能抑制借助分子伴侣进行的蛋白质折叠和装配[6]，从而导致机体酶活性下降，使生物体受到毒害。

菲律宾蛤仔（*Ruditapes philippinarum*）是我国南北方沿海的一种重要滩涂养殖经济贝类，由于近年来海洋环境污染，导致其生存环境日趋恶劣，极大地制约了菲律宾蛤仔养殖业的健康发展。因此，探明重金属对菲律宾蛤仔的毒性作用，可以为评价菲律宾蛤仔养殖水环境、保障养殖菲律宾蛤仔的食品安全，提供科学依据。

有关重金属对菲律宾蛤仔的毒性，国内已开展了很多相关研究工作，刘琼玉等[7]进行了 Zn、Pb 对菲律宾蛤仔的急性毒性试验；戴家银等[8]报道了 Pb 和 Zn 混合液在菲律宾蛤仔体内的积累及其致毒效应；周一兵等[9]测定了 Hg^{2+}、Cu^{2+} 和

① 本文原载《海洋通报》，2010 年 6 月，第 29 卷第 3 期，316－319 页。

资助项目：鲁东大学学科建设经费项目。

Zn^{2+}慢性毒性作用对菲律宾蛤仔耗氧率和氨氮排泄率的影响；蔡立哲等[10]分析了菲律宾蛤仔对 Zn、Pb 的积累特征；韩明辅等[11]研究了菲律宾蛤仔在沉积物中对 Cd 的蓄积效应；乔庆林等[12]测定了菲律宾蛤仔对 4 种重金属 Hg、Pb、Cd 和 As 的生物富集动力学参数。但有关 Cd 对菲律宾蛤仔的急性致毒效应尚未见报道。本文在实验室两种不同水温条件下，进行了 Cd 对菲律宾蛤仔（以下简称蛤仔）的急性毒性试验，现报道如下。

1 材料和方法

1.1 试验动物与试剂

试验用活体蛤仔购自烟台水产品市场，选择贝壳无破损、活力正常、大小基本一致的个体，在实验室水族箱内暂养 2 ~3 天后用于试验。试验用蛤仔为 2 龄贝，平均壳长为 36.0 mm ± 4.2 mm，平均活体重为 8.5 g ± 2.7 g。氯化镉（$CdCl_2 \cdot 2\frac{1}{2}H_2O$）为国产分析纯，用双蒸水配成一定质量浓度的母液，使用时用移液器加入海水中稀释至所需质量浓度。

1.2 试验条件与方法

采用 96 h 静水试验法[13]，根据预试验确定的 Cd^{2+} 质量浓度范围，按等对数间距设置不同梯度的试验组，另设空白对照组。试验用海水盐度 30，pH 值 8.2，海水中 Cd 的本底值符合有关水质标准[14]，各试验组的质量浓度值不包括海水本底值。试验期间水温分别为 12℃ ±0.5℃、17℃ ±0.5℃。试验容器为 4 L 塑料桶，每个塑料桶内放置 10 只蛤仔，各试验组均设双样重复。试验期间不投饵，24 h 全量换水 1 次，每次换水后将各容器中的 Cd^{2+} 调整到初始质量浓度。观察记录蛤仔活动状况和死亡数，及时拣出死亡个体，以免影响水质。蛤仔死亡个体的判断标准为：双壳张开不能闭合、刺激时水管和足不能伸缩[7]。

1.3 数据分析

根据各试验组蛤仔的 24 h、48 h、72 h 和 96 h 死亡数，用 StatPlus 2007 软件的 probit analysis（概率单位分析）进行数据处理，建立 Cd^{2+} 质量浓度的对数（x）与蛤仔死亡率的概率单位（Y）之间的直线回归方程，分别求出不同暴露时间下 Cd^{2+} 对蛤仔的半致死质量浓度（LC_{50}）及其 95% 置信区间，并按下式计算 Cd^{2+} 对蛤仔的 96 h 最大容许质量浓度（maximum permissible concentration，MPC）：$MPC = 96\ \text{h}\ LC_{50} \times 0.01$[15]。

2 结果

2.1 蛤仔的中毒症状

无论在水温 12℃和 17℃时，蛤仔对 Cd^{2+} 的中毒症状基本相同。试验初始阶段，在小于等于 24.0 mg/L 的试验组，试验开始后至 12 h 左右，蛤仔的活动状况基本无异常，与对照组的蛤仔一样，足伸缩自如，水管喷水活跃；12 h 后个别蛤仔开始出现紧闭双壳、不活动的现象；在大于 24.0 mg/L 的试验组，蛤仔放入水中后，短时间内即有部分个体表现出对 Cd^{2+} 的敏感性而紧闭双壳，偶尔伸缩水管或足。随着 Cd^{2+} 暴露时间的持续，不同剂量的各试验组蛤仔都相继出现微微张开双壳，对外界刺激反应迟钝，水管和足伸缩缓慢，继而双壳完全张开而死亡。在 17℃试验组，蛤仔的中毒症状在时间上比 12℃试验组表现得更早一些。

2.2 Cd^{2+} 对蛤仔的急性致死效应

整个试验过程中，12℃和 17℃条件下对照组的蛤仔均无一死亡。试验组 Cd^{2+} 对蛤仔的急性致死效应如图 1 所示。从图中可以看出，在 24 h，当 $Cd^{2+} \leqslant 37.0$ mg/L 时，12℃和 17℃组蛤仔的死亡率都不超过 10%；当 $Cd^{2+} \geqslant 42.0$ mg/L 时，蛤仔的死亡率由 15% 逐渐增大至 40%，且 17℃组的死亡率明显高于 12℃组，表明温度升高加剧了 Cd^{2+} 的毒性。

至 48 h 时，Cd^{2+} 剂量为 37.0 mg/L 试验组的蛤仔死亡率升高，其中以 17℃组尤为明显、死亡率达 60%；在 $Cd^{2+} > 37.0$ mg/L 的各试验组，死亡率均呈现明显的上升趋势，56.0 mg/L 的 12℃、17℃组的死亡率分别达到 65% 和 85%。

至 72 h，各试验组蛤仔的死亡率持续增大，$Cd^{2+} \leqslant 37.0$ mg/L 的各组中，17℃组的死亡率均大于 12℃组；在 Cd^{2+} 剂量为 49.0 mg/L 和 56.0 mg/L 组，12℃和 17℃组蛤仔的死亡率均达到 100%，表明随着 Cd^{2+} 暴露时间的持续，其毒性已产生蓄积效应。96 h 时，由于 Cd^{2+} 的蓄积毒性效应进一步加剧，12℃和 17℃组蛤仔的累积死亡率基本相同、均达到 65% 以上，42.0 mg/L 组的蛤仔也全部死亡。

2.3 Cd^{2+} 对蛤仔的半致死质量浓度和最大容许质量浓度

根据各试验组蛤仔的 24 h、48 h、72 h 和 96 h 死亡率，建立 Cd^{2+} 质量浓度的对数（x）与蛤仔死亡率的概率单位（Y）之间的直线回归方程，并根据这些方程分别求出了不同暴露时间下 Cd^{2+} 对蛤仔的 LC_{50} 及其 95% 置信区间（表 1）。从表 1 中可以看出，水温 12℃条件下，Cd^{2+} 对蛤仔的 24 h、48 h、72 h 和 96 h 的 LC_{50} 分别为 95.05 mg/L、46.87 mg/L、32.65 mg/L 和 11.31 mg/L；水温 17℃条件下，Cd^{2+} 对

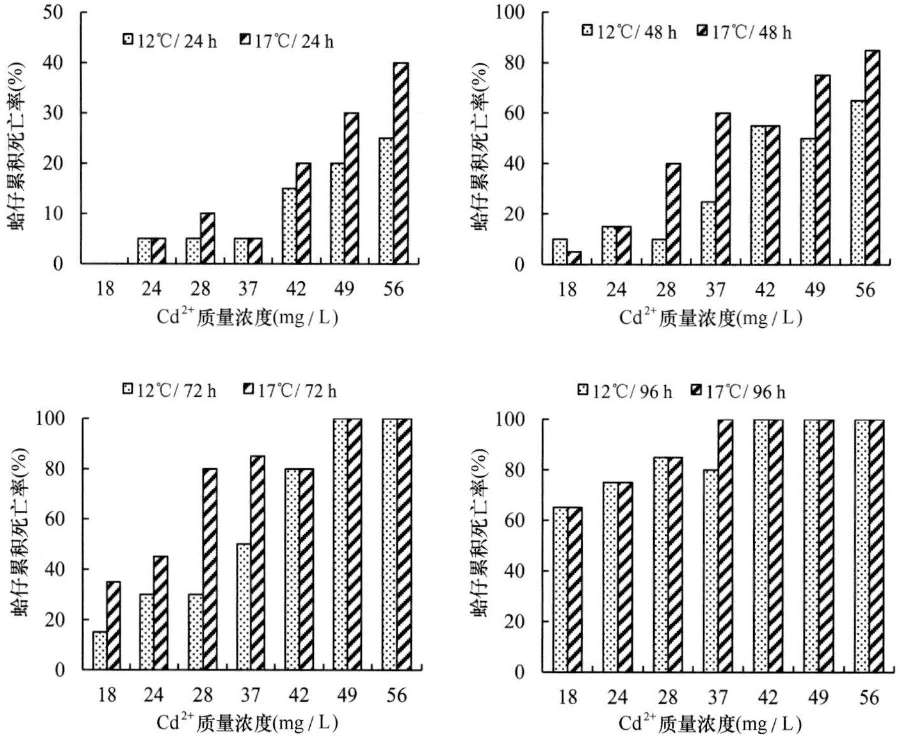

图 1　Cd^{2+} 对菲律宾蛤仔的急性致死效应

蛤仔的 24 h、48 h、72 h 和 96 h 的 LC_{50} 分别为 70.08 mg/L、35.28 mg/L、22.36 mg/L和 14.38 mg/L，表明随着水温的升高，Cd^{2+} 的毒性效应增强。根据96 h LC_{50} 计算的 *MPC* 分别为：12℃时 0.113 mg/L；17℃时 0.144 mg/L。

表 1　Cd^{2+} 对菲律宾蛤仔急性毒性作用的分析

水温（℃）	暴露时间（h）	直线回归方程	*R*	*P*	LC_{50}（mg/L）	LC_{50} 的 95% 置信区间（mg/L）
12 ± 0.5	24	$Y = 2.7914x - 0.6263$	0.919 7	< 0.01	95.05	63.06 ~ 118.11
	48	$Y = 3.5316x - 0.9211$	0.932 1	< 0.001	46.87	40.62 ~ 59.21
	72	$Y = 4.4252x - 1.6909$	0.946 5	< 0.01	32.65	28.81 ~ 39.62
	96	$Y = 1.8361x + 3.0947$	0.802 8	< 0.1	11.31	3.92 ~ 32.66
17 ± 0.5	24	$Y = 3.4084x - 1.3359$	0.899 2	< 0.01	70.08	54.65 ~ 88.12
	48	$Y = 5.1554x - 2.9894$	0.978 5	< 0.001	35.28	31.85 ~ 39.21
	72	$Y = 3.7987x - 0.1191$	0.892 1	< 0.1	22.36	16.34 ~ 25.91
	96	$Y = 3.6057x + 0.8057$	0.980 9	< 0.1	14.38	7.67 ~ 17.37

3 讨论

本文中Cd^{2+}对菲律宾蛤仔48 h和96 h的LC_{50}，12℃时分别为46.87 mg/L和11.31 mg/L；17℃时分别为35.28 mg/L和14.38 mg/L。与其他重金属相比，Zn对菲律宾蛤仔48 h和96 h的LC_{50}分别为147.91 mg/L和16.40 mg/L；Pb对菲律宾蛤仔48 h和96 h的LC_{50}分别为31.62 mg/L和14.28 mg/L[7]，这说明在Cd、Pb、Zn三种重金属中，Cd与Pb对菲律宾蛤仔的毒性较为接近，而Zn对菲律宾蛤仔的毒性较小。参照化学物质对鱼类的毒性分级标准[16]，$LC_{50}<1$ mg/L为剧毒；$LC_{50}=1\sim100$ mg/L为高毒；$LC_{50}=100\sim1\ 000$ mg/L为中等毒性；$LC_{50}=1\ 000\sim10\ 000$ mg/L为低毒；$LC_{50}>10\ 000$ mg/L为微毒。结合本文结果可以看出，Cd^{2+}对菲律宾蛤仔的毒性属于高毒。韩明辅等[11]进行的菲律宾蛤仔在加标沉积物中对Cd的蓄积试验表明，Cd的质量浓度越高，菲律宾蛤仔体内的Cd蓄积量越大，当蛤仔体内的Cd蓄积量在96 h内达到3.0 μg/g左右，就能导致其死亡，这也说明了Cd对菲律宾蛤仔的毒性很大。

重金属对各种生物的毒性作用，与重金属本身的存在形态、化学结构、环境的理化因子、试验条件等因素密切相关，还因生物种类及其个体大小、生物体对重金属的耐受程度而异。有关Cd^{2+}对双壳贝类毒性作用的研究表明，Cd^{2+}对5月龄海湾扇贝（*Argopecten irradians*）的24 h、48 h和96 h LC_{50}分别为5.85 mg/L、4.52 mg/L和3.45 mg/L[17]；Cd^{2+}对青蛤（*Cyclina sinensis*）幼贝的96 h LC_{50}为14 mg/L[18]。由此可见，菲律宾蛤仔对Cd^{2+}的耐受性较强，与青蛤类似。

由本文估算得出的Cd^{2+}对菲律宾蛤仔的96 h最大容许质量浓度分别为：12℃时0.113 mg/L，17℃时0.144 mg/L；乔庆林等[12]通过测定菲律宾蛤仔对Cd的生物富集动力学参数，得出的菲律宾蛤仔养殖水体中Cd的安全限量为0.026 mg/L。虽然不同条件和方法所得到的指标参数值不同，但需要指出的是，无论是96 h最大容许质量浓度还是安全限量，它们所表示的仅仅是菲律宾蛤仔对Cd的忍受程度，而并非养殖菲律宾蛤仔的水质Cd指标。上述指标都远高于菲律宾蛤仔养殖技术规范中$Cd\leqslant0.005$ mg/L的水质标准[14]规定，这意味着在Cd含量超标的海水中蛤仔也能正常存活和生长，这是一个值得注意的问题。考虑到毒性物质的蓄积效应和养殖蛤仔的食品安全，在生产实际中应按照现行水质标准，严格控制养殖用海水的水质，不应在水质超标的海水中进行养殖，并加强对养殖贝类产品中重金属含量的检测，以防止重金属超标[19]。

4 结论

（1）水温12℃条件下，Cd^{2+}对菲律宾蛤仔的24 h、48 h、72 h和96 h的LC_{50}分

别为 95.05 mg/L、46.87 mg/L、32.65 mg/L 和 11.31 mg/L；水温 17℃条件下，Cd^{2+}对菲律宾蛤仔的 24 h、48 h、72 h 和 96 h 的 LC_{50}分别为 70.08 mg/L、35.28 mg/L、22.36 mg/L 和 14.38 mg/L。

（2）水温 12℃和 17℃时，Cd^{2+}对菲律宾蛤仔的 96 h 最大容许质量浓度分别为 0.113 mg/L 和 0.144 mg/L。

（3）Cd^{2+}对菲律宾蛤仔的毒性属于高度毒性物质，且随着水温的升高，毒性作用增强。

（4）菲律宾蛤仔在 Cd 含量超标的海水中也能正常存活和生长，这是一个值得注意的问题。为保障养殖蛤仔的食品安全，在生产中应严格控制养殖用海水的水质，不应在水质超标的海水中进行养殖。

参考文献

[1] 李宝泉，李新正，于海燕，等. 胶州湾底栖软体动物与环境因子的关系［J］. 海洋与湖沼，2005，36（3）：193－198.

[2] 王志铮，王伟定，杨阳，等. 4 种重金属离子对彩虹明樱蛤（*Moerella iridescens*）的急性致毒效应［J］. 海洋与湖沼，2007，38（4）：373－378.

[3] 徐韧，杨颖，李志恩. 海洋环境中重金属在贝类体内的蓄积分析［J］. 海洋通报，2007，26（5）：117－120.

[4] Basha P S, Rani A U. Cadmium－induced antioxidant defense mechanism in freshwater teleost *Oreochromis mossambicus*（Tilapia）［J］. Ecotoxicology and Environmental Safety，2003，56（2）：218－221.

[5] 王桂燕，胡筱敏，周启星，等. 镉对草鱼的急性毒性效应及 SOD 的影响［J］. 东北大学学报（自然科学版），2007，28（12）：1758－1761.

[6] Sharma S K，Goloubinoff P，Christen P. Heavy metal ions are potent inhibitors of protein folding［J］. Biochemical and Biophysical Research Communications，2008，372（2）：341－345.

[7] 刘琼玉，洪华生，蔡立哲. 重金属锌、铅对菲律宾蛤仔的急性毒性试验［J］. 台湾海峡，1997，16（1）：50－54.

[8] 戴家银，刘琼玉，洪华生. 铅和锌混合液在菲律宾蛤仔体内的积累及其致毒效应［J］. 南京大学学报，1998，34（6）：712－718.

[9] 周一兵，尹春霞，杨建立. 菲律宾蛤仔的呼吸与排泄对三种重金属慢性毒性的反应［J］. 大连水产学院学报，1998，13（1）：8－16.

[10] 蔡立哲，洪华生，洪丽玉. 菲律宾蛤仔对锌、铅的积累特征［J］. 环境科学学报，1999，19（3）：319－322.

[11] 韩明辅，贾树林，闫启仑，等. 菲律宾蛤仔对 Cd 加标沉积物的蓄积实验［J］. 海洋环境科学，1999，18（3）：53－55.

[12] 乔庆林，姜朝军，徐捷，等. 菲律宾蛤仔养殖水体中 4 种重金属安全限量的研究［J］.

浙江海洋学院学报（自然科学版），2006，25（1）：5－9.

[13] 孙振兴，陈书秀，陈静，等．四种重金属对刺参幼参的急性致毒效应［J］．海洋通报，2007，26（5）：80－85.

[14] 中华人民共和国农业部．中华人民共和国农业行业标准：NY/T 5289－2004，无公害食品 菲律宾蛤仔养殖技术规范［S］．北京：中国农业出版社，2004：1－7.

[15] Marino－Balsa J C，Poza E，Vazquez E，et al. Comparative toxicity of dissolved metals to early larval stages of *Palaemon serratus*，*Maja squinado* and *Homarus gammarus*（Crustacea：Decapoda）［J］．Archive of Environmental Contamination and Toxicity，2000，39（3）：345－351.

[16] 周永欣，章宗涉．水生生物毒性试验方法［M］．北京：农业出版社，1989：18－19.

[17] 李玉环，林洪．镉对海湾扇贝的急性毒性研究［J］．海洋水产研究，2006，27（6）：80－83.

[18] 周凯，么宗利，来琦芳，等．重金属 Zn^{2+}、Cd^{2+} 对青蛤幼贝的致毒效应［J］．海洋渔业，2007，29（1）：63－67.

[19] 孙振兴，王慧恩，王晶，等．汞、镉、硒对刺参幼参的单一毒性与联合毒性［J］．海洋与湖沼，2009，40（2）：228－234.

Acute toxicity of cadmium to clam (*Ruditapes philippinarum*) under two different water temperatures

Sun Zhenxing，Sun Peng

(*School of Life Science*，*Ludong University*，*Yantai* 264025)

Abstract：The acute toxicity of cadmium to clam（Ruditapes philippinarum）was determined in still water under two different water temperatures respectively，and median lethal concentration（LC_{50}）of Cd^{2+} to clam was computed with method of probit analysis. The results showed that the LC_{50} of 24 h，48 h，72 h and 96 h of Cd^{2+} acting on clam was 95.05 mg/L，46.87 mg/L，32.65 mg/L and 11.31 mg/L at the water temperature of 12℃ ±0.5℃，respectively. The LC_{50} of 24 h，48 h，72 h and 96 h of Cd^{2+} acting on clam was 70.08 mg/L，35.28 mg/L，22.36 mg/L and 14.38 mg/L at the water temperature of 17℃ ±0.5℃，respectively. The maximum permissible concentration of 96 hours of Cd^{2+} to clam was 0.113 and 0.144 mg/L at the 12℃ and 17℃，respectively. The Cd^{2+} to clam was comparatively higher toxicant，and the toxicity effect of Cd^{2+} was increased with the increasing water temperature.

Key words：clam (*Ruditapes philippinarum*)；cadmium；acute toxicity；water temperature

Cd^{2+} 对中国蛤蜊的急性毒性及 SOD 活性的影响①

张传永②，孙振兴

（鲁东大学生命科学学院，烟台 264025）

摘要：评价了 Cd^{2+} 对中国蛤蜊的急性与慢性毒性效应，以期为研究重金属污染对海洋贝类的影响提供依据。以静水试验法进行了急性和慢性毒性试验，用概率单位法求得 Cd^{2+} 对中国蛤蜊的半致死质量浓度（LC_{50}）；采用黄嘌呤氧化酶－亚硝酸盐形成法测定 SOD 活性，分析了 Cd^{2+} 对中国蛤蜊鳃和消化盲囊 SOD 活性的影响。结果表明，Cd^{2+} 对中国蛤蜊 24 h、48 h、72 h 和 96 h 的 LC_{50} 分别为 12.48 mg/L、7.06 mg/L、5.52 mg/L 和 4.22 mg/L；Cd^{2+} 对中国蛤蜊的安全质量浓度为 0.04 mg/L。在 Cd^{2+} 质量浓度为 0.422～2.110 mg/L 条件下经过 96 h 慢性毒性胁迫，中国蛤蜊鳃和消化盲囊的 SOD 活性发生了明显的变化，24～72 h 表现为抑制效应，96 h 表现为诱导效应，但仍低于对照组。Cd^{2+} 对中国蛤蜊的急性毒性作用较强；在 Cd^{2+} 的慢性毒性胁迫下，中国蛤蜊鳃和消化盲囊的 SOD 活性受到了抑制。

关键词：Cd^{2+}；中国蛤蜊；毒性效应；半致死质量浓度；SOD

中国蛤蜊（*Mactra chinensis*）属于瓣鳃纲、异齿亚纲、帘蛤目、蛤蜊科，主要分布于日本、朝鲜半岛和我国北部海域，生活在浅海泥沙中，是一种营养丰富的食用经济贝类[1]。迄今对中国蛤蜊的研究主要集中在消化系统组织学和组织化学[2]、神经系统显微结构[3]、组织培养[4]和繁殖生物学[5]等方面。近年来，由于重金属对海洋环境污染的影响，环境毒理学研究日益受到人们的关注。但有关重金属对中国蛤蜊的毒性效应，迄今尚未见报道。笔者研究了 Cd^{2+} 对中国蛤蜊的急性毒性效应及其对鳃和消化盲囊中超氧化物歧化酶（superoxide dismutase，SOD）活性的影响，以期为评价中国蛤蜊的养殖环境、探讨重金属对海洋贝类的毒性效应机理提供理论依据。

---

① 本文原载《安徽农业科学》，2010 年 1 月，第 38 卷第 1 期，193－195 页。

② 第一作者简介：张传永（1977—），男，硕士研究生，研究方向海洋动物生物学。通讯作者：孙振兴。

1 材料与方法

1.1 材料

1.1.1 试验动物

中国蛤蜊购自烟台水产品市场，活体放入实验室水族箱内，在充气的自然海水中暂养 24 h 后，选择无损伤、正常活动、大小基本一致的个体用于试验。试验用中国蛤蜊的平均壳长为 3.98 cm ±0.20 cm，平均体重为 12.64 g ±1.00 g。

1.1.2 试剂与海水

试验用氯化镉（$CdCl_2 \cdot 2\frac{1}{2}H_2O$）为国产分析纯，用双蒸水配制成一定质量浓度的母液，使用时用微量移液器加入海水中稀释至所需质量浓度。试验用海水 pH 值为 8.2，经检测海水中 Cd 的本底值为 0.09 mg/L，各试验组的质量浓度值不包括海水中 Cd 的本底值。

1.2 方法

1.2.1 急性毒性试验

采用静水试验法[6]。根据预试验确定的 Cd^{2+} 质量浓度范围，按等对数间距设置 5 个质量浓度组，在各试验组水族箱中分别放置中国蛤蜊 10 只，并设平行组和对照组。试验期间不投饵、不充气，水温为 13℃ ±0.5℃，每隔 24 h 全量换水 1 次，换水后加入 Cd^{2+} 至初始质量浓度。判断个体死亡的标准：中国蛤蜊张开双壳不能闭合、刺激时水管和足不能收缩。试验期间连续观察中国蛤蜊的活动情况和中毒症状等，及时拣出死亡个体并做好记录。

统计各试验组中国蛤蜊 24 h、48 h、72 h 和 96 h 的死亡数，用 StatPlus 软件进行数据处理，建立 Cd^{2+} 质量浓度的对数（x）与中国蛤蜊死亡率的概率单位（Y）之间的直线回归方程，分别求出不同暴露时间下 Cd^{2+} 对中国蛤蜊的半致死质量浓度（LC_{50}）及其 95% 置信区间。然后按公式计算安全浓度（SC）：$SC = 96\ h\ LC_{50} \times 0.01$。

1.2.2 慢性染毒试验与 SOD 活性测定

以 96 h LC_{50}的 1/10、1/8、1/4 和 1/2 设置 4 个质量浓度组，另设对照组，对中国蛤蜊进行慢性染毒试验。试验期间分别在 24 h、48 h、72 h 和 96 h 解剖中国蛤蜊的鳃和消化盲囊组织放入离心管中，编号后置于 -20℃ 冰箱中待测。取鳃和消化盲囊组织以 1∶10（M∶V）加匀浆液（pH 8.0）在冰浴下匀浆，组织匀浆液在 4 000 r/min转速下离心 15 min，然后取上清液，用于测定 SOD 活性及蛋白质含量。

SOD 活性的测定采用黄嘌呤氧化酶-亚硝酸盐形成法，使用南京建成生物工程有限公司生产的试剂盒；蛋白质含量的测定采用考马斯亮蓝法，并根据测定数据计算 SOD 活性。

2 结果与分析

2.1 Cd^{2+}对中国蛤蜊的急性毒性

由表 1 可知，Cd^{2+} <2.8 mg/L 时，48 h 内中国蛤蜊未出现死亡现象；当Cd^{2+} >2.8 mg/L 时，随着质量浓度增大，中国蛤蜊的死亡率增加，当 Cd^{2+} 质量浓度增至 7.5 mg/L 时，96 h 内中国蛤蜊全部死亡。观察发现，试验期间未死亡个体的活动能力下降，用玻璃棒刺激中国蛤蜊的水管和足时，二者均不能收缩，刺激外套膜时双壳不能自动闭合，而且其水管边缘有黏性絮状物包被。各试验组随着 Cd^{2+} 暴露时间的延长，中国蛤蜊的死亡率均呈现出逐渐增加的趋势。

表 1 不同浓度 Cd^{2+} 处理下中国蛤蜊的累积死亡率

Cd^{2+} 质量浓度（mg/L）	24 h	48 h	72 h	96 h
对照组	0	0	0	0
2.8	0	0	5.0	5.0
4.2	0	20.0	35.0	50.0
5.6	5.0	25.0	45.0	85.0
7.5	15.0	55.0	80.0	100.0
8.7	20.0	75.0	80.0	100.0

数据分析结果表明，不同暴露时间下，Cd^{2+} 质量浓度的对数（x）与中国蛤蜊死亡率的概率单位（Y）之间的关系呈直线回归，根据回归方程求出 Cd^{2+} 对中国蛤蜊的 24 h、48 h、72 h、96 h 的 LC_{50} 分别为 12.48 mg/L、7.06 mg/L、5.52 mg/L、4.22 mg/L（表 2）。Cd^{2+} 对中国蛤蜊的 SC 为 0.04 mg/L。

表 2 Cd^{2+} 对中国蛤蜊急性毒性作用的分析

暴露时间（h）	直线回归方程	R	P	LC_{50}（mg/L）	LC_{50} 的 95% 置信区间（mg/L）
24	$Y = -1.0360 + 5.5419x$	0.9880	< 0.005	12.48	10.77 ~ 14.19
48	$Y = 0.0416 + 5.9511x$	0.9733	< 0.01	7.06	6.06 ~ 8.04
72	$Y = 1.2484 + 5.0376x$	0.9825	< 0.005	5.52	4.79 ~ 6.33
96	$Y = -1.2703 + 10.1121x$	0.9966	< 0.001	4.22	3.79 ~ 4.64

2.2 慢性染毒条件下Cd^{2+}对中国蛤蜊SOD活性的影响

以Cd^{2+}对中国蛤蜊96 h LC_{50}的1/10、1/8、1/4和1/2设置4个质量浓度组，即0.422 mg/L、0.528 mg/L、1.055 mg/L、2.110 mg/L，进行96 h慢性染毒。在该条件下，Cd^{2+}对中国蛤蜊的鳃和消化盲囊SOD活性的影响见图1和图2。

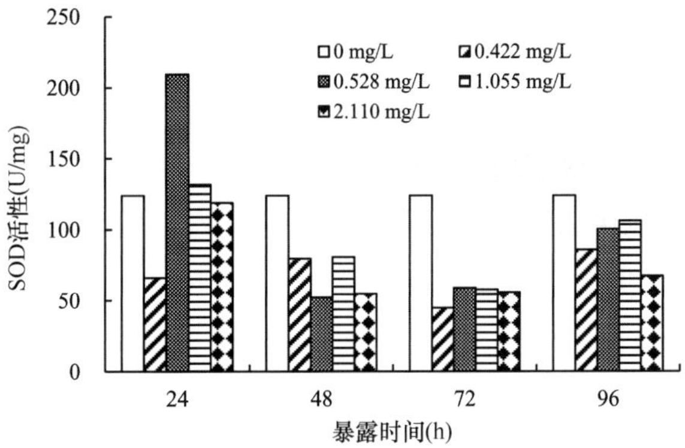

图1 Cd^{2+}浓度对中国蛤蜊鳃组织SOD活性的影响

由图1可见，在处理24 h时各试验组的SOD活性呈现不规律的变化，这可能是中国蛤蜊对Cd^{2+}胁迫尚未适应的表现；但在48 h和72 h，Cd^{2+}对中国蛤蜊鳃SOD活性的影响表现为明显的抑制效应，各试验组均低于对照组；Cd^{2+}暴露96 h时，虽然试验组SOD活性仍低于对照组，但比48 h和72 h时有不同程度的回升，说明中国蛤蜊鳃的SOD活性被激活。

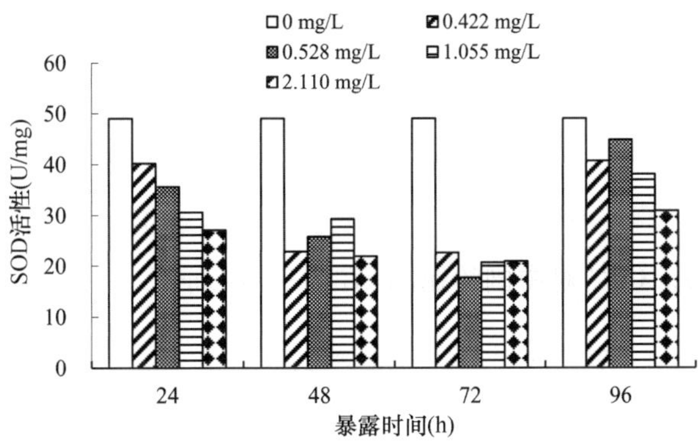

图2 Cd^{2+}浓度对中国蛤蜊消化盲囊SOD活性的影响

由图2可见，在同一时间段内，随着Cd^{2+}质量浓度的升高，中国蛤蜊消化盲囊SOD活性呈下降趋势，总体表现为被抑制；Cd^{2+}的质量浓度越高，SOD活性被抑制的程度也就越大。Cd^{2+}暴露72 h范围内，随着时间的延长，中国蛤蜊消化盲囊的

SOD 活性被抑制，表现为逐渐下降趋势；72 h 后 SOD 活性明显地被激活，但各试验组的 SOD 值小于对照组。

3 讨论

3.1 Cd^{2+}对中国蛤蜊的毒性效应分析及其安全质量浓度评价

镉作为一种重金属，与汞、铜、锌、铬等其他重金属一样，都会对生物体造成毒性效应或导致生物死亡。其毒性大小不仅与重金属种类、存在形态、温度、pH 值等物化条件有关，还与生物种类、发育阶段、质量浓度以及生物体的自身解毒机制有关。

本试验得出 Cd^{2+}对中国蛤蜊的 24 h、48 h、72 h、96 h 半致死浓度分别为 12.48 mg/L、7.06 mg/L、5.52 mg/L、4.22 mg/L。周凯等研究了 Cd^{2+}对青蛤（*Cyclina sinensis*）幼贝的 96 h LC_{50}为 14 mg/L[7]；王桂燕等研究了 24 h、48 h、72 h、96 h Cd^{2+}对草鱼（*Ctenopharyngodon idellus*）的 LC_{50}分别是 40.10 mg/L、35.11 mg/L、28.20 mg/L、24.14 mg/L[8]；李玉环等试验得出 Cd^{2+}对 5 月龄海湾扇贝（*Argopecten irradians*）24 h、48 h 和 96 h 的 LC_{50}分别为 5.85 mg/L、4.52 mg/L 和 3.45 mg/L[9]。由此可见，Cd^{2+}对中国蛤蜊的毒性较强，并且随着质量浓度的增大与暴露时间的延长，毒性效应增强。

由本试验估算出的 Cd^{2+}对中国蛤蜊 96h 安全质量浓度为 0.04 mg/L，如果再加上海水中镉的本底值，中国蛤蜊实际能忍受的镉质量浓度值远远高于我国现行的海水养殖用水水质标准[10]中镉$\leq$0.005 mg/L 的规定，这意味着在镉含量超标的海水中中国蛤蜊也能正常存活和生长，这是一个值得注意的问题。考虑到毒性物质的蓄积效应和养殖中国蛤蜊的食品安全，在生产实际中应按照现行水质标准，严格控制养殖用海水的水质，不应在超标海水中进行养殖，并加强对养殖水产品中重金属含量的检测，以防止重金属超标[11]。

3.2 Cd^{2+}对中国蛤蜊 SOD 活性的影响

生物在受到外界胁迫时，体内发生氧化应激反应会生成大量的活性氧（O_2^-·、H_2O_2、·OH 等），这些活性氧对生物体的生理机能造成危害。机体中的抗氧化酶能有效地清除活性氧，从而防止活性氧对蛋白质、脂类、DNA 等大分子的损伤。SOD 作为生物体内抗氧化防御系统重要成员之一，在清除氧自由基方面发挥着重要的作用[12]。

试验结果表明，在同一时间段内，随着 Cd^{2+}质量浓度的增大，中国蛤蜊鳃和消化盲囊中 SOD 活性呈现被抑制的趋势。这表明重金属镉作为一外来胁迫因子，引起了中国蛤蜊体内的氧化应激反应，大量氧自由基的产生，抑制了SOD的合成和活性，这与鲫鱼的鳃和肝脏SOD活性随着Cd^{2+}剂量增大而被抑制的试验结果[13]一致。本试验中SOD活性在暴露24～72 h被抑制，但72 h后又有所回升。这可能与镉诱导体内金属硫蛋白（metallothionein，MT）合成有关，随着镉暴露时间的持续，MT的合成增加，而MT的合成可促进与Cd^{2+}的结合，减少了游离镉对SOD的抑制作用，同时，MT自身又有清除自由基的作用，MT的巯基是自由基结合的靶位点，也间接地减少了自由基对SOD的抑制，从而使SOD的活性逐渐恢复[14]，这与刺参幼参对镉胁迫的应激反应[15]类似。

参考文献

[1] 齐钟彦，马绣同，王祯瑞，等．中国经济软体动物［M］．北京：中国农业出版社，1998：227－228.

[2] 崔龙波，孔俊，侯竹美，等．中国蛤蜊消化系统的组织学与组织化学研究［J］．烟台大学学报（自然科学与工程版），2005，18（2）：118－123.

[3] 王晓安，蒋小满．中国蛤蜊神经系统显微结构的初步研究［J］．动物学杂志，1999，34（4）：6－9.

[4] 孙振兴，李清，唐锦秀，等．中国蛤蜊的组织培养［J］．齐鲁渔业，2005，22（6）：1－2.

[5] 刘相全，方建光，包振民，等．中国蛤蜊繁殖生物学的初步研究［J］．中国海洋大学学报，2007，37（1）：89－92.

[6] 周永欣，章宗涉．水生生物毒性试验方法［M］．北京：农业出版社，1989：75－156.

[7] 周凯，么宗利，来琦芳，等．重金属Zn^{2+}、Cd^{2+}对青蛤幼贝的致毒效应［J］．海洋渔业，2007，29（1）：63－67.

[8] 王桂燕，胡筱敏，周启星，等．对二氯苯和镉对草鱼（*Ctenopharyngodon idellus*）的联合毒性效应研究［J］．环境科学，2007，28（1）：156－159.

[9] 李玉环，林洪．镉对海湾扇贝的急性毒性研究［J］．海洋水产研究，2006，27（6）：80－83.

[10] 中华人民共和国农业部．中华人民共和国农业行业标准：NY5052－2001，无公害食品 海水养殖用水水质［S］．北京：中国标准出版社，2001：1－5.

[11] 孙振兴，王慧恩，王晶，等．汞、镉、硒对刺参幼参的单一毒性与联合毒性［J］．海洋与湖沼，2009，40（2）：228－234.

[12] 赵克然，杨毅军，曹道俊．氧自由基与临床［M］．北京：中国医药科技出版社，1999：507－538.

[13] 杨丽华，方展强，郑文彪，等．镉对鲫鱼鳃和肝脏超氧化物歧化酶活性的影响［J］．安全与环境学报，2003，3（3）：13－16.

[14] 金慧英，李法卿，李素芹，等．金属硫蛋白对急性镉中毒后抗氧化酶的保护作用［J］．

中国病理生理杂志，1999，15（7）：631－632.

［15］ 孙振兴，张梅珍，徐炳庆，等．重金属毒性对刺参幼参 SOD 活性的影响［J］．海洋科学，2009，33（2）：27－31.

Effect of Cd^{2+} on SOD activity and the acute toxicity to clam *Mactra chinensis*

Zhang Chuanyong, Sun Zhenxing

(*School of Life Science, Ludong University, Yantai* 264025)

Abstract: The acute and chronic toxicities of cadmium acting on clam (*Mactra chinensis*) was evaluated, which provided a foundation for researching the effect of heavy metal contamination on sea shellfish. The acute and chronic toxicities of Cd^{2+} to the clam were tested in the still water, and median lethal concentration (LC_{50}) of Cd^{2+} to clam was computed with method of probit analysis. The SOD activity was measured by using method of the xanthine oxidase – nitrite reactant, and effects of Cd^{2+} on the SOD activities of clam's gill and digestive gland were analyzed. The results showed that the LC_{50} of 24 h, 48 h, 72 h and 96 h of Cd^{2+} to clam were 12.48, 7.06, 5.52 and 4.22 mg/L respectively. The safe concentration of Cd^{2+} to clam was 0.04 mg/L. The SOD activities of clam's gill and digestive gland were changed markedly under chronic exposure of Cd^{2+} at concentration of 0.422 ~ 2.110 mg/L through 96 hours. Effect of Cd^{2+} on the SOD activities were inhibiting at from 24 hours to 72 hours, inducement at 96 hours. However, SOD activities were lower than the groups of control experiment. The acute toxicity effect of Cd^{2+} to clam was highest. Under the chronic exposure of Cd^{2+}, the SOD activities of clam's gill and digestive gland were repressed.

Key words: Cd^{2+}; clam (*Mactra chinensis*); toxicity; median lethal concentration; SOD

第七部分

种质资源

贝类种质资源保护研究进展①

孙振兴，常林瑞

（烟台师范学院生命科学学院，烟台 264025）

摘要：种质资源保护是保护生物学的重要内容之一。保护贝类种质资源，是使我国贝类养殖业健康持续发展的可靠保障。本文根据国内外近年的研究成果，对种质资源保护的方式、生物技术在贝类种质资源保护中的应用进行了综述，并展望了今后的发展趋势。

关键词：贝类；种质；遗传标记；冷冻保存；保护生物学

随着近年来我国海水贝类养殖业的发展，贝类的种质资源保护问题亦日益受到人们的重视。种质（germ plasm）是指在物种繁衍过程中，从亲代传递给予子代的遗传物质。种质资源（germ plasm resources）是指可用于育种的物种，以及携带生命全部遗传信息的配子、胚胎和基因组等。从某种意义上来说，一个物种就是独特的基因多样性[1]。基因多样性也称为遗传多样性，它的表现是多层次、多水平的，不仅是物种多样性和生态系统多样性的基础，也是评价自然生物资源的重要依据。

世界上现存贝类 11 万余种，我国已知的贝类约 4000 余种，其中相当大一部分是海洋贝类，可见贝类的种质资源是极为丰富的。我国是世界上进行海洋贝类人工育苗规模最大、数量最多的国家，每年仅人工培育的扇贝、牡蛎、鲍等主要养殖品种的贝苗数量就达数百亿甚至上千亿粒。但从育种学的角度看，这些养殖贝类，大多是未经人工系统选育或改良的野生品种，其遗传基础还是野生型的。很多野生亲体并非原始的优良自然品种，还有一些亲体是人工养殖的、通过近亲繁殖获得的后裔。在这些养殖品种中，由于选择育种的成果未得到充分地世代积累和传递，其经济性状日趋退化。因此，保护原始的优良品种，并利用这些优良的种质资源培育新品种、新品系，已成为贝类养殖业亟待解决的重要课题。

农牧业和鱼类育种的实践表明，很多优良品种都是依靠丰富的基因材料育成的，无论是原始的、引进的，还是新培育的优良品种或品系，一旦因近亲交配或杂交等原因丧失了它们基因库中原有的基因，就难以重新恢复。所以，保护种质资源，意

① 本文原载《海洋湖沼通报》，2005 年 9 月，第 3 期，103－108 页。

资助项目：山东省自然科学基金项目（Y2002D12）。

味着保护自然界蕴藏的丰富基因库，从而为自然种群的健康发展和养殖品种的不断改良提供物质基础。总之，保护种质资源的目的，就是尽最大可能维持物种的遗传多样性，维持种内遗传变异的水平，维持物种和种群的自然繁殖能力，维持物种的进化潜能，实现生物资源的可持续利用。

1 种质资源保护的方式

1.1 就地保护

就地保护（in situ conservation）是在物种（种群）发生或栖息的地方，在天然的或人造的生态系统中，对种质资源进行保护，这是群体水平的遗传保护，也是一种动态保护。在生物自然资源未遭到严重破坏，其种群大小还能够维持其在自然界的繁衍，以及栖息环境还能够使种群继续生存的情况下，就地保护是保护种质资源的最有效方式。就地保护有三个方面，即建立自然保护区，在保护区之外采取附加保护措施，以及设法恢复已经遭到破坏的生境中的生物群体。笔者认为，可在我国皱纹盘鲍、栉孔扇贝原产地的辽宁、山东等地建立原种自然保护区。

就地保护具有以下特点：① 被保护对象与自然环境协同进化；② 可以随时观察被保护对象的遗传变化和生态变化；③ 维持被保护对象的种群大小，有利于自然繁衍；④ 保护费用一般低于迁地保护[2]。

但是，就地保护也存在一些局限性。首先，由于水生动物的迁移性和游动性，相当大一部分物种可能暂时或永久处在保护区之外；其次，人为活动直接或间接地改变保护区的生境，例如，即使在保护区以外修建码头或构筑堤坝，也可能影响海流水团的运动，导致保护区生境变化；最后，人工养殖或放流的贝类群体繁殖活动产生的配子、幼虫等，会随着潮汐海流进入保护区，从而对野生群体产生影响。

在实施就地保护的过程中，还应注意外来种的引入问题。引种有助于改善养殖品种结构、提供育种素材，但也会导致外来种与土著种的遗传混杂。外来种的引入，不仅可能对保护区，而且可能对自然海域土著种的种质资源，产生负面影响。如我国在20世纪80年代中期从日本引进了长牡蛎，由于它能与我国土著种的牡蛎自然杂交，致使目前在我国北方沿海已难以找到无遗传混杂的牡蛎原种。

1.2 迁地保护

迁地保护（ex situ conservation）是在物种（种群）原栖息地以外的人工环境下，对一定数量的个体或种质细胞进行保存。这是个体或细胞水平的遗传保护，也是一种静态保护。对水生生物来说，这类人工环境有池塘、水族馆以及液氮低温冷冻装置等。虽然国内外在鱼类种质资源的迁地保护方面，利用池塘等建立了一些活鱼基因库，但在池塘、水族馆这类人工小水体中保存鱼类若干世代而不改变其遗传特性是很困难的，因为其繁育群体是很有限的[2]。因而目前在生物种质资源的迁地保护方面，普遍采用了低温冷冻保存种质细胞技术。

2　生物技术在贝类种质资源保护中的应用

2.1　同工酶和 DNA 分子标记技术检测遗传多样性

对某一种质资源进行保护之前，需要了解有关该物种的遗传背景和群体遗传结构，从而建立种质资源的遗传背景档案。同工酶和蛋白质电泳技术、以及近年来迅速发展的各种 DNA 标记技术，使人们能够从不同角度和不同层次，更加全面地揭示物种的遗传信息，也为贝类种质资源保护提供了重要的基础资料。

2.1.1　同工酶技术的应用

同工酶技术是通过检测 DNA 表达产物电泳谱带的不同，在蛋白质水平研究遗传多样性的一种方法。喻子牛等利用同工酶技术研究了秦皇岛、大连、青岛和韩国釜山 4 个魁蚶群体的等位基因酶遗传变异，在 4 个群体的 10～12 种等位基因酶中分别检测到了 22 个、26 个、22 个和 27 个基因位点，4 个群体的多态位点比例分别为 50.00%、57.69%、45.50% 和 62.96%；通过比较 4 个群体之间的遗传相似度和遗传距离表明，秦皇岛和大连两个群体之间的遗传同一性最大，这与两个群体的地理距离较近，基因交流不存在明显障碍有关；其次为秦皇岛与青岛、大连与青岛群体之间，而韩国釜山和其他 3 个群体之间存在一定的遗传分歧[3]。此外，对中国和日本两个栉孔扇贝种群的 6 种同工酶的基因位点进行分析的结果也显示，虽然中国栉孔扇贝和日本栉孔扇贝 6 种同工酶中的基因位点相同，但每个位点上基因的表达状况有很大差异，它们的表型都有居群内的个体差异，每个居群都有各自的特异谱带；同时也表明，日本种群的遗传多样性程度高于中国种群[4]。这些研究说明，贝类种群的遗传变异与基因交流有着密切的关系。有研究者用电泳技术分析了人工孵化长牡蛎的 19 个等位基因酶位点，平均杂合度为 0.176，认为人工孵化的牡蛎杂合度较低，可能与亲贝数量少、易发生近交有关[5]。

头足类的遗传变异程度普遍较低。对短蛸的 17 种等位基因酶的研究结果表明[6]，山东莱州、烟台、青岛、日照以及辽宁大连海域 5 个短蛸群体的遗传变异程度均较低，其多态位点比例为 5%～15%，群体平均杂合度观测值仅为 0.001～0.024，远远低于无脊椎动物和贝类的平均值。头足类表现出的这种较低的遗传变异性，可能主要是受瓶颈效应（bottleneck effect）的影响，即环境发生剧烈变化，造成生物大量死亡，而导致群体中个体数量急剧减少。对于大多数一年生的头足类来说，没有世代重叠，在遭到过度捕捞的情况下，其群体遗传多样性就会受到瓶颈效应的显著影响[7]。

2.1.2 DNA 标记技术的应用

随机扩增多态性 DNA（random amplified polymorphism DNA，RAPD）技术的迅速发展和应用，促进了贝类遗传多样性的研究。杜晓东等对我国广东和广西海域的7个野生文蛤群体的遗传多样性进行了 RAPD 分析，并结合形态特征、生长性能，对其遗传多样性进行了系统研究[8]。结果表明，在贝壳形态方面，广西各群体的平均壳长、壳高和壳重等指标都明显大于广东群体；在生长性能方面，广西群体的壳重指数、肥满度指数等也高于广东群体；RAPD 分析各群体的多样性指数为 0.208 ~ 0.259，多态位点比例为 85.71% ~94.74%，群体间的遗传距离为 0.027 ~0.219；但未发现文蛤的形态指标、生长性能与 RAPD 检测到的多样性指标之间存在相关性。有研究表明[9]，扩增片段长度多态性（amplified fragment length polymorphism，AFLP）和 RAPD 两种标记技术都适合贝类的遗传多样性分析，在对栉孔扇贝群体遗传多样性的分析中，两者分析结果是一致的。但 AFLP 标记检测到的有效等位基因数和平均多态信息量稍低于 RAPD 标记，AFLP 标记在每个引物扩增得到的多态性条带数高于 RAPD 标记，AFLP 标记的多态性检测效率显著高于 RAPD 标记。上述两种标记方法所揭示的栉孔扇贝野生种群与养殖群体间的近交系数、遗传距离两项指标均表明，我国栉孔扇贝养殖群体和野生种群之间尚未出现明显的遗传分化。

线粒体 DNA 具有进化速度快，母系遗传，有效群体的大小较小，因而用较小的样本即可反映群体结构等特点，已成为研究近缘种间和种内群体间遗传分化的有力工具[10,11]。孔晓瑜等认为，线粒体 16S rRNA 基因片段序列分析是监测我国栉孔扇贝和海湾扇贝养殖群体及人工繁育群体遗传变异的有效方法之一，通过比较分析发现，这两种扇贝基因片段中核苷酸差异数为 80，同源性为 68.1%，表明这两种扇贝在进化上分歧较早[12]。但对引自日本的盘鲍（*Haliotis discus discus*）、皱纹盘鲍（*H. discus hannai*）和大鲍（*H. gigantiea*）3 个自然群体的线粒体 DNA 16S rRNA 基因片段进行比较的结果显示，3 种鲍自然群体间的碱基片段序列差异不显著，盘鲍与皱纹盘鲍、大鲍的片段同源性为 99.81%；皱纹盘鲍与大鲍的片段同源性为 99.61%，显示出 16S rRNA 基因在鲍属内具有很高的保守性[13]。

微卫星 DNA 是基因组中普遍存在的 2 ~6 个核苷酸的简单串联重复序列，微卫星标记具有密度大、多态性丰富、高度杂合且稳定性好、遵循孟德尔分离定律共显性遗传、易于 PCR 扩增等特点，是近年发展起来的一种新的 DNA 标记技术。对两种牡蛎的 6 h 胚胎进行微卫星 DNA 分析发现[14]，长牡蛎和葡萄牙牡蛎（*Crassostrea angulata*）之间没有种内受精的优先性，也就是说，长牡蛎的精子、卵子和葡萄牙牡蛎的卵子、精子，分别更容易发生受精作用。所以，对这两种牡蛎如果不实行生殖隔离，就会自然杂交。Boudry 等应用单个微卫星标记分析了长牡蛎的多因子杂交，认为牡蛎在生殖方面有高度的差异性，这种差异性最终取决于 3 个主要因素：

配子性质，卵子与精子的相互作用，基因型之间不同的存活力[15]。通过微卫星DNA标记研究表明，近亲交配繁育的牡蛎（*Ostrea edulis*）与野生群体相比，尽管在整体上没有显示出杂合度降低，但等位基因频率却发生了明显变化[16]。

2.2 低温冷冻保存贝类种质细胞

水生动物种质细胞冷冻保存的研究始于20世纪50年代初，Blaxter对大西洋鲱鱼精巢进行了短期冷冻保存，此后，国内外学者陆续进行了各种鱼类配子和胚胎、以及贝类和海胆等无脊椎动物种质细胞的低温冷冻保存研究，尤其在精子冷冻保存方面取得了很大进展。利用冷冻保存的精子，对克服杂交育种时亲本不能同步排放配子的困难，以及扩大杂交组合的选择范围，防止因人工繁殖长期近亲交配而引起的品种优良性状退化等，都有重要的作用。

2.2.1 低温冷冻保存种质细胞的机理和方法

细胞低温冷冻保存的机理是通过低温抑制细胞代谢，使具有生物活性的物质暂时失去活力。细胞由常温下的高耗能、大量代谢状态，进入一种能量消耗、新陈代谢降至最低点的休眠状态或所谓假死状态。在低温保存过程中，如果细胞自身发生的变化是可逆的，蛋白质、酶以及其他细胞结构没有被破坏，那么当细胞恢复到常温下时，才能恢复活力。一般认为温度在0～－60℃之间，细胞内水分子会重新移动，按一定次序排列形成冰晶，损伤细胞使其内部生理、生化条件失去原有的平衡，造成不可逆变化。当温度低于－60℃，细胞内的水分子无序排列不再移动，进入坚硬、均质、团块状的玻璃化状态。玻璃化状态是一种可逆的，对细胞结构不会造成损伤。因此，低温保存种质细胞时应以适宜的降温速率越过0～－60℃的结晶区进入玻璃化状态，减少冷冻伤害[17]。

冷冻保存主要采用三种方法：颗粒冷冻法、安瓿冷冻法和麦细管冷冻法。颗粒冷冻法是将含有种质细胞的稀释液滴在干冰上冷冻成颗粒，然后把这些颗粒转移至液氮罐中保存。安瓿冷冻法和麦细管冷冻法是将种质细胞分装在安瓿或麦细管中封存，再以一定的降温速率降至液氮罐中保存。在液氮中保存，可使温度稳定地保持在－196℃。

2.2.2 贝类种质细胞的冷冻保存

Smith等研究了长牡蛎的精子、卵和胚胎的低温冷冻保存[18]，以5%二甲亚砜（DMSO）作为抗冻保护剂、并以0.45 mol/L多糖作为稀释液时，冷冻保存后的精子受精率较高。低温保存牡蛎卵子时，采用逐步添加和解冻后逐步去除抗冻保护剂的方法，解冻后形态正常的卵子可达90%，但受精率很低、只有1%；如果采用快速添加和解冻后逐步去除抗冻保护剂的方法，虽然解冻后形态正常的卵子占75%，但受精率较高、可达10%～25%。低温保存牡蛎担轮幼虫的结果显示，采用快速冷冻和快速解冻的方法，解冻后50%的担轮幼虫具有运动能力；而采用缓慢冷冻和缓慢解冻的方法，解冻后的担轮幼虫只有10%具有运动能力。

国内学者也对扇贝精子和胚胎的低温保存进行了研究。杨爱国等对扇贝精子冷冻保存的结果显示[19]，用自然排放法和解剖法获取的虾夷扇贝和栉孔扇贝精子，以自然海水作为基础溶液，加 8% ~10% DMSO 抗冻保护剂，距液氮表面 25 cm、20 cm、10 cm 处各停留 8 min，然后移入液氮中保存；解冻时，距液氮表面 10 cm、15 cm、20 cm 处各停留 6 min，7 ~11℃流水解冻，置 4℃冰箱中 20 min，这样解冻后的精子存活率为 80% ~90%，受精率为 85% ~95%，孵化率为 70% ~85%。

用两种抗冻保护剂对发育 6 d 的栉孔扇贝面盘幼虫进行低温保存，解冻后也获得了成活的幼虫[20]。抗冻保护剂 A 配方为 10% 甘油 +4% 葡萄糖；B 配方为 15% DMSO +4% 葡萄糖 +2% 柠檬酸盐，以 1℃/min 的速率由室温降温至 -20℃，接着以 20℃/min 降温至 -80℃，然后样品直接进入 -196℃液氮保存。7 d 后，经 45℃水浴解冻后的面盘幼虫存活率达 65.1%（A 配方）和 56.5%（B 配方）。

在贝类精子冷冻保存过程中，适宜的冷冻降温速率和解冻升温速率对提高精子的存活率至关重要。一般来说，精子细胞质浓度比介质高，如果冷冻速率过快，细胞内的水分来不及外渗就冻结成冰，在解冻时因细胞内冰晶的存在造成细胞膜破裂而死亡；如果冷冻速率过慢，胞外介质中的水首先结冰，细胞会因过度脱水而造成伤害。只有在一定的冷冻速率下，精子才能不形成细胞内冰晶又不过度脱水；解冻时只有快速升温才能避免发生重结晶现象，解冻后的精子才有可能存活。虽然目前已能获得解冻后具有受精能力的精子，但在长牡蛎[18]、鲍（*Haliotis iris*）[21]等贝类精子冷冻保存的研究中发现，解冻后精子的受精能力明显减弱、要比新鲜精子相差数十倍。许多学者对解决冷冻过程中各种技术环节和冷冻机理进行了大量的研究，但由于各种贝类配子对冷冻的反应不同，所以迄今为止还无法找到一种普遍模式对相似的细胞进行冷冻保存[22]。

贝类精液的冷冻保存，除了采集精液的方法与家畜、鱼类有所不同外，在冷冻操作方法、抗冻保护剂类型和冷冻程序等方面，与家畜和鱼类大致相同。但由于贝类受精过程中需要大量的精子，因此，笔者认为，如何冷冻保存大量体积和高浓度的贝类精液，对这一技术的推广应用是至关重要的，而且仅以能否受精或受精卵的短期存活作为冷冻保存成功的标志，是不全面的，应当以幼虫的正常生长发育作为衡量的重要标志。此外，抗冻保护剂对贝类配子和胚胎细胞膜的通透性、冷冻过程中的水分传送动力学以及贝类受精过程中的生理变化等，还有待深入研究[18]。尽管水生贝类不可能像植物那样建立种子基因库，但家畜和鱼类种质细胞低温保存取得的令人鼓舞的成果，也为贝类种质细胞的低温保存展示了广阔的前景。

参考文献

[1] Primack R B. Tropical community dynamics and conservation biology [J]. BioScience, 1992, 42 (11): 818 - 821.

[2] 李思发. 主要养殖鱼类种质资源研究进展 [J]. 水产学报, 1993, 17 (4): 344 - 358.

[3] 喻子牛, 孔晓瑜, 杨锐, 等. 魁蚶等位基因酶遗传变异研究 [J]. 青岛海洋大学学报, 1998, 28 (1): 51 - 58.

[4] 李太武, 孙修勤, 刘艳, 等. 栉孔扇贝种群的遗传变异分析 [J]. 高技术通讯, 2001 (4): 25 - 27.

[5] Gosling E M. Genetic variability in hatchery - produced Pacific oysters (*Crassostrea gigas* Thunberg) [J]. Aquaculture, 1982, 26 (3 - 4): 273 - 287.

[6] 高强, 王昭萍, 王如才, 等. 五个短蛸群体等位基因酶的遗传变异 [J]. 海洋湖沼通报, 2002 (4): 46 - 51.

[7] Carvalho G R, Thompson A, Stoner A L. Genetic diversity and population differentiation of the shortfin squid *Illex argentinus* in the south - west Atlantic [J]. Journal of Experimental Marine Bology and Ecology, 1992, 158 (1): 105 - 121.

[8] 杜晓东, 邓岳文, 叶富良, 等. 广东和广西地区野生文蛤的遗传多样性 [J]. 中国水产科学, 2004, 11 (1): 41 - 47.

[9] 王玲玲, 宋林生, 李红蕾, 等. AFLP 和 RAPD 标记技术在栉孔扇贝遗传多样性研究中的应用比较 [J]. 动物学杂志, 2003, 38 (4): 35 - 39.

[10] Wilding C S, Grahame J, Mill P J. Mitochondrial DNA CoI haplotype variation in sibling species of rough periwinkles [J]. Heredity, 2000, 85 (1): 62 - 74.

[11] 邱高峰, 常林瑞, 徐巧婷, 等. 中国对虾 16S rRNA 基因序列多态性的研究 [J]. 动物学研究, 2000, 21 (1): 35 - 40.

[12] 孔晓瑜, 刘亚军, 喻子牛, 等. 栉孔扇贝和海湾扇贝线粒体 16S rRNA 基因片段的比较研究 [C] //贝类学论文集 (第 9 辑). 北京: 海洋出版社, 2001: 59 - 63.

[13] 杨建敏, 郑小东, 王如才, 等. 3 种鲍 16S rRNA 基因片段序列的初步研究 [J]. 青岛海洋大学学报, 2003, 33 (1): 36 - 40.

[14] Huvet A, Balabaud K, Bierne N, et al. Microsatellite analysis of 6 - hour - old embryos reveals no preferential intraspecific fertilization between cupped oysters *Crassostrea gigas* and *Crassostrea angulate* [J]. Marine Biotechnology, 2001, 3 (5): 448 - 453.

[15] Boudry P, Collet B, Cornette F, et al. High variance in reproductive success of the Pacific oyster (*Crassostrea gigas*, Thunberg) revealed by microsatellite - based parentage analysis of multifactorial crosses [J]. Aquaculture, 2002, 204 (3 - 4): 283 - 296.

[16] Bierne N, Launey S, Naciri - Graven Y, et al. Early effect of inbreeding as revealed by microsatellite analyses on *Ostrea edulis* larvae [J]. Genetics, 1998, 148 (4): 1893 - 1906.

[17] 李纯, 李军, 薛钦昭. 海洋生物种质细胞低温保存与机理 [J]. 海洋科学, 2000, 24 (4): 12 - 15.

[18] Smith J F, Pugh P A, Tervit H R, et al. Cryopreservation of shellfish sperm, eggs and embryos [C] // Proceedings of the New Zealand society of animal production. 2001, 61: 31 -34.

[19] 杨爱国，王清印，孔杰，等．扇贝精液超低温冷冻保存技术的研究［J］．海洋与湖沼，1999，30（6）：624 -628.

[20] 薛钦昭．栉孔扇贝胚胎超低温液氮保存［J］．海洋科学，1994（4）：44 -47.

[21] Roberts R, Adams S, Smith J, et al. Cryopreservation of abalone (*Haliotis iris*) sperm [J]. Shellfish Research, 2000, 19 (1): 530.

[22] Chao N H, Liao I C. Cryopreservation of finfish and shellfish gametes and embryos [J]. Aquaculture, 2001, 197 (1 -4): 161 -189.

Advances in studies on conservation of the germ plasm resources in mollusk

Sun Zhenxing, Chang Linrui

(*School of Life Sciences, Yantai Normal University, Yantai* 264025)

Abstract: Conservation of the germ plasm resources is a subject of significance in conservation biology. Conserving mollusk's germ plasm resources is a reliably guarantee of sustainable development of aquiculture. This paper is based on the advances in this field in recent years, reviews the modes of conservation of germ plasm resources and application of biotechnology to the conservation of germ plasm resources of mollusks. The development trend in this field is also discussed.

Key words: mollusk; germ plasm; genetic marker; cryopreservation; conservation biology

扁玉螺表型性状对体重和软体部重的影响效应分析①

孙振兴，常林瑞，徐建鹏

（鲁东大学生命科学学院，烟台 264025）

摘要： 采用相关分析和通径分析的方法，研究了扁玉螺的表型形态性状对体重和软体部重的影响。随机抽取 2 龄扁玉螺 100 只，分别测定其壳宽、壳高、壳顶至胼胝高、体高、厣长、厣宽、体重、软体部重共 8 项性状参数，并分别计算了各性状间的相关系数，以及以表型性状为自变量对体重和软体部重作因变量的通径系数和决定系数。结果表明，各表型性状与体重、软体部重之间的相关系数均达到极显著水平（$P<0.01$）。壳宽对体重和软体部重的直接效应均为最大，对二者的决定程度也最高，是影响体重和软体部重的最主要因素；而厣宽、壳顶至胼胝高和体高的直接作用较小，它们主要通过壳宽的间接作用影响体重和软体部重。因此，对壳宽的直接选择可有效地增加体重和软体部重，对壳顶至胼胝高、厣宽和体高的选择也有助于增加扁玉螺的重量。

关键词： 扁玉螺；表型形态性状；相关分析；通径分析；多元分析

生物的各种性状受遗传基因调控，不同基因之间存在着遗传连锁关系，因而不同性状间也存在着一定的相关性。研究生物表型性状与产量性状间的相互关系，有助于对产量性状进行间接选择以提高育种效率（Sabouri et al，2008）。水产经济动物的体重等指标是重要的产量性状之一，也是良种选育的直接目标性状，因此受到人们的高度重视。近年来，多元分析方法在估计水产经济动物的生产量方面也得到了广泛的应用（Debowski et al，1999；Kora et al，2000；Ahmed et al，2000；刘小林等，2002；耿绪云等，2007）。这些研究通过分析表型形态性状与目标性状的关系，使人们更加容易找到影响目标性状的主要因子，有利于对目标性状的选择。但有关扁玉螺表型性状与体重之间的多元分析，国内外尚未见报道。本文着重探讨了扁玉螺表型形态性状与体重和软体部重的关系，旨在为扁玉螺的选择育种提供理论依据

① 本文原载《海洋与湖沼》，2010 年 7 月，第 41 卷第 4 期，513－518 页。

资助项目：山东省高校实验技术项目（2005－396）；鲁东大学学科建设经费项目（2009—2012）。

和理想的测度指标。

1 材料与方法

1.1 试验材料及数据采集

试验用2龄扁玉螺（*Neverita didyma*）采自山东烟台近海，活体带回实验室，随机取样100只用于采集数据。将扁玉螺逐一编号后，分别用游标卡尺测量壳宽（X_1）、壳高（X_2）、壳顶至腓胝高（X_3）、体高（X_4）、厣长（X_5）、厣宽（X_6）共6项表型形态参数（图1），其中体高是扁玉螺壳口朝下，以生活状态匍匐于平板上，其贝壳最膨胀处至平面间的垂直距离。用电子天平称量扁玉螺阴干后的活体重（Y），敲碎并去掉贝壳后，称量软体部重（Z）。形态数据测量精确至0.02 mm，重量数据称量精确至0.000 1 g。

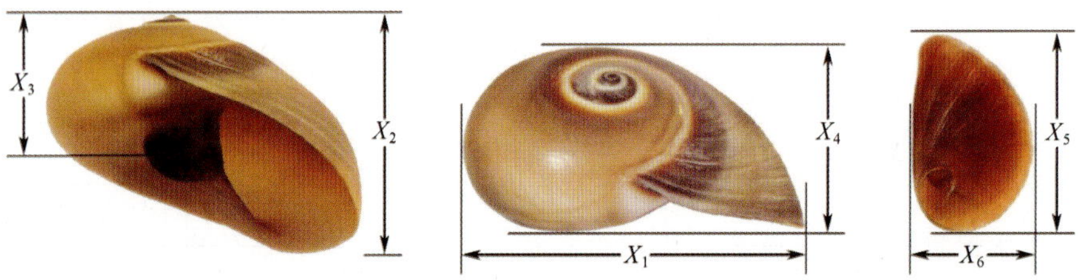

图1 扁玉螺贝壳和厣的形态学参数

X_1－壳宽；X_2－壳高；X_3－壳顶至腓胝高；X_4－体高；X_5－厣长；X_6－厣宽

1.2 分析方法

数据分析采用SPSS 13.0和Excel 2003软件。整理采集的数据，获得各性状的统计参数，进行相关分析；然后用SPSS软件中的逐步回归法（stepwise）进行回归分析，建立以表型性状估计重量性状的多元回归方程；并进行通径分析和决定程度分析。分别按以下各式（袁志发等，2000，2001）计算相关系数（r_{xy}）、通径系数（P_i）、相关指数（R^2）和决定系数（d）。相关系数（r_{xy}）的计算公式为：

$$r_{xy} = \frac{\sum_{i=1}^{n}(x_i - \bar{x})(y_i - \bar{y})}{\sqrt{\sum_{i=1}^{n}(x_i - \bar{x})^2 \sum_{i=1}^{n}(y_i - \bar{y})^2}}$$

通径系数 $P_i = b_{xi}\frac{\sigma_{xi}}{\sigma_y}$，式中，$b_{xi}$为自变量的偏回归系数；$\sigma_{xi}$为自变量的标准差；$\sigma_y$ 为因变量的标准差。

相关指数 $R^2 = \sum P_i r_{xiy}$，式中，r_{xiy}为自变量与因变量之间的相关系数。

单一自变量对因变量的决定系数 $d_i = P_i^2$，式中，P_i 为该自变量对因变量的通径系数；两个自变量对因变量的共同决定系数 $d_{ij} = 2r_{ij}P_iP_j$，式中，r_{ij} 为两个自变量之间的相关系数，P_i 和 P_j 分别为这两个自变量对因变量的通径系数。

2 结果与分析

2.1 各性状的描述统计量

扁玉螺各性状的描述统计量见表 1。从表 1 中可见，体重和软体部重的变异系数较大，二者分别为 19.77% 和 24.52%，说明重量性状具有较大的选择潜力。从表 1 中还可以看出，扁玉螺各性状数据的偏斜度很小，均接近于 0，说明各组数据基本呈正态分布，符合进行相关、回归和通径分析的要求。

表 1 扁玉螺各性状的描述统计量（$n = 100$）

性状	壳宽（mm）	壳高（mm）	壳顶至胼胝高（mm）	体高（mm）	厣长（mm）	厣宽（mm）	体重（g）	软体部重（g）
代码	X_1	X_2	X_3	X_4	X_5	X_6	Y	Z
平均值	37.769 8	29.584 0	17.478 6	18.219 0	25.341 2	15.938 6	15.786 9	9.253 4
标准差	2.355 7	2.346 8	1.509 6	1.576 7	1.944 5	1.102 0	3.121 5	2.268 9
变异系数（%）	6.236 9	7.932 5	8.637 0	8.654 2	7.673 3	6.914 0	19.773 0	24.519 6
偏斜度	-0.178 9	-0.070 9	0.193 0	0.192 1	-0.126 3	-0.368 3	0.350 9	0.267 6

注：各性状的代码在全文中相同。

2.2 各表型性状与体重、软体部重之间的相关分析

对上述各性状进行相关分析的结果（表 2）显示，各性状之间的相关系数均达到极显著水平（$P < 0.01$），说明所选指标进行相关分析是有意义的。从相关程度的强弱（袁卫等，2000）来看，大多数性状间呈高度正相关（$r \geq 0.7$），个别性状间呈中度正相关（$0.4 < r < 0.7$）。其中，各表型性状与体重间的相关系数从大到小依次为壳宽、厣宽、壳顶至胼胝高、厣长、壳高、体高；各表型性状与软体部重之间的相关系数从大到小依次为壳宽、厣宽、厣长、壳顶至胼胝高、壳高、体高，二者趋势基本相同。

表 2　扁玉螺各性状之间的相关系数

性状	X_1	X_2	X_3	X_4	X_5	X_6	Y	Z
X_1	1.000 0	0.686 3**	0.562 4**	0.510 5**	0.690 0**	0.759 0**	0.851 8**	0.809 8**
X_2		1.000 0	0.617 2**	0.523 0**	0.562 2**	0.636 1**	0.727 4**	0.674 4**
X_3			1.000 0	0.584 6**	0.604 0**	0.615 3**	0.748 3**	0.703 0**
X_4				1.000 0	0.607 9**	0.657 3**	0.666 4**	0.648 4**
X_5					1.000 0	0.750 1**	0.728 0**	0.717 8**
X_6						1.000 0	0.793 9**	0.796 1**

注：$r_{0.01,98}=0.256\,0$，**表示相关性极显著（$P<0.01$），下同。

2.3　表型性状与体重、软体部重之间的回归分析

采用逐步回归法，在对体重的回归分析中，剔除了壳高、厣长和厣宽 3 项偏回归系数不显著的自变量性状；在对软体部重的回归分析中，剔除了壳高、体高和厣长 3 项偏回归系数不显著的自变量性状，使保留的各个自变量的偏回归系数检验结果均达到极显著水平（表 3）。进而分别得到各表型性状对扁玉螺体重、软体部重的最优多元回归方程如下：

$$Y=-31.315\,5+0.769\,4X_1+0.645\,4X_3+0.371\,1X_4$$

$$Z=-23.408\,4+0.406\,9X_1+0.417\,9X_3+0.626\,7X_6$$

式中，Y 为体重；Z 为软体部重；X_1 为壳宽；X_3 为壳顶至胼胝高；X_4 为体高；X_6 为厣宽。

表 3　扁玉螺表型性状的偏回归系数检验

因变量	自变量	偏回归系数	标准误差	t-统计量	P 值
Y	截距	-31.315 5	2.028 7	-15.436 6	9.388 8E-28**
	X_1	0.769 4	0.065 1	11.814 1	2.029 3E-20**
	X_3	0.645 4	0.107 7	5.991 6	3.617 6E-08**
	X_4	0.371 1	0.099 2	3.742 4	0.000 3**
Z	截距	-23.408 4	1.799 5	-13.008 1	6.627 5E-23**
	X_1	0.406 9	0.072 1	5.645 0	1.673 4E-07**
	X_3	0.417 9	0.092 9	4.498 7	1.916 8E-05**
	X_6	0.626 7	0.161 6	3.877 8	0.000 2**

由表 4 的方差分析结果可见，以上两个方程的回归关系均达到了极显著水平（$P<0.01$），表明所求的多元回归方程成立，对下一步进行通径分析是有意义的。

而且上述方程经回归预测，估计值与实际观测值差异不显著（$P>0.05$），表明上述方程客观地反映了扁玉螺表型性状与重量性状之间的真实关系。

表 4　扁玉螺表型性状与重量性状之间多元回归方程的方差分析

因变量	项目	自由度 df	平方和 SS	均方 MS	F 检验值	显著性
Y	回归	3	822.943 9	274.314 6	185.823 6	$7.600\,9\times10^{-40}$
	残差	96	141.716 1	1.476 2		
	总计	99	964.660 1			
Z	回归	3	397.494 2	132.498 1	113.423 0	$1.925\,5\times10^{-31}$
	残差	96	112.144 9	1.168 2		
	总计	99	509.639 1			

2.4　主要表型性状对体重、软体部重影响的通径分析

在回归分析的基础上，保留达到极显著水平的自变量，由 SPSS 软件计算分别得到各主要表型性状对体重、软体部重的通径系数（表 5、表 6）和相关指数。壳宽、壳顶至胼胝高、体高 3 个性状对体重的相关指数 $R^2_{xy}=0.853\,0$；壳宽、壳顶至胼胝高、厣宽 3 个性状对软体部重的相关指数 $R^2_{xz}=0.780\,0$。

根据通径分析的原理，将各个自变量与因变量的相关系数（r_{xiy}）剖分为直接作用（P_i）和通过其他自变量的间接作用（$\sum r_{ij}P_j$）两部分，即 $r_{xiy}=P_i+\sum r_{ij}P_j$，而通径系数 P_i 反映了自变量对因变量的直接作用大小（袁志发等，2000）。从表 5 可知，各性状对体重的直接作用由大到小依次为壳宽（X_1）、壳顶至胼胝高（X_3）和体高（X_4）。壳宽对体重的直接通径系数最大，为 0.580 6；壳宽通过壳顶至胼胝高、体高 2 个性状，对体重有不同程度的正向间接作用，但间接作用小于直接作用。因此，壳宽是影响体重的主要因素。壳顶至胼胝高、体高 2 个性状对体重的直接作用较小，但二者通过壳宽对体重的间接影响作用都较大，这表明加强对壳顶至胼胝高、体高 2 个性状的选择，有助于增加体重。

表 5　扁玉螺表型性状对体重影响的通径分析

性状	相关系数（r_{xiy}）	直接作用（P_i）	间接作用（$r_{ij}\times P_j$）			
			$\sum$	X_1	X_3	X_4
X_1	0.851 8**	0.580 6**	0.271 2		0.175 5	0.095 7
X_3	0.748 3**	0.312 1**	0.436 2	0.326 6		0.109 6
X_4	0.666 4**	0.187 5**	0.478 9	0.296 4	0.182 5	

由表6可知，各性状对软体部重的直接作用由大到小依次为壳宽（X_1）、厣宽（X_6）和壳顶至胼胝高（X_3）。壳宽对软体部重的直接通径系数最大，为0.422 4；壳宽通过壳顶至胼胝高、厣宽2个性状，对软体部重有不同程度的正向间接作用，但间接作用小于直接作用。因此，壳宽也是影响软体部重的主要因素。壳顶至胼胝高、厣宽2个性状对软体部重的直接作用都小于其间接作用，二者通过壳宽对软体部重的间接影响效应都较大，尤其是厣宽主要通过间接作用对软体部重产生影响。

表6　扁玉螺表型性状对软体部重影响的通径分析

性状	相关系数（r_{xiz}）	直接作用（P_i）	间接作用（$r_{ij}\times P_j$）			
			Σ	X_1	X_3	X_6
X_1	0.809 8**	0.422 4**	0.387 4		0.156 4	0.231 0
X_3	0.703 0**	0.278 1**	0.424 9	0.237 6		0.187 3
X_6	0.796 1**	0.304 4**	0.491 7	0.320 6	0.171 1	

2.5　主要表型性状对体重、软体部重的决定程度

利用决定系数公式，计算出各单一表型性状及性状间协同作用对重量性状的决定系数，结果见表7。从表7中可以看出，壳宽（X_1）、壳顶至胼胝高（X_3）和体高（X_4）对体重（Y）的相对决定程度分别为33.71%，9.74%和3.51%；壳宽（X_1）、壳顶至胼胝高（X_3）和厣宽（X_6）对软体部重（Z）的相对决定程度分别为17.85%，7.73%和9.27%，其中，壳宽对体重和软体部重的决定程度都最大。在共同决定系数中，壳宽、壳顶至胼胝高二者对体重的共同决定程度最大，为20.39%；壳宽与厣宽对软体部重的共同决定程度最大，为19.52%。

表7　扁玉螺表型性状对体重和软体部重的决定系数

性状	Y			性状	Z		
	X_1	X_3	X_4		X_1	X_3	X_6
X_1	**0.337 1**	0.203 9	0.111 1	X_1	**0.178 5**	0.132 1	0.195 2
X_3		**0.097 4**	0.068 4	X_3		**0.077 3**	0.104 2
X_4			**0.035 1**	X_6			**0.092 7**

注：粗体数据是单一自变量对因变量的决定系数（d_i），其他数据是两个自变量共同对因变量的决定系数（d_{ij}）。

根据表7进一步分析，各表型性状对体重的决定系数的总和$\sum d_{xy}=0.853\ 0$；对软体部重的决定系数的总和$\sum d_{xz}=0.780\ 0$，它们分别与对应的相关指数R^2的数值

相等，这说明表中所列各性状是影响扁玉螺体重和软体部重的主要性状，其他性状的影响程度相对较小。

3 讨论

3.1 扁玉螺贝壳的测度指标

反映螺类贝壳形态的测度指标有很多（王忠明等，2003；周艺彪等，2006），与锥形、塔形的螺类贝壳具有明显的螺旋部不同，扁玉螺的贝壳略呈半球形，螺旋部低平，背腹扁而宽，所以无法用螺旋部高、体螺层高作为测度指标。本文引入了体高、壳顶至胼胝高（图1）两项参数作为扁玉螺的测度指标，这两项参数可以在一定程度上直观地反映出扁玉螺贝壳的膨胀程度。从得出的贝壳表型性状对体重的多元回归方程 $Y = -31.3155 + 0.7694X_1$（壳宽）$+0.6454X_3$（壳顶至胼胝高）$+0.3711X_4$（体高），以及对软体部重的多元回归方程 $Z = -23.4084 + 0.4069X_1$（壳宽）$+0.4179X_3$（壳顶至胼胝高）$+0.6267X_6$（厣宽）看，这两项参数也能反映出贝壳表型性状与重量性状的关系，可以作为扁玉螺贝壳的测度指标。

3.2 决定扁玉螺体重、软体部重的主要构成因子

试验选择的6个自变量性状中，大多数自变量与因变量之间呈高度正相关，但这并不意味所有自变量都是影响因变量的主要因子。因为变量之间的相关关系和函数关系，在一定条件下是可以相互转化的，如果能把影响因变量变化的因子纳入方程，则相关关系可转化为函数关系（袁卫等，2000）。本文在回归分析中采用了逐步回归法，目的是剔除对因变量作用不显著的自变量，使进入回归方程的自变量都达到极显著水平，保证了所建立回归方程的可靠性及通径分析的可信度。

进行通径分析时，只有当相关指数 R^2 或各个自变量对因变量的决定系数的总和 $\sum d$（数值上 $R^2 = \sum d$）大于或等于0.85时，表明影响因变量的主要自变量已经找到（刘小林等，2004）。本文中，体重（Y）与壳宽（X_1）、壳顶至胼胝高（X_3）、体高（X_4）间的相关指数 $R^2_{xy} = 0.8530$，说明壳宽、壳顶至胼胝高、体高3个性状确实是决定体重的主要构成因子。软体部重（Z）与壳宽（X_1）、壳顶至胼胝高（X_3）、厣宽（X_6）间的相关指数 $R^2_{xz} = 0.7800$，说明壳宽、壳顶至胼胝高、厣宽3个性状基本上是决定软体部重的主要构成因子。

确定了影响扁玉螺体重、软体部重的主要构成因子，对指导扁玉螺的选择育种有重要意义。在实际工作中可根据随机抽样测量的壳宽、壳顶至胼胝高、体高及厣宽值，利用上述回归方程，估算扁玉螺的体重或软体部重。

3.3 各主要性状对体重、软体部重的作用

通径分析的特点是把某一自变量与因变量的相互关系，剖分成该自变量对因变

量的直接作用和该自变量通过其他自变量对因变量的间接作用（袁志发等，2000；Seker et al，2004）。从试验结果看，无论是对扁玉螺的体重、软体部重而言，壳宽（X_1）都是最主要的影响因子，它与体重、软体部重的关系最为密切，对体重、软体部重的直接作用都大于间接作用（表5、表6），因而对体重、软体部重的直接贡献也最大。在影响体重的其他因子中，对体重的直接作用从大到小依次为壳顶至胼胝高（X_3）、体高（X_4），但二者的直接作用都小于其间接作用（表5），说明它们主要通过壳宽的间接效应影响体重。在影响软体部重的其他因子中，对软体部重的直接作用从大到小依次为厣宽（X_6）、壳顶至胼胝高（X_3），二者对软体部重的间接作用都大于其直接作用（表6），表明它们对软体部重的贡献主要也是通过壳宽的间接效应。而且决定系数分析的结果与通径分析结果具有一致的变化趋势。由此可见，壳宽是决定扁玉螺体重和软体部重的最主要性状。壳顶至胼胝高、厣宽、体高也是不容忽视的主要性状，它们对重量性状的间接影响效应都较大。在扁玉螺选择过程中，加强对这3个性状的选择，有利于增加扁玉螺的体重和软体部重。

在有关双壳贝类的通径分析中，栉孔扇贝的壳高对活体重的影响最大（刘小林等，2002），虾夷扇贝的壳宽对闭壳肌重的影响最大（张存善等，2009），紫石房蛤的壳宽对活体重的影响最大（黎筠等，2008），青蛤的壳高对软体部重的影响最大（高玮玮等，2009），可见影响双壳贝类重量性状的主要因子是壳高或壳宽。但在腹足类中目前尚无同类资料可进行比较。

致谢 鲁东大学生命科学学院2005级水产养殖专业学生马德轩、孙秀雅、孙鹏、牛玉国、曲瑞夏、油九菊协助采集数据，谨致谢忱。

参考文献

高玮玮，袁媛，潘宝平，等.2009. 青蛤（*Cyclina sinensis*）贝壳形态性状对软体部重的影响分析［J］. 海洋与湖沼，40（2）：166－169.

耿绪云，王雪惠，孙金生，等.2007. 中华绒螯蟹（*Eriocheir sinensis*）一龄幼蟹外部形态性状对体重的影响效果分析［J］. 海洋与湖沼，38（1）：49－54.

黎筠，王昭萍，于瑞海，等.2008. 紫石房蛤壳性状对活体重影响的定量分析［J］. 海洋水产研究，29（6）：71－77.

刘小林，常亚青，相建海，等.2002. 栉孔扇贝壳尺寸性状对活体重的影响效果分析［J］. 海洋与湖沼，33（6）：673－678.

刘小林，吴长功，张志怀，等.2004. 凡纳滨对虾形态性状对体重的影响效果分析［J］. 生态学报，24（4）：857－862.

王忠明，陈德牛，吴小平.2003. 腹足类贝壳特征的测量及分析方法［J］. 动物学杂志，38（4）：62－65.

袁卫，庞皓，曾五一. 2000. 统计学［M］. 北京：高等教育出版社，142 - 184.
袁志发，周敬芋，郭满才，等. 2001. 决定系数——通径系数的决策指标［J］. 西北农林科技大学学报（自然科学版），29（5）：131 - 133.
袁志发，周敬芋. 2000. 试验设计与分析［M］. 北京：高等教育出版社，142 - 202.
郑怀平，高健. 2002. 扁玉螺蛋白质、脂肪含量的季节变化［J］. 海洋科学，26（4）：52 - 55.
周艺彪，姜庆五，赵根明，等. 2006. 中国大陆钉螺螺壳形态性状聚类分析［J］. 动物分类学报，31（2）：441 - 447.
Ahmed M, Abbas G. 2000. Growth parameters of the finfish and shellfish juveniles in the tidal waters of Bhanbhore, Korangi Creek and Miani Hor Lagoon [J]. Pakistan Journal of Zoology, 32 (1): 21 - 26.
Debowski P, Dobosz S, Robak S, et al. 1999. Fat level in body of juvenile Atlantic salmon (*Salmo salar* L.), and Sea trout (*Salmo trutta m. trutta* L.), and method of estimation from morphometric data [J]. Archives of Polish Fisheries, 7 (2): 237 - 243.
Kora H, Tsuchimoto M, Miyata K, et al. 2000. Estimation of body fat content from standard body length and body weight on cultured red sea bream [J]. Fisheries Science, 66 (2): 365 - 371.
Sabouri H, Rabiei B, Fazlalipour M. 2008. Use of selection indices based on multivariate analysis for improving grain yield in rice [J]. Rice Science, 15 (4): 303 - 310.
Seker H, Serin Y. 2004. Explanation of the relationships between seed yield and some morphological traits in smooth bromegrass (*Bromus inermis* Leyss.) by path analysis [J]. European Journal of Agronomy, 21 (1): 1 - 6.

Effect of phenotypic morphometric trait on body weight and soft - tissue weight of *Neverita didyma*

Sun Zhenxing, Chang Linrui, Xu Jianpeng

(*School of Life Science, Ludong University, Yantai* 264025)

Abstract: Effect of phenotypic morphometric trait on body weight and soft - tissue weight of *Neverita didyma* was studied in correlation and path analysis. A hundred of two - year - old individuals were randomly sampled, from which eight traits were measured including shell width, shell height, height between apex and callus, body height, operculum length, operculum width, body weight, and soft - tissue weight. The correlation coefficients among the eight traits were calculated; and phenotypic traits were used as independent variables and body weight, and soft – tissue weight as dependent ones for path analysis. The results show that all the correlation coefficients between each phenotypic trait and body weight or soft – tissue weight are at extremely significant level ($P < 0.01$) . The shell width is the key effective factors. Direct selection of shell width is effective for increasing body weight and soft – tissue weight of *Neverita didyma*, followed by the heights between apex and callus, and operculum width and body height come the second.

Key words: *Neverita didyma*; phenotypic morphometric traits; correlation analysis; path analysis; multivariate analysis

基于数量性状的砂海螂选择指标评估①

孙振兴[1]，刘相全[2]，常林瑞[1]

（1. 鲁东大学生命科学学院，烟台 264025；2. 山东省海洋水产研究所，烟台 264006）

摘要： 采用多元回归和通径分析的方法，研究了砂海螂（*Mya arenaria*）形态性状对重量性状的影响，建立了利用形态性状估计重量性状的回归方程，以评估砂海螂育种的选择指标。结果表明，各形态性状与体重、软体部重之间的相关系数均达到极显著水平（$P < 0.01$）；壳长对体重和软体部重的直接效应均为最大，其通径系数分别为 0.4338 和 0.3265，是影响体重和软体部重的主要因素。壳宽对体重和软体部重的直接影响效应次之，但壳高对重量性状的影响主要是间接效应。决定系数分析的结果与通径分析结果具有一致的变化趋势。上述结果为砂海螂选择育种提供了依据，以壳长作为首选指标，能有效地增加体重和软体部重。

关键词： 砂海螂；数量性状；选择指标；通径分析

砂海螂（*Mya arenaria* Linnaeus）隶属于双壳纲（Bivalvia）、异齿亚纲（Heterodonta）、海螂目（Myoida）、海螂科（Myidae），广泛分布于太平洋和大西洋的北半球寒温带区，在我国分布于江苏连云港以北沿海，生活在潮间带至水深 10 m 左右的泥沙底浅海区（徐凤山等，2008）。由于其个体大，肉味鲜美，有较高经济价值，适合增养殖，因而受到了国内外业界和学者的重视。宋志乐等（1995，1999）在研究砂海螂幼体与稚贝发育规律的基础上，开展了砂海螂的人工育苗，并利用人工繁育的砂海螂幼贝进行了底播增养殖；郑家声等（2001）分析了砂海螂的核型；张明亮等（2003）报道了砂海螂的性腺发育和生殖周期。国外学者研究了初始个体大小、放养密度和天敌防御网类型对养殖砂海螂幼贝生存和生长的交互效应（Beal et al,2002）；还报道了商业蓄养对砂海螂增重的影响（Beal，2002）；以及海流、底质、天敌等对砂海螂移动和生存的影响等（St－Onge et al，2007；Flynn et al，2010；Redjah et al，2010）。

---

① 本文原载《海洋与湖沼》，2013 年 5 月，第 44 卷第 3 期，763－767 页。

资助项目：山东省农业良种工程项目“优质高产抗逆贝类良种选育”（2009－2013）；鲁东大学学科建设经费项目（2009—2012）。

贝类的数量性状包括壳长、壳宽、壳高等形态性状，以及体重、软体部重等重量性状。在育种实践中，了解生物的形态性状与产量性状之间的相互关系，可以加强对产量性状的间接选择以提高育种效率（Sabouri et al，2008）。贝类的体重、软体部重等重量性状是贝类的主要产量性状之一，也是育种的直接目标性状，而这些目标性状与贝类的形态性状有着极为密切的关系，探明形态性状与各重量性状之间的关系以及对各重量性状的影响程度，对贝类育种工作有着重要的意义。对双壳贝类而言，在选择育种或人工繁殖选择亲本的过程中，确定选择指标十分关键。即在壳长、壳宽、壳高等形态性状中，哪个对重量性状的直接影响效应最大，则该形态性状作为选择指标就更为合理。近年来，利用多元分析方法评估双壳贝类形态性状与重量性状的关系已有诸多报道，如栉孔扇贝（*Chlamys farreri*）、紫石房蛤（*Saxidomus purpuratus*）、青蛤（*Cyclina sinensis*）、魁蚶（*Scapharca broughtonii*）、四角蛤蜊（*Mactra veneriformis*）等（刘小林等，2002；黎筠等，2008；高玮玮等，2009；吴彪等，2010；闫喜武等，2011），但有关砂海螂的相关研究尚未见报道。本文采用多元回归分析和通径分析的方法，评估了砂海螂形态性状与重量性状的关系，以期为合理确定砂海螂的选择指标提供依据。

1 材料与方法

1.1 试验材料

砂海螂（*Mya arenaria*）为4龄野生个体，采自山东烟台近海，活体带回实验室并洗净泥沙，随机取110只。

1.2 数据采集与分析

采集数据时将砂海螂逐一编号，然后分别用游标卡尺测量壳长（X_1）、壳宽（X_2）和壳高（X_3），测量精确至0.02 mm；将砂海螂阴干后，用电子天平分别称量活体重（Y）和解剖并吸干表面水分后的软体部重（Z），称量精确至0.000 1 g。

数据分析采用IBM SPSS Statistics 19.0软件。整理数据后，对所有原始数据进行Kolmogorov－Smirnova正态性检验；计算各性状的描述统计量，进行相关分析；然后用逐步回归法进行回归分析，建立以形态性状估计重量性状的多元回归方程。根据通径分析的原理，将各个自变量与因变量的相关系数（r_{xiy}）剖分为直接作用（即通径系数P_i）和通过其他自变量的间接作用（$\sum r_{ij}P_j$）两部分，即$r_{xiy} = P_i + \sum r_{ij}P_j$；并计算决定系数（袁志发等，2000）。

2 结果与分析

2.1 各性状的描述统计量

砂海螂各性状的描述统计量如表 1 所示。从表 1 中可见，体重和软体部重的变异系数较大，二者分别为 17.67% 和 19.17%，说明重量性状具有较大的选择潜力。此外，Kolmogorov – Smirnova 正态性检验的显著水平 $P > 0.05$，表 1 中各性状的偏斜度均接近 0，说明所有变量均服从正态分布，符合统计分析的要求。

表 1 砂海螂各性状的描述统计量（$n = 110$）

性状	壳长 X_1（mm）	壳宽 X_2（mm）	壳高 X_3（mm）	体重 Y（g）	软体部重 Z（g）
平均值	79.089 8	28.698 4	46.817 1	58.798 3	21.535 7
标准差	4.550 6	1.817 7	2.675 1	10.391 8	4.127 5
变异系数（%）	5.753 7	6.333 7	5.713 9	17.673 7	19.165 9
偏斜度	0.143 0	0.074 9	0.105 2	0.193 5	0.303 3

2.2 各性状之间的相关分析

对上述各性状进行相关分析的结果（表 2）显示，各性状之间的相关系数均达到极显著水平（$P < 0.01$），说明所选指标进行相关分析是有意义的。从相关程度的强弱看，大多数性状间呈高度正相关（$R \geq 0.7$），部分性状间呈中度正相关（$0.4 < R < 0.7$）。其中，各形态性状与体重间的相关系数从大到小依次为壳长、壳宽、壳高；各形态性状与软体部重之间的相关系数从大到小依次为壳长、壳高、壳宽。

表 2 砂海螂各性状之间的相关系数

性状	X_1	X_2	X_3	Y	Z
X_1	1.000 0	0.639 4**	0.778 2**	0.825 6**	0.713 4**
X_2		1.000 0	0.692 6**	0.794 7**	0.692 7**
X_3			1.000 0	0.790 6**	0.709 5**
Y				1.000 0	0.751 6**
Z					1.000 0

注：** 表示相关性极显著（$P < 0.01$），下同。

2.3　形态性状与重量性状之间的回归分析

采用逐步回归法，各个自变量的偏回归系数检验结果均达到极显著水平（$P<0.01$），分别得到各形态性状对砂海螂体重、软体部重的最优多元回归方程如下：

$$Y=-116.8536+0.9907X_1+2.2369X_2+0.7070X_3$$

$$Z=-39.6793+0.2961X_1+0.7354X_2+0.3566X_3$$

式中，Y 为体重；Z 为软体部重；X_1 为壳长；X_2 为壳宽；X_3 为壳高。

对以上两个回归方程进行方差分析的结果显示，回归关系均达到了极显著水平（$P<0.01$），表明所求的多元回归方程成立，对进行通径分析是有意义的。上述方程经回归预测，估计值与实际观测值差异不显著（$P>0.05$），表明上述方程客观地反映了砂海螂形态性状与重量性状之间的关系。

2.4　形态性状对重量性状影响的通径分析

砂海螂各形态性状对体重、软体部重影响的通径分析如表 3 和表 4 所示。根据通径分析原理可知，通径系数 P_i 反映了自变量对因变量的直接作用大小。从表 3 可见，各形态性状对体重的直接作用由大到小依次为壳长（X_1）、壳宽（X_2）和壳高（X_3）。壳长对体重的直接通径系数最大，为 0.433 8；壳宽对体重的间接作用略大于直接作用。而壳高的直接作用最小，但间接作用最大，它通过壳长和壳宽间接影响体重。因此，壳长是影响体重的主要因素。

表 3　砂海螂形态性状对体重影响的通径分析

性状	相关系数（r_{xiy}）	直接作用（P_i）	间接作用（$r_{ij}\times P_j$）			
			Σ	X_1	X_2	X_3
X_1	0.825 6**	0.433 8**	0.391 8		0.250 2	0.141 6
X_2	0.794 7**	0.391 3**	0.403 4	0.277 4		0.126 0
X_3	0.790 6**	0.182 0	0.6086	0.337 6	0.271 0	

从表 4 可以看出，各形态性状对软体部重的直接作用由大到小依次为壳长（X_1）、壳宽（X_2）和壳高（X_3）。壳长对软体部重的直接通径系数最大，为 0.326 5，但与壳宽的通径系数 0.323 9 接近，由此可见，壳长也是影响软体部重的主要因素，而壳宽对软体部重的直接影响程度与壳长基本相当。壳高对软体部重的直接作用最小，它通过间接作用影响软体部重。

表 4　砂海螂形态性状对软体部重影响的通径分析

性状	相关系数 (r_{xiy})	直接作用 (P_i)	间接作用（$r_{ij} \times P_j$）			
			Σ	X_1	X_2	X_3
X_1	0.713 4**	0.326 5**	0.386 9		0.207 0	0.179 9
X_2	0.692 7**	0.323 9**	0.368 8	0.208 7		0.160 1
X_3	0.709 5**	0.231 1	0.478 4	0.254 0	0.224 4	

2.5　形态性状对重量性状的决定程度分析

表5是各单一形态性状及不同形态性状间协同作用对重量性状的决定系数。从表5中可见，壳长（X_1）、壳宽（X_2）和壳高（X_3）对体重（Y）的相对决定程度分别为18.82%，15.31%和3.31%；壳长（X_1）、壳宽（X_2）和壳高（X_3）对软体部重（Z）的相对决定程度分别为10.66%，10.49%和5.34%，其中，壳长对体重和软体部重的决定程度都最大，这与通径分析结果的趋势是一致的。在共同决定系数中，壳长与壳宽对体重的共同决定程度最大，为21.71%；同样，壳长与壳宽对软体部重的共同决定程度也是最大，为13.52%。

表 5　砂海螂形态性状对重量性状的决定系数

性状	Y			Z		
	X_1	X_2	X_3	X_1	X_2	X_3
X_1	**0.188 2**	0.217 1	0.122 9	**0.106 6**	0.135 2	0.117 4
X_2		**0.153 1**	0.098 6		**0.104 9**	0.103 7
X_3			**0.033 1**			**0.053 4**

注：粗体数据是单一自变量对因变量的决定系数（d_i），其他数据是两个自变量共同对因变量的决定系数（d_{ij}）。

3　讨论

3.1　选择指标在育种中的重要性

选择就是选优去劣，是使符合育种目标的变异能有效遗传下来的根本手段。任何育种方法都离不开选择，因此，选择是育种过程中不可缺少的重要环节。贝类的体重、软体部重等重量性状是育种的目标性状，在育种或人工繁殖选留亲本时，软体部重、闭壳肌重等需解剖而无法活体测定；活体重量需要阴干除去水分，短时间内称量往往有一定误差。因此，有必要寻找与重量性状密切相关的形态性状进行间接选择。贝壳的形态性状易于准确测量，从中确定合理的选择指标是十分必要的。

利用相关性状进行间接选择，在家禽家畜育种中已被广泛应用，在水产动物育种中也不乏其例。譬如，虹鳟（*salmo gairdneri*）的卵重量与卵径、卵粒数、体重之间有较强的相关性，在育种实践中经常将卵重量作为生殖性状的选择指标（范兆廷，2005）。佟雪红等（2007）通过对建鲤（*Cyprinus carpio var.*）与黄河鲤（*Cyprinus carpio haematopterus*）杂交子代生长性状的分析，确定了在杂交子代的选育中，以体长作为选择指标；而在建鲤子代选育时，则应同时兼顾体长、体高。

本文的结果显示，在砂海螂壳长、壳宽、壳高 3 个形态性状中，壳长对体重和软体部重的直接影响效应都最大（表 3、表 4），表明它与体重、软体部重的关系最为密切，对体重、软体部重的直接贡献也最大。决定系数分析的结果与通径分析结果具有一致的变化趋势，即壳长对体重、软体部重的决定程度大于壳宽和壳高（表 5）。由此可见，砂海螂的壳长是决定体重和软体部重的最主要性状。因此在砂海螂选留亲本时，应以壳长作为首选指标。

3.2　双壳贝类的壳形对选择指标的影响

在有关双壳贝类形态性状与重量性状的通径分析中，壳长、壳宽、壳高 3 个主要形态性状对重量性状的影响程度不尽相同（表 6），笔者认为，这与双壳贝类的壳形有很大关系。扇贝、珠母贝、日月贝同属珍珠贝目，它们的贝壳呈圆扇形、圆形或卵圆形，其共同特点是壳形扁平，而且壳长/壳高的比例较接近。从表 6 中可以看出，它们的壳长与壳宽、壳高与壳宽的比值达 2.8 以上，足以说明其贝壳的扁平程度。栉孔扇贝、华贵栉孔扇贝（*Chlamys nobilis*）、马氏珠母贝（*Pinctada martensii*）、长肋日月贝（*Amusium pleuronectes*）的壳高都是直接影响体重的最大因素（表 6），反映出以体重作为育种目标时，壳高是这些贝类的选择指标。

表 6　部分双壳贝类形态性状对重量性状的通径分析结果比较

种名	形态性状平均值（mm）			形态性状比例			对重量性状直接影响最大的因素		数据来源
	壳长	壳宽	壳高	壳长/壳宽	壳高/壳宽	壳长/壳高	体重	软体部重	
栉孔扇贝	57.52	20.31	61.81	2.83	3.04	0.93	壳高	—	刘小林等（2002）
华贵栉孔扇贝	66.22	23.33	70.68	2.84	3.03	0.94	壳高	—	郑怀平等（2009）
马氏珠母贝	62.49	21.82	65.71	2.86	3.01	0.95	壳高	—	Deng 等（2008）
长肋日月贝	69.72	13.71	70.98	5.09	5.18	0.98	壳高	—	王雨等（2009）
青蛤	37.53	23.36	38.29	1.61	1.64	0.98	—	壳高	高玮玮等（2009）

续表

种名	形态性状平均值（mm）			形态性状比例			对重量性状直接影响最大的因素		数据来源
	壳长	壳宽	壳高	壳长/壳宽	壳高/壳宽	壳长/壳高	体重	软体部重	
紫石房蛤	91.83	47.56	74.50	1.93	1.57	1.23	壳宽	—	黎筠等（2008）
四角蛤蜊	30.32	19.29	27.64	1.57	1.43	1.10	壳宽	壳宽	闫喜武等（2011）
翡翠贻贝	81.62	35.54	22.70	2.30	0.64	3.60	—	壳长	王庆恒等（2009）
魁蚶	57.23	37.84	44.58	1.51	1.18	1.28	壳长	—	吴彪等（2010）
砂海螂	79.09	28.70	46.82	2.76	1.63	1.69	壳长	壳长	本文

青蛤、紫石房蛤、四角蛤蜊同属帘蛤目，它们的贝壳呈圆形、卵圆形或椭圆形，其共同特点是两壳较膨胀，即壳宽的尺寸较大。四角蛤蜊、紫石房蛤、青蛤三者的壳高/壳宽比例约为1.4~1.6左右（表6），较为接近。显而易见，四角蛤蜊、紫石房蛤由于两壳膨胀增加了壳宽的尺寸，而成为直接影响体重的最大因素。

翡翠贻贝、魁蚶、砂海螂在分类上属于不同的目，其壳形差异较大，但它们无论贝壳的膨胀程度如何（即壳高/壳宽的比值），壳长/壳高的比值都比前述两种壳形大。其中，魁蚶、砂海螂的壳长是直接影响体重的最大因素。从以上分析可以看出，双壳贝类形态性状对体重直接影响的最大因素取决于壳形的变化。但对影响软体部重的主要因素，根据目前已有的资料尚难以判断，有待于今后的研究。

致谢 鲁东大学生命科学学院水产养殖专业2010级学生崔文晓、牛海滨、付正阳、柴成举、李远协助采集数据，谨致谢忱。

参考文献

范兆廷.2005. 水产动物育种学［M］. 北京：中国农业出版社，58－72.

高玮玮，袁媛，潘宝平，等.2009. 青蛤（*Cyclina sinensis*）贝壳形态性状对软体部重的影响分析［J］. 海洋与湖沼，40（2）：166－169.

黎筠，王昭萍，于瑞海，等.2008. 紫石房蛤壳性状对活体重影响的定量分析［J］. 海洋水产研究，29（6）：71－77.

刘小林，常亚青，相建海，等.2002. 栉孔扇贝壳尺寸性状对活体重的影响效果分析［J］. 海洋与湖沼，33（6）：673－678.

宋志乐，孙永杰，赵玉山，等.1999. 砂海螂底播增养殖的研究［J］. 中国水产科学，6（2）：70－73.

宋志乐，薛永兴，孙振兴，等.1995. 砂海螂人工育苗的研究［J］. 海洋学报，17（3）：140－145.

佟雪红，董在杰，缪为民，等.2007. 建鲤与黄河鲤的杂交优势研究及主要生长性状的通径分析［J］. 大连水产学院学报，22（3）：159－163.

王庆恒，邓岳文，杜晓东，等.2009. 翡翠贻贝形态性状对软体部质量的影响［J］. 广东海洋大学学报，29（4）：1－4.

王雨，叶乐，陈旭，等.2009. 海南野生长肋日月贝形态性状与重量性状的通径分析［J］. 安徽农业科学，37（8）：3570－3572.

吴彪，杨爱国，刘志鸿，等.2010. 魁蚶两个不同群体形态性状对体质量的影响效果分析［J］. 渔业科学进展，31（6）：54－59.

徐凤山，张素萍.2008. 中国海产双壳类图志［M］. 北京：科学出版社，257.

闫喜武，王琰，郭文学，等.2011. 四角蛤蜊形态性状对重量性状的影响效果分析［J］. 水产学报，35（10）：1513－1518.

袁志发，周敬芋.2000. 试验设计与分析［M］. 北京：高等教育出版社，142－202.

张明亮，王娥叶.2003. 芝罘湾砂海螂的性腺发育和生殖周期［J］. 烟台教育学院学报，9（1）：66－68.

郑怀平，孙泽伟，张涛，等.2009. 华贵栉孔扇贝1龄贝数量性状的相关性及通径分析［J］. 中国农学通报，25（20）：322－326.

郑家声，郑大海，王梅林.2001. 砂海螂 *Mya arenaria* Linnaeus 核型［J］. 青岛海洋大学学报，31（5）：735－738.

Beal B F. 2002. Adding value to live, commercial size soft－shell clams (*Mya arenaria* L.) in Maine, USA: results from repeated, small－scale, field impoundment trials [J]. Aquaculture, 210 (1): 119－135.

Beal B F, Kraus M G. 2002. Interactive effects of initial size, stocking density, and type of predator deterrent netting on survival and growth of cultured juveniles of the soft－shell clam, *Mya arenaria* L., in eastern Maine [J]. Aquaculture, 208 (1): 81－111.

Deng Y W, Du X D, Wang Q H, et al. 2008. Correlation and path analysis for growth traits in F1 population of pearl oyster *Pinctada martensii* [J]. Marine Science Bulletin, 10 (2): 68－73.

Flynn A M, Smee D L. 2010. Behavioral plasticity of the soft－shell clam, *Mya arenaria* (L.), in the presence of predators increases survival in the field [J]. Journal of Experimental Marine Biology and Ecology, 383 (1): 32－38.

Redjah I, Olivier F, Tremblay R, et al. 2010. The importance of turbulent kinetic energy on transport of juvenile clams (*Mya arenaria*) [J]. Aquaculture, 307 (1－2): 20－28.

Sabouri H, Rabiei B, Fazlalipour M. 2008. Use of selection indices based on multivariate analysis for improving grain yield in rice [J]. Rice Science, 15 (4): 303－310.

St－Onge P, Miron G. 2007. Effects of current speed, shell length and type of sediment on the erosion and transport of juvenile softshell clams (*Mya arenaria*) [J]. Journal of Experimental Marine Biology and Ecology, 349 (1): 12－26.

Estimation of selection index of soft – shell clam (*Mya arenaria*) based on quantitative traits

Sun Zhenxing[1], Liu Xiangquan[2], Chang Linrui[1]

(1. *School of Life Science*, *Ludong University*, *Yantai* 264025; 2. *Shandong Marine Fisheries Research Institute*, *Yantai* 264006)

Abstract: To estimate the selection index of soft – shell clam (*Mya arenaria*) breeding, effect of morphological trait on weight trait of *M. arenaria* was studied by methods of multivariate regression and path analysis. *M. arenaria* of four – year – old 110 individuals were randomly sampled, from which five quantitative traits were measured including shell length, shell width, shell height, body weight, and soft – tissue weight. The regression equations were also established to estimate weight traits with morphological traits. The results show that all the correlation coefficients between each morphological trait and body weight or soft – tissue weight are at extremely significant level ($P < 0.01$). Shell length has the greatest direct effect on the body weight and soft – tissue weight, the path coefficients were 0.433 8 and 0.326 5, respectively. Shell length is the key influencing factor of body weight and soft – tissue weight. Shell width has the second greatest direct effect on body weight and soft – tissue weight, but the effect of shell height on weight traits is mainly indirect. The analysis results of determination coefficients for the morphological traits against weight traits agreed well with the results of path analysis.

Key words: *Mya arenaria*; quantitative traits; selection index; path analysis

附　录

孙振兴有关海洋贝类的论著一览

魏利平，**孙振兴**. 1984. 泥蚶的养殖［J］. 海洋渔业，6（1）：36～37.

孙振兴，魏利平. 1984. 扇贝的养殖［J］. 海洋渔业，6（5）：228～230.

小池康之，**孙振兴**，1988. 隆島史夫. アワビ交雑種稚貝の摄餌と成長について［J］. 水産増殖，36（3）：231～235.

魏利平，蒋祖惠，**孙振兴**. 1989. 栉孔扇贝呼吸与异常呼吸的初步研究［J］. 海洋与湖沼，20（3）：209～216.

孙振兴，李诺，宋志乐，赵玉山，郝永红. 1990. 人工诱导皱纹盘鲍三倍体的研究［J］. 齐鲁渔业，（3）：28～30.

孙振兴. 1990. 魁蚶的增养殖［J］. 海洋渔业，12（4）：166～169.

孙振兴. 1990. 日本鲍类遗传育种的研究［J］. 国外水产，（4）：1～5.

孙振兴. 1991. 一种观察贝类染色体的制片法［J］. 动物学杂志，26（4）：34～35.

孙振兴，宋志乐，李诺，赵玉山，关向华. 1992. 皱纹盘鲍三倍体生长的初步研究［J］. 海洋湖沼通报，（4）：70～75.

宋志乐，薛永兴，**孙振兴**，赵玉山，李诺. 1993. 砂海螂幼体与稚贝发育的初步研究［J］. 烟台大学学报，（2）：26～34.

孙振兴，李诺，宋志乐，赵玉山，关向华. 1993. 皱纹盘鲍三倍体诱导条件及其室内饲育试验［J］. 水产学报，17（3）：243～248.

孙振兴. 1993. 贝类增养殖［M］//孙颖民，**孙振兴**，李秉钧. 海水养殖技术. 北京：农业出版社，52～111.

孙振兴. 1993. 鸟蛤的增养殖［J］. 海洋渔业，15（3）：122～124.

孙振兴. 1993. 日本水产生物技术研究的进展［J］. 国外水产，（2）：1～5.

孙振兴. 1994. 室内养殖皱纹盘鲍若干问题探讨［J］. 海洋科学，（5）：6～9.

宋志乐，薛永兴，**孙振兴**，李诺，赵玉山. 1995. 砂海螂人工育苗的研究［J］. 海洋学报，17（3）：140～145.

孙振兴. 1995. 贝类人工育苗［M］//杜荣斌，**孙振兴**，孙颖民. 海水鱼虾蟹贝人工育苗. 北京：中国农业出版社，165～227.

孙振兴. 1995. 海水贝类养殖［M］. 北京：中国农业出版社，1～212.

孙振兴. 1995. 牡蛎的养殖［M］//山东省水产学校，主编. 贝类养殖学. 北京：中国农业出版社，115～141.

孙振兴.1995. 蚶的养殖［M］//山东省水产学校，主编．贝类养殖学．北京：中国农业出版社，284～308.

孙振兴，王如才，姜明，刘晓云，高澜，范瑞青.1997. 皱纹盘鲍卵的形态与超显微结构［J］．中国水产科学，4（1）：68～74.

孙振兴，王如才，姜明，刘晓云，谢嘉琳.1997. 皱纹盘鲍受精过程的电镜观察［J］．动物学研究，18（3）：253～257.

孙振兴.1997. 皱纹盘鲍多倍体的生物学基础研究［D］．青岛：青岛海洋大学，1～100.

孙振兴，王如才，王在卿，宋志乐，林书平，郑志芳.1998. 人工四倍体皱纹盘鲍的发生［J］．青岛海洋大学学报，28（1）：63～69.

孙振兴，王如才.1998. 海洋经济贝类多倍体研究的现状［J］．齐鲁渔业，15（2）：10～15.

宋志乐，孙永杰，赵玉山，苗延春，**孙振兴**，李诺.1999. 砂海螂底播增养殖的研究［J］．中国水产科学，6（2）：70～73.

孙振兴.2000. 贝类养殖［M］//孙颖民，**孙振兴**，李秉钧，许修明，刘立明．海水养殖实用技术手册．北京：中国农业出版社，172～306.

孙振兴，宋志乐，郑志芳，刘红梅，孙永杰.2001. 日本大鲍与皱纹盘鲍杂交的研究［J］．齐鲁渔业，18（3）：25～27.

孙振兴，王如才，姜明，刘晓云.2002. 细胞松弛素B对鲍受精卵超微结构的影响［J］．动物学杂志，37（5）：14～17.

宋志乐，**孙振兴**，燕敬平，郑志芳，孙永杰，宋乐成，孙元虎，衣华波，刘飞宏.2003. 科学养鲍问答（Ⅰ～Ⅵ）［J］．齐鲁渔业，20（7）：51～53；20（8）：50～52；20（9）：43～44；20（10）：45～46；20（11）：42～44；20（12）：40～42.

孙振兴.2003. 海水养殖业可持续发展对策［J］．中国水产，（10）：23～26.

孙振兴.2003. 贻贝［M］//谢忠明，主编．海水经济贝类养殖技术（上册）．北京：中国农业出版社，249～279.

Sun Zhenxing，Shao Yanqun，Guo Shengchao，Qin Yan，Yang Aiguo. 2003. Karyotypes of three species of the marine Veneroida molluscs［J］．ACTA Oceanologica Sinica，22（4）：671～678.

孙振兴，郭胜超，邵雁群，秦燕，杨爱国.2004. 三种海产帘蛤目贝类的核型研究［J］．海洋学报，26（1）：88～94.

孙振兴，张晾，郝丽红，范旭阳，闫苗苗，张伟.2004. 菲律宾蛤仔鳃组织的原代培养［J］．水产科学，23（2）：12～14.

孙振兴，张晾，刘雪，许昌磊.2004. 菲律宾蛤仔外套膜组织原代培养的初步研究［J］．海洋科学，28（3）：79～81.

孙振兴．2004．中国海洋贝类染色体研究进展［J］．海洋通报，23（6）：77～83.

李莉，**孙振兴**，常林瑞，李云玲，张明青．2005．皱纹盘鲍野生与养殖群体遗传多样性的研究［J］．海洋通报，24（6）：82～86.

孙振兴，李清，唐锦秀，王健．2005．中国蛤蜊的组织培养［J］．齐鲁渔业，22（6）：1～2.

李云玲，**孙振兴**，张明青．2005．贝类杂交育种技术及其应用［J］．齐鲁渔业，22（12）：22～24.

孙振兴，常林瑞，宋志乐．2005．皱纹盘鲍与盘鲍杂交效果分析［J］．水产科学，24（8）：1～3.

孙振兴，常林瑞．2005．贝类种质资源保护研究进展［J］．海洋湖沼通报，(3)：103～108.

孙振兴．2005．海水养殖贝类种质资源的保护［C］//王清印，主编．海水生态养殖理论与技术．北京：海洋出版社，7～12.

李莉，常林瑞，**孙振兴***，李云玲，张明青．2006．皱纹盘鲍遗传多样性的RAPD分析［J］．海洋水产研究，27（1）：59～63.

李莉，**孙振兴***，杨树德，常林瑞，杨立红．2006．用微卫星标记分析皱纹盘鲍群体的遗传变异［J］．遗传，28（12）：1549～1554.

李云玲，**孙振兴***，陈丽媛，李田，徐晓波，张明青．2006．几个因素对菲律宾蛤仔组织培养的影响［J］．湖北农业科学，45（2）：232～235.

李云玲，**孙振兴***，张明青．2006．虾贝类细胞培养及其应用［J］．江苏农业科学，(3)：145～148.

孙振兴，李清，张莉，马运超，张媛．2006．金属离子对皱纹盘鲍组织培养的影响［J］．鲁东大学学报（自然科学版），22（3）：224～227.

李云玲，**孙振兴***．2007．体外培养菲律宾蛤仔外套膜细胞的增殖［J］．安徽农业科学，35（5）：1375～1376.

孙振兴．2007．贝类的繁殖和发育［M］//常亚青，主编．贝类增养殖学．北京：中国农业出版社，38～61.

孙振兴．2007．贝类种质资源保护［M］//常亚青，主编．贝类增养殖学．北京：中国农业出版社，82～84.

孙振兴．2007．贝类的遗传育种［M］//常亚青，主编．贝类增养殖学．北京：中国农业出版社，194～204.

孙振兴．2007．牡蛎的养殖［M］//常亚青，主编．贝类增养殖学．北京：中国农业出版社，207～222.

李鹏，**孙振兴***. 2008. 两种双壳贝类染色体的观察研究［J］. 安徽农业科学，36（12）：5012～5013.

刘庆，**孙振兴***. 2008. 扁玉螺早期发育的实验观察［J］. 动物学杂志，43（5）：99～103.

孙始威，**孙振兴***，陈燕妮，吴克. 2008. 扁玉螺 ISSR－PCR 反应体系的建立及其优化［J］. 湖北农业科学，47（5）：575～577.

孙始威，**孙振兴***，葛宜和，闫冬春，黄清荣. 2008. 基于 ISSR 标记的扁玉螺自然居群遗传结构［J］. 生态学报，28（11）：5499～5505.

孙振兴. 2008. 聚类分析在双壳贝类染色体研究中的应用［J］. 安徽农业科学，36（26）：11357～11358.

陈燕妮，**孙振兴**，常林瑞，徐建鹏，祝伟. 2009. 适于长竹蛏的 ISSR 反应体系的优化［J］. 安徽农业科学，37（10）：4409～4410.

刘庆，**孙振兴***. 2009. 扁玉螺的生殖腺组织学和生殖周期［J］. 海洋湖沼通报，（2）：67～72.

刘庆，**孙振兴**，陈燕妮，徐幸华. 2009. 饵料对扁玉螺浮游幼虫存活与生长的影响［J］. 齐鲁渔业，26（3）：4～6.

陈燕妮，**孙振兴***，常林瑞. 2010. 长竹蛏不同地理居群的遗传多样性［J］. 水生生物学报，34（2）：270～277.

孙振兴，常林瑞，徐建鹏. 2010. 扁玉螺表型性状对体重和软体部重的影响效应分析［J］. 海洋与湖沼，41（4）：513～518.

孙振兴，孙鹏. 2010. 两种水温条件下镉对菲律宾蛤仔的急性毒性［J］. 海洋通报，29（3）：316～319.

张传永，**孙振兴***. 2010. Cd^{2+} 对中国蛤蜊的急性毒性及 SOD 活性的影响［J］. 安徽农业科学，38（1）：193～195.

张滔，刘相全，孙国华，刘丽娟，**孙振兴**. 2011. 大竹蛏 AFLP 分子标记反应体系的建立与优化［J］. 安徽农业科学，39（29）：17923～17926.

孙振兴，宋志乐，杨建敏，常林瑞. 2012. 黄海、渤海扁玉螺表型变异分析［J］. 海洋与湖沼，43（6）：1163～1169.

张滔，刘相全，**孙振兴**，乔洪金，孙国华，刘丽娟，宋向军. 2013. 大竹蛏不同地理群体遗传多样性的 AFLP 分析［J］. 海洋与湖沼，44（2）：525～530.

孙振兴，刘相全，常林瑞. 2013. 基于数量性状的砂海螂选择指标评估［J］. 海洋与湖沼，44（3）：763～767.

（*为通讯作者）

后　记

进行海洋贝类学研究，与其他学科领域的科学研究一样，首先要明确为什么进行某项研究，研究要达到什么目标，用什么具体方法来实现这些目标，前人的研究做了哪些工作，结论是如何得出的，等等。对于这些问题，从教科书中往往不能找到现成的答案。因为教科书大多只引用结论性的研究结果，很少涉及方法学和讨论见解。阅读论文原作，则可以在一定程度上解决这些问题，可以更为详细地了解某一研究的意义、具体试验方法、研究结果的产生背景以及需要深入探讨的问题等。作者从事贝类学与贝类养殖学的教学、科研工作30余年，希望以自己有限研究范围内的一些积累，使读者从不同视角了解海洋贝类相关领域的研究概况，以期为后来者提供借鉴。

作者在从事贝类研究的过程中，得到了学界很多前辈专家的指教，特别得益于恩师——博士研究生导师王如才先生、贝类学启蒙老师李诺先生、贝类养殖学启蒙老师魏利平先生多年来在学术上的教诲和指导，在此深表谢忱！

真诚地感谢我的合作者和学生们！书中的每一项试验都离不开他们的工作，大家的共同努力为论文的完成打下了基础。对试验中给予各种支持和帮助的诸多同仁、朋友们致以诚挚的谢意！

本书的出版得到了海洋出版社的支持，专著图书出版中心主任白燕给予了热情帮助，责任编辑王溪为本书的编辑和出版付出了艰辛的劳动，在此一并表示衷心的感谢！

本书的出版得到了鲁东大学科研基金的资助，谨此致谢。

最后，我对家人的感谢无以言表，妻子曲丽敏几十年如一日的支持始终激励着我。

书中的文章都是在国内不同学术期刊上发表过的，此次出版，内容仍然保持原貌，订正了个别文字错误，并对文章的格式做了一致性规范。

限于作者水平，书中不妥之处敬请读者指正。

2015 年 7 月